国家级示范高校精品课程教材
安徽省高等学校高水平高职教材

高等数学简明教程

《应用篇》

主　编　潘　凯

副主编　黄建国　吕同斌

中国科学技术大学出版社

·合　肥·

内 容 简 介

《高等数学简明教程》依据教育部最新颁发的《高职高专教育高等数学课程教学基本要求》和《高职高专人才培养目标及规格》而编写，内容取材汲取了同类教材的优点和实际教学中的教改成果，融科学性、实用性、特色性和通俗性于一体，突出时代精神和知识创新，以应用、实用为目的，以必需、够用为原则，注重学生数学素质和能力的培养．分为上、下两册,上册为基础篇，包含：极限与连续，导数与微分，中值定理与导数应用，积分及其应用，多元函数的微积分等；下册为应用篇，包含：常微分方程，无穷级数，线性代数，概率与数理统计初步，数学建模简介等．每章后配有内容精要和自我测试题，方便读者自学和提高，书后附有初等数学常用公式、常用平面曲线及其方程、常用统计分布表、参考答案等，供读者查阅．

本书为国家级示范高校精品课程教材，入选安徽省高等学校高水平高职教材，可供高职高专工科各专业学生作教材使用，也可作为同类高校经济管理专业及各类成人高等学历教育数学教材、专升本辅导教材和相关教师的教学参考书．

图书在版编目（CIP）数据

高等数学简明教程. 应用篇 / 潘凯主编. —合肥：中国科学技术大学出版社，2019.8
ISBN 978-7-312-04765-7

Ⅰ. 高…　Ⅱ. 潘…　Ⅲ. 高等数学—高等职业教育—教材　Ⅳ. O13

中国版本图书馆 CIP 数据核字（2019）第 159262 号

出版　中国科学技术大学出版社
安徽省合肥市金寨路 96 号，230026
http://press.ustc.edu.cn
https://zgkxjsdxcbs.tmall.com
印刷　合肥市宏基印刷有限公司
发行　中国科学技术大学出版社
经销　全国新华书店
开本　710 mm×1000 mm　1/16
印张　15.75
字数　326 千
版次　2019 年 8 月第 1 版
印次　2019 年 8 月第 1 次印刷
印数　1—5500 册
定价　36.00 元

前　言

马克思说:“一门科学只有在成功地运用数学时，才算达到了真正完善的地步”.我们正处在数学技术的新时代，数学已从幕后走到幕前，已成为一种关键性的、普遍适用的、增强能力的技术，在很多领域直接为社会创造价值，无论在哪个行业的激烈竞争中，数学必然是强者的翅膀，各门学科都需要数学这把钥匙. 正如数学家高斯所说:“数学是百科之母，数学是科学的皇后.”高等数学是高等职业技术教育一门必修的公共基础课程，是学生提高文化素质和学习有关专业知识、专门技术及获取新知识和能力的重要基础，同时也是学生将来生活、学习、工作、面向社会、服务社会的一个重要工具，在高等职业技术教育中起着非常特殊的作用.

为适应新的职业教育人才培养要求，我们在加强专业教学的同时，强化了对学生技能的培养，数学基础课的教学面临着新的调整，突出了必需、够用的教学原则. 在教学与研究中，我们深刻地认识到：高职高专数学教育必须培养学生四个方面的能力：一是用数学思想、概念、方法，消化吸收工程概念和工程原理的能力；二是把实际问题转化为数学模型的能力；三是求解数学模型的能力；四是提升数学素养，领悟数学文化魅力的能力.

本书是在高等职业技术教育新一轮教育教学改革的背景下，在深化教材建设要求的基础上，开展深入探讨，参考过去出版的教材及使用情况，吸收其优点，不断加以完善整合，结合对同类教材的发展趋势分析及专业教学的实际需要，精心编写而成的.

本书具有以下特点:

（1）更加突出以应用、实用、好用、够用为度的教学原则.

（2）注重对学生应用意识、兴趣和能力的培养，每章后配有数学实验，选编了数学建模一章，以此来提高学生把实际问题转化为数学模型的能力.

（3）结合高职高专的教学特点，力求朴实、简明，注重数学概念通俗、易懂化的叙述，淡化深奥的数学理论，强化几何说明、直观解释及数据验证.

（4）根据专业教学的实际需要，优选了部分应用实例.

（5）考虑到职业教育的特点，本教材体系模块小，灵活性好，便于实际操作，较易解决内容多、学时少的矛盾.

（6）每节后配有相应的习题，供学生练习，各章配有内容精要和自测题，便于学生对该章知识的复习、巩固和提高.

本书按基础模块、应用模块、探索模块三个模块，分上、下两册编写. 上册为基础篇，内容包括：极限与连续，导数与微分，中值定理与导数应用，积分及其应用，多元函数的微积分等. 下册为应用篇，内容包括：常微分方程，无穷级数，线性代数，概率与数理统计初步，数学建模简介等.

本书为国家级示范高校精品课程教材，入选安徽省高等学校高水平高职教材，可供开设高等数学课程的高等职业技术学院、高等专科学校工科类各专业作教材使用，也可作为同类高校经济管理类专业及各类成人高等学历教育数学教材、专升本辅导教材和相关教师的教学参考书.

本书是集体智慧和力量的结晶，参加本书编写工作的作者均是工作在高等数学教学第一线的教师和研究人员. 其中，基础篇：第1章由张燕执笔，第2章由曹亚群执笔，第3章由黄建国执笔，第4章由肖国山执笔，第5章由潘凯执笔；应用篇：第1章由吕同斌执笔，第2章由潘凯执笔，第3章由王少环执笔，第4章由于华锋执笔，第5章由孙赤梅执笔，实验内容由刘真执笔.全书框架结构安排由潘凯承担，统稿、定稿工作由潘凯、黄建国、吕同斌完成.

我们在本书的编写过程中，参阅了一些高等数学方面的优秀教材和学术著作，并得到教育主管部门的大力支持；原中国科学技术大学数学系博士生导师、系主任李尚志教授与博士生导师徐俊明教授分别审阅了本书的部分原稿，并对本书内容提出了宝贵意见和建议，在此一并表示感谢！

由于编者水平有限，书中不足和疏漏之处在所难免，恳请读者批评指正.

编　者

2019年4月

目 次

第 1 章　常微分方程

不是无知，而是对无知的无知，才是知的死亡.

——怀特海

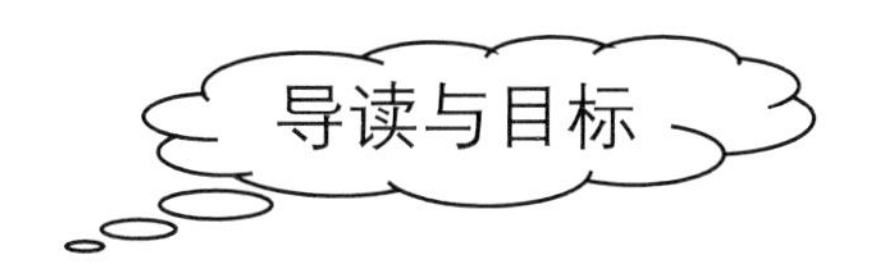

【导读】　在大量实际问题中，往往不能直接得到所求的函数关系，但我们可以利用已有的数学知识和基本科学原理，构建出含有未知函数及其变化率之间的关系式，即所谓的微分方程，然后再从中解出所求函数. 因此，微分方程是描述客观事物的数量关系的一种重要数学模型. 本章我们首先介绍微分方程的一些基本概念，然后讨论常见的微分方程的类型与解法，最后结合实例来说明其应用.

【目标】　理解微分方程的概念，知道常用的微分方程所属的类型，熟练掌握可分离变量微分方程、一阶非齐次线性微分方程和二阶常系数齐次线性微分方程的求解方法，了解二阶常系数非齐次线性微分方程的求解方法，能利用微分方程解决一些应用问题.

1.1　微分方程的基本概念

1.1.1　两个具体实例

为了给出微分方程概念，我们先看下面的例子.

1.1.1.1　求曲线方程问题

【例 1.1.1】　已知一条曲线过点（1，2），且在该曲线上任意点 $P(x, y)$处的切线斜率为 $2x$，求该曲线方程.

解　设所求曲线方程为 $y=y(x)$. 根据导数的几何意义，知 $y=y(x)$ 应满足下式：

$$\frac{dy}{dx}=2x \quad 或 \quad dy=2xdx$$

这是一个含有所求未知函数 y 的导数或微分的方程．要求出 $y(x)$，只需对上式两端积分，得

$$y=\int 2xdx$$

即

$$y=x^2+C \quad (C 为任意常数)$$

由于曲线过点（1，2），因此，还应满足条件：当 x=1 时，y=2，或记为

$$y\big|_{x=1}=2$$

将该条件代入 $y=x^2+C$，即得所求曲线的方程为

$$y=x^2+1$$

1.1.1.2 确定运动规律问题

【例 1.1.2】 列车在平直轨道上以 20 m/s 的速度行驶，当制动时，列车加速度为– 0.4 m/s²，求制动后列车的运动规律．

解 设列车制动后 t s 内行驶了 S m．按照题意，求制动后列车的运动规律，即 $S=S(t)$.

根据二阶导数的物理意义，得

$$\frac{d^2S}{dt^2}=-0.4$$

这是一个含有所求未知函数 S 的二阶导数或微分的方程．要求出 $S(t)$，只需对上式两端进行两次积分，分别得

$$\frac{dS}{dt}=-0.4t+C_1, \qquad S=-0.2t^2+C_1t+C_2$$

由于制动开始时的速度为 20m/s，即满足条件：当 t=0 时，v=20，或记为

$$S'\big|_{t=0}=20$$

假定路程 S 是从开始制动算起，即满足条件：当 t=0 时，S=0，或记为

$$S\big|_{t=0}=0$$

将要满足的两个条件代入所求得的方程 $S=-0.2t^2+C_1t+C_2$，得

$$C_1=20, \qquad C_2=0$$

于是制动后列车的运动规律为

$$S=-0.2t^2+20t$$

1.1.2　微分方程的基本概念

由以上两例可以看出：像方程$\frac{\mathrm{d}y}{\mathrm{d}x}=2x$和$\frac{\mathrm{d}^2S}{\mathrm{d}t^2}=-0.4$中都含有未知函数的导数或微分，这样的方程就称为**微分方程**. 于是我们有如下定义：

定义　含有未知函数的导数或微分的方程，称为微分方程.

未知函数是一元函数的微分方程，称为常微分方程. 未知函数是多元函数的微分方程，称为偏微分方程. 微分方程中未知函数的导数的最高阶数，称为微分方程的阶.

例如，$\frac{\mathrm{d}y}{\mathrm{d}x}=2x$，$\left(\frac{\mathrm{d}y}{\mathrm{d}x}\right)^2+x\frac{\mathrm{d}y}{\mathrm{d}x}+y=0$是一阶常微分方程，或简称一阶微分方程；$\frac{\mathrm{d}^2S}{\mathrm{d}t^2}=-0.4$，$\frac{\mathrm{d}^2y}{\mathrm{d}x^2}+b\frac{\mathrm{d}y}{\mathrm{d}x}+cy=f(x)$是**二阶常微分方程**，或称**二阶微分方程**；而$\frac{\partial^2T}{\partial x^2}+\frac{\partial^2T}{\partial y^2}+\frac{\partial^2T}{\partial z^2}=0$，$\frac{\partial^2T}{\partial x^2}=4\frac{\partial^2T}{\partial t^2}$是**二阶偏微分方程.**

本章只讨论常微分方程，我们后面把常微分方程简称为“微分方程”，甚至更简便地称为“方程”.

满足一个微分方程的函数称为该微分方程的解.

也就是说，将一个函数式代入微分方程中，使之化为一恒等式，该函数式便是微分方程的解.

注意：微分方程的解既可以是显函数$y=f(x)$形式，也可以为$F(x,y)=0$所确定的隐函数形式.

【例 1.1.3】　验证$y=\frac{\sin x}{x}$为方程$xy'+y=\cos x$的解.

解　由于$y=\frac{\sin x}{x}$，$y'=\frac{x\cos x-\sin x}{x^2}$，代入方程$xy'+y=\cos x$的左端，即有

$$\text{左端}=x\cdot\frac{x\cos x-\sin x}{x^2}+\frac{\sin x}{x}=\cos x=\text{右端}$$

函数式$y=\frac{\sin x}{x}$满足微分方程$xy'+y=\cos x$，所以$y=\frac{\sin x}{x}$为方程$xy'+y=\cos x$的解.

如果微分方程的解中含有任意常数，且任意常数的个数与方程的阶数相同，这样的解称为微分方程的通解.

如例 1.1.1 中，$y=x^2+C$就是方程$\frac{\mathrm{d}y}{\mathrm{d}x}=2x$的通解，例 1.1.2 中，

$S=-0.2t^2+C_1t+C_2$ 就是方程 $\frac{\mathrm{d}^2S}{\mathrm{d}t^2}=-0.4$ 的通解.

注意：通解中的任意常数必须实质上是任意的. 例如，在 $y=(C_1+C_2)x$ 中，C_1、C_2 实质上不是任意的两个常数，因为 C_1+C_2 可合并成一个常数 C.

对于微分方程的求解，有时我们会给出某些具体条件，然后再求解. **当自变量取某值时，要求未知函数及其导数取给定值，这种条件称为初始条件.**

如例 1.1.1 中，当 $x=1$ 时，$y=2$ 或 $y|_{x=1}=2$ 为初始条件；例 1.1.2 中，当 $t=0$ 时，$v=20$ 或 $S'|_{t=0}=20$，当 $t=0$ 时，$S=0$ 或 $S|_{t=0}=0$ 均为初始条件.

满足给定的初始条件的解，称为微分方程满足该初始条件的特解.

例如，$y=x^2+1$ 是方程 $\frac{\mathrm{d}y}{\mathrm{d}x}=2x$ 满足初始条件 $y|_{x=1}=2$ 的特解，而 $S=-0.2t^2+20t$ 是方程 $\frac{\mathrm{d}^2s}{\mathrm{d}t^2}=-0.4$ 满足初始条件 $S|_{t=0}=0$，$S'|_{t=0}=20$ 的特解.

微分方程的特解 $y=f(x)$ 的几何图形，称为该方程的一条**积分曲线**. 而通解的图形在几何上则表示**积分曲线族**.

习　题　1.1

1．指出下列方程中哪些是微分方程.

（1）$y''-3y'+2y=x$　　（2）$y^2-3y+2=0$

（3）$y'=2x+6$　　（4）$y=2x+6$

（5）$\mathrm{d}y=(2x+6)\mathrm{d}x$　　（6）$\frac{\mathrm{d}^2y}{\mathrm{d}x^2}=\sin x$

2．指出下列微分方程的阶数.

（1）$\frac{\mathrm{d}y}{\mathrm{d}x}+\frac{\sqrt{1-y^2}}{\sqrt{1-x^2}}=0$　　（2）$y''+3y'+2y=x^2$

（3）$\left(\frac{\mathrm{d}^3y}{\mathrm{d}x^3}\right)^2-y^4=\mathrm{e}^x$　　（4）$y-x^4y'=y^2+y'''$

3．验证下列各题所给函数或二元方程所确定的函数是相应微分方程的解.

（1）$yy'=x-2x^3, y=x\sqrt{1-x^2}$

（2）$(x-y)\mathrm{d}x+x\mathrm{d}y=0, y=x(C-\ln x)$

（3）$y'=\frac{1+y^2}{1+x^2}, y=\frac{1+x}{1-x}$

4．给定一阶微分方程 $\frac{\mathrm{d}y}{\mathrm{d}x}=2x$.

（1）求出其通解.

（2）求过点（1，4）的特解.

（3）求出与直线 $y=2x+3$ 相切的解.

（4）求出满足条件 $\int_0^1 y\mathrm{d}x=2$ 的解.

（5）给出（2），（3），（4）中的解的图形.

1.2　一阶微分方程

1.2.1　可分离变量微分方程

定义 1　形如

$$\frac{\mathrm{d}y}{\mathrm{d}x}=f(x)g(y) \tag{1.1}$$

这种形式的方程称为**可分离变量微分方程**.

这种方程的解法是：

先分离变量，即

$$\frac{\mathrm{d}y}{g(y)}=f(x)\mathrm{d}x$$

然后两边积分

$$\int\frac{\mathrm{d}y}{g(y)}=\int f(x)\mathrm{d}x$$

【例 1.2.1】　求下列微分方程的通解.

$$\frac{\mathrm{d}y}{\mathrm{d}x}=2xy$$

解　这是可分离变量微分方程，首先分离变量，得

$$\frac{\mathrm{d}y}{y}=2x\mathrm{d}x$$

两边积分

$$\int\frac{\mathrm{d}y}{y}=\int 2x\mathrm{d}x$$

有

$$\ln|y| = x^2+\ln C_1$$

记任意常数为 $\ln C_1$（其中，$C_1>0$），这是为了便于化简，从而得 $|y|=C_1\mathrm{e}^{x^2}$，或写成

$$y=\pm C_1\mathrm{e}^{x^2} \qquad (C_1>0)$$

由于 $y=0$ 显然也为方程的解，所以方程的通解为

$$y = C\mathrm{e}^{x^2}$$

由此可看出，在解题过程中可将 $\ln|y|$ 写成 $\ln y$，对于 $\ln C_1$，当化简掉“ln”后，对常数 C_1 也不再有“$C_1 > 0$”的限制．因此，今后遇到类似情形，就不再写绝对值符号，最后结果中的 C 是任意常数．

【例 1.2.2】 求下列微分方程的通解．

$$\sqrt{1-y^2} = 3x^2 yy'$$

解 当 $y \neq \pm 1$ 时，分离变量得

$$\frac{y\mathrm{d}y}{\sqrt{1-y^2}} = \frac{\mathrm{d}x}{3x^2}$$

两边积分

$$\int \frac{y\mathrm{d}y}{\sqrt{1-y^2}} = \int \frac{\mathrm{d}x}{3x^2}$$

得

$$-\sqrt{1-y^2} = -\frac{1}{3x} + C$$

或写成

$$\sqrt{1-y^2} - \frac{1}{3x} + C = 0$$

这就是原方程的通解．

由本例易看出，$y = \pm 1$ 也是方程的解，但却不能并入通解之中．所以“求微分方程的通解”与“求微分方程的解”含义是不一样的．

1.2.2 齐次微分方程

在一阶微分方程中，可直接分离变量的方程为数不多，但有些方程通过适当变量代换可转化为可分离变量方程，齐次方程便是其中的一种．

定义 2 形如

$$\frac{\mathrm{d}y}{\mathrm{d}x} = f\left(\frac{y}{x}\right) \tag{1.2}$$

形式的方程称为**齐次微分方程**．

这种方程的解法是：**先作变量代换，再分离变量，然后两边积分，并代回原变量得到解**．对于方程（1.2），求解步骤如下：

先作变量代换，令 $u = \dfrac{y}{x}$，得

$$y = ux \text{，} \quad \frac{\mathrm{d}y}{\mathrm{d}x} = \frac{\mathrm{d}u}{\mathrm{d}x}x + u$$

代入原方程，得

$$\frac{\mathrm{d}u}{\mathrm{d}x}x + u = f(u)$$

再分离变量得

$$\frac{\mathrm{d}u}{f(u) - u} = \frac{\mathrm{d}x}{x}$$

然后两边积分，代回原变量即可得解.

【例 1.2.3】　求下列微分方程的通解.

$$y' = \frac{y}{x} + \tan\frac{y}{x}$$

解　令 $u = \frac{y}{x}$，则

$$y = ux \text{，} \quad \frac{\mathrm{d}y}{\mathrm{d}x} = \frac{\mathrm{d}u}{\mathrm{d}x}x + u$$

代入方程得

$$\frac{\mathrm{d}u}{\mathrm{d}x}x = \tan u$$

分离变量得

$$\cot u\mathrm{d}u = \frac{\mathrm{d}x}{x}$$

两边积分得

$$\ln\sin u = \ln x + \ln C$$

即

$$\sin u = Cx$$

代入原变量得原方程的通解为

$$\sin\frac{y}{x} = Cx$$

1.2.3　一阶线性微分方程

定义 3　形如

$$\frac{\mathrm{d}y}{\mathrm{d}x} + p(x)y = Q(x) \tag{1.3}$$

形式的方程称为**一阶线性微分方程**.

当 $Q(x) = 0$ 时称为**一阶齐次线性微分方程**，当 $Q(x) \neq 0$ 时称为**一阶非齐次线性微分方程**.

下面分两种情形来讨论其解.

1.2.3.1 齐次线性方程

$$\frac{\mathrm{d}y}{\mathrm{d}x}+p(x)y=0 \tag{1.4}$$

解法如下：

1. 分离变量法

$$\frac{\mathrm{d}y}{y}=-p(x)\mathrm{d}x$$

两边积分得

$$\ln y=-\int p(x)\mathrm{d}x+\ln C$$

方程的通解为

$$y=C\mathrm{e}^{-\int p(x)\mathrm{d}x}$$

如果我们把此式当作公式使用便有以下公式法.

2. 公式法

$$y=C\mathrm{e}^{-\int p(x)\mathrm{d}x} \tag{1.5}$$

1.2.3.2 非齐次线性方程

$$\frac{\mathrm{d}y}{\mathrm{d}x}+p(x)y=Q(x)$$

解法如下：

1. 常数变易法

由于齐次方程 $\frac{\mathrm{d}y}{\mathrm{d}x}+p(x)y=0$ 的通解为 $y=C\mathrm{e}^{-\int p(x)\mathrm{d}x}$，这时我们猜想将常数 C 换成 $C(x)$，即

$$y=C(x)\mathrm{e}^{-\int p(x)\mathrm{d}x} \tag{1.6}$$

代入非齐次方程 $\frac{\mathrm{d}y}{\mathrm{d}x}+p(x)y=Q(x)$ 来试算.

对 $y=C(x)\mathrm{e}^{-\int p(x)\mathrm{d}x}$ 求导，得

$$\begin{aligned}y'&=C'(x)\mathrm{e}^{-\int p(x)\mathrm{d}x}+C(x)\mathrm{e}^{-\int p(x)\mathrm{d}x}[-p(x)]\\&=C'(x)\mathrm{e}^{-\int p(x)\mathrm{d}x}-p(x)y\end{aligned}$$

代入非齐次方程可得

$$C'(x)\mathrm{e}^{-\int p(x)\mathrm{d}x}=Q(x)$$

于是可求出

$$C(x)=\int Q(x)\,\mathrm{e}^{\int p(x)\mathrm{d}x}\mathrm{d}x+C\quad（C\text{ 为任意常数}）$$

得非齐次方程的通解为

$$y=\mathrm{e}^{-\int p(x)\mathrm{d}x}\left[\int Q(x)\mathrm{e}^{\int p(x)\mathrm{d}x}\mathrm{d}x+C\right]\quad（C\text{ 为任意常数}）$$

如果我们把上式当作公式使用，便有以下所谓的公式法.

2．公式法

$$y=C\mathrm{e}^{-\int p(x)\mathrm{d}x}+\mathrm{e}^{-\int p(x)\mathrm{d}x}\int Q(x)\mathrm{e}^{\int p(x)\mathrm{d}x}\mathrm{d}x\tag{1.7}$$

【例 1.2.4】　求微分方程

$$\frac{\mathrm{d}y}{\mathrm{d}x}+y=x$$

的通解.

解法 1　常数变易法：

先求对应的齐次方程

$$\frac{\mathrm{d}y}{\mathrm{d}x}+y=0$$

的通解．代入公式（1.5）得

$$y=C\mathrm{e}^{-\int p(x)\mathrm{d}x}=C\mathrm{e}^{-\int \mathrm{d}x}=C\mathrm{e}^{-x}$$

再进行常数变易，即设原非齐次方程的解为

$$y=C(x)\mathrm{e}^{-x}$$

从而得

$$y'=C'(x)\mathrm{e}^{-x}-C(x)\mathrm{e}^{-x}$$

代入原方程，化简后得

$$C'(x)=x\mathrm{e}^{x}$$

于是有

$$C(x)=\int x\mathrm{e}^{x}\mathrm{d}x=x\mathrm{e}^{x}-\mathrm{e}^{x}+C$$

代回，得原方程的通解

$$y=\mathrm{e}^{-x}(x\mathrm{e}^{x}-\mathrm{e}^{x}+C)$$

即

$$y=C\mathrm{e}^{-x}+x-1$$

解法 2　公式法：

从原方程中可看出

$$p(x)=1,\quad Q(x)=x$$

代入公式（1.7）得

$$y = Ce^{-\int dx} + e^{-\int dx}\int xe^{\int dx}dx = Ce^{-x} + e^{-x}(xe^{x} - e^{x})$$

得原方程的通解

$$y = Ce^{-x} + x - 1$$

由例 1.2.4 可见，公式法要简便得多.

【例 1.2.5】 求微分方程

$$\frac{dy}{dx} = \frac{y}{y^3 + x}$$

的通解.

解 乍一看此方程，让人不易认出它的真面目，但是如果我们把 y 看作是自变量，x 看作因变量，把方程改写成

$$\frac{dx}{dy} = \frac{y^3 + x}{y} = \frac{1}{y}x + y^2$$

写成标准形式

$$\frac{dx}{dy} - \frac{1}{y}x = y^2$$

就可看出这是一个关于未知函数 x 的一阶线性非齐次方程了. 这里

$$p(y) = -\frac{1}{y}, \quad Q(y) = y^2$$

代入公式（1.7），得

$$x = Ce^{-\int\left(-\frac{1}{y}\right)dy} + e^{-\int\left(-\frac{1}{y}\right)dy}\int y^2 e^{\int\left(-\frac{1}{y}\right)dy}dy$$

$$= Cy + y\int y dy = Cy + \frac{1}{2}y^3$$

于是原方程的通解为

$$x = Cy + \frac{1}{2}y^3$$

习 题 1.2

1. 求下列微分方程的通解.

（1）$4xdx - 3ydy = 3x^2ydy - 2xy^2dx$ （2）$x\sqrt{1+y^2} + yy'\sqrt{1+x^2} = 0$

（3）$y\ln y + xy' = 0$ （4）$(1+e^x)yy' = e^x$

2. 求下列微分方程满足初始条件的特解.

（1）$x\mathrm{d}y-3y\mathrm{d}x=0$，　$y\big|_{x=1}=1$．

（2）$y^2\mathrm{d}x+(x+1)\mathrm{d}y=0$，　$y\big|_{x=0}=1$．

（3）$y'+y=\mathrm{e}^x$，　$y\big|_{x=0}=2$．

（4）$(1+x^2)\mathrm{d}y=(1+xy)\mathrm{d}x$，　$y\big|_{x=1}=0$．

3．求下列微分方程的通解．

（1）$y'+y\cos x=\dfrac{1}{2}\sin 2x$　　（2）$y'-\dfrac{1}{x+1}y=\mathrm{e}^x(x+1)$

（3）$y'+2xy+2x^3=0$　　（4）$y'+\dfrac{xy}{2(1-x^2)}-\dfrac{x}{2}=0$

4．求微分方程 $\dfrac{\mathrm{d}y}{\mathrm{d}x}=\dfrac{xy}{x^2-y^2}$ 满足 $y\big|_{x=0}=1$ 的特解．

1.3　二阶常系数齐次线性微分方程

1.3.1　二阶齐次线性方程解的叠加性

定义 1　形如

$$y''+p(x)y'+q(x)y=0 \tag{1.8}$$

形式的方程称为**二阶齐次线性微分方程**．

特别地，当 $p(x)$、$q(x)$ 均为常数时，即 $p(x)=p$（常数），$q(x)=q$（常数），有

$$y''+py'+qy=0 \tag{1.9}$$

称为**二阶常系数齐次线性微分方程**．

定义 2　设 $f_1(x)$ 与 $f_2(x)$ 是定义在区间 I 的两个函数．如果

$$\frac{f_1(x)}{f_2(x)}\equiv C \quad（C\text{ 为常数}）$$

我们就称 $f_1(x)$ 与 $f_2(x)$ 在区间 I 线性相关，否则就称 $f_1(x)$ 与 $f_2(x)$ 在区间 I 线性无关．

例如，在 $(-\infty,+\infty)$，$\sin x$ 与 $2\sin x$ 是线性相关的，而 $\sin x$ 与 $\cos x$ 是线性无关的．

定理（叠加原理）　若 y_1、y_2 是齐次线性方程 $y''+p(x)y'+q(x)y=0$ 的两个解，则 $y=C_1y_1+C_2y_2$ 也是该方程的解，且当 y_1 和 y_2 线性无关时，$y=C_1y_1+C_2y_2$（C_1，C_2 是任意常数）就是该方程的通解．

上述叠加原理，当然对于二阶常系数齐次线性微分方程同样适用．

1.3.2 二阶常系数齐次线性方程的解

由叠加原理可知，若能求出二阶常系数齐次线性微分方程的两个线性无关的特解，就可写出其通解．对于 $y''+py'+qy=0$，猜想 $y=e^{rx}$ 为方程的解，代入方程得

$$e^{rx}(r^2+pr+q)=0$$

由于 $e^{rx}\neq 0$，所以有

$$r^2+pr+q=0 \tag{1.10}$$

由此可见，只要 r 满足上述代数式方程，即（1.10）式，函数 $y=e^{rx}$ 就是方程（1.9）的解．

定义 3 代数方程 $r^2+pr+q=0$，称为二阶常系数齐次方程 $y''+py'+qy=0$ 的**特征方程**，特征方程的解称为**特征根**．

由于特征方程 $r^2+pr+q=0$ 是关于 r 的一元二次方程，所以特征根可用求解一元二次方程的求根公式

$$r_{1,\,2}=\frac{-p\pm\sqrt{p^2-4q}}{2}$$

求出．有下述三种情况：

1．$r_1\neq r_2$，两不等实根

$$y_1=e^{r_1x} \quad 和 \quad y_2=e^{r_2x}$$

由于

$$\frac{y_1}{y_2}=\frac{e^{r_1x}}{e^{r_2x}}=e^{(r_1-r_2)x}$$

不是常数，即 y_1 和 y_2 线性无关，因此，由叠加原理得方程（1.9）的通解为

$$y=C_1e^{r_1x}+C_2e^{r_2x}$$

2．$r_1=r_2=r$，两相等实根

仅得一个解为

$$y_1=e^{rx}$$

为了求通解，还需求出另一个与 y_1 线性无关的解，易验证 $y_2=xe^{rx}$ 也是方程（1.9）的解，且与 y_1 线性无关，于是得方程（1.9）的通解为

$$y=(C_1+C_2x)e^{rx}$$

3．$r=\alpha\pm i\beta$ $(\beta\neq 0)$，两共轭复根

因为

$$\frac{e^{(\alpha+i\beta)x}}{e^{(\alpha-i\beta)x}}=e^{i2\beta x}\neq 常数$$

所以 $e^{(\alpha+i\beta)x}$ 和 $e^{(\alpha-i\beta)x}$ 是两个线性无关的解．

虽然这两个解可构成方程（1.9）的通解，但是因为是复数形式，不方便，为了得出实数形式的解，应用欧拉公式

$$e^{i\theta}=\cos\theta+i\sin\theta$$

于是有

$$e^{(\alpha+i\beta)x}=e^{\alpha x}(\cos\beta x+i\sin\beta x)$$
$$e^{(\alpha-i\beta)x}=e^{\alpha x}(\cos\beta x-i\sin\beta x)$$

由叠加原理知

$$y_1=\frac{1}{2}\left[e^{(\alpha+i\beta)x}+e^{(\alpha-i\beta)x}\right]=e^{\alpha x}\cos\beta x$$
$$y_2=\frac{1}{2i}\left[e^{(\alpha+i\beta)x}-e^{(\alpha-i\beta)x}\right]=e^{\alpha x}\sin\beta x$$

仍是方程（1.9）的解，且知

$$\frac{y_1}{y_2}=\frac{e^{\alpha x}\cos\beta x}{e^{\alpha x}\sin x}=\cot\beta x$$

所以，y_1 和 y_2 线性无关，故原方程（1.9）这时的通解为

$$y=(C_1\cos\beta x+C_2\sin\beta x)e^{\alpha x}$$

综上所述，求二阶常系数齐次线性微分方程的通解步骤如下：

第一步：写出方程（1.9）的特征方程

$$r^2+pr+q=0$$

第二步：求出特征方程的特征根 r_1，r_2.

第三步：根据特征根的三种不同情况，写出方程（1.9）的通解.

【例 1.3.1】　求微分方程

$$y''-2y'-3y=0$$

的通解.

解　所给方程

$$y''-2y'-3y=0$$

的特征方程为

$$r^2-2r-3=0$$

其特征根为

$$r_1=-1,\quad r_2=3$$

所以原方程通解为

$$y=C_1e^{-x}+C_2e^{3x}$$

【例 1.3.2】　求微分方程

$$y''+4y'+4y=0$$

满足初始条件 $y\big|_{x=0}=1$，$y'\big|_{x=0}=0$ 的特解.

解 所给方程 $y''+4y'+4y=0$ 的特征方程为

$$r^2+4r+4=0$$

有两个相等的实根

$$r_1=r_2=-2$$

因此，微分方程的通解为

$$y=(C_1+C_2x)\mathrm{e}^{-2x}$$

为求特解，将上式求导得

$$\begin{aligned}y'&=C_2\mathrm{e}^{-2x}-2\mathrm{e}^{-2x}(C_1+C_2x)\\&=(C_2-2C_1-2C_2x)\mathrm{e}^{-2x}\end{aligned}$$

将初始条件 $y\big|_{x=0}=1,\ \ y'\big|_{x=0}=0$ 代入以上两式，得

$$\begin{cases}C_1=1\\C_2-2C_1=0\end{cases}$$

解得

$$C_1=1,\qquad C_2=2$$

因此，所求微分方程的特解为

$$y=(1+2x)\mathrm{e}^{-2x}$$

【例 1.3.3】 求微分方程

$$y''-6y'+13y=0$$

的通解.

解 微分方程

$$y''-6y'+13y=0$$

对应的特征方程为

$$r^2-6r+13=0$$

特征根为一对共轭复根

$$r=3\pm \mathrm{i}2$$

故所求方程的通解为

$$y=(C_1\cos 2x+C_2\sin 2x)\mathrm{e}^{3x}$$

习　题　1.3

1．求下列微分方程的通解.

（1）$y''-4y'=0$　　（2）$y''+2y'+10y=0$

（3）$y''+y'+y=0$　　（4）$y''+6y'+13y=0$

（5）$4y''-20y'+25y=0$　　（6）$y''-4y'+5y=0$

2．求下列微分方程满足初始条件的特解.

（1）$4y''+4y'+y=0,\quad y\big|_{x=0}=2,\quad y'\big|_{x=0}=0$.

（2）$y''-3y'-4y=0,\quad y\big|_{x=0}=0,\quad y'\big|_{x=0}=15$.

（3）$y''+25y=0,\quad y\big|_{x=0}=2,\quad y'\big|_{x=0}=5$.

（4）$y''-4y'+13y=0,\quad y\big|_{x=0}=0,\quad y'\big|_{x=0}=3$.

（5）$\dfrac{\mathrm{d}^2s}{\mathrm{d}t^2}+2\dfrac{\mathrm{d}s}{\mathrm{d}t}+s=0,\quad s\big|_{t=0}=4,\quad s'\big|_{t=0}=2$.

（6）$\dfrac{\mathrm{d}^2I}{\mathrm{d}t^2}+2\dfrac{\mathrm{d}I}{\mathrm{d}t}+I=0,\quad I\big|_{t=0}=2,\quad I'\big|_{t=0}=0$.

1.4　二阶常系数非齐次线性微分方程

1.4.1　二阶常系数非齐次线性微分方程解的结构

定义　形如

$$y''+py'+qy=f(x) \tag{1.11}$$

这种形式的方程称为**二阶常系数非齐次线性微分方程**，其中 p，q 为常数，$f(x)$称为**自由项**.

而称方程

$$y''+py'+qy=0 \tag{1.12}$$

为方程（1.11）所对应的**齐次线性方程**.

定理 1（解的结构）　若 y_{p} 为非齐次线性方程（1.11）的某个特解，Y 为对应的齐次线性方程（1.12）的通解，则非齐次线性方程（1.11）的通解为

$$y=Y+y_{\mathrm{p}}$$

定理 2　若 y_1 为方程 $y''+py'+qy=f_1(x)$ 的解，y_2 为方程 $y''+py'+qy=f_2(x)$ 的解，则 $y=y_1+y_2$ 为方程 $y''+py'+qy=f_1(x)+f_2(x)$ 的解.

上述两定理很容易证明，有兴趣的读者可自行证明.

1.4.2　二阶常系数非齐次线性微分方程的解法

由通解结构定理知，求二阶常系数非齐次线性方程（1.11）的通解，可先求其对应的齐次方程（1.12）的通解，再求出非齐次线性方程（1.11）的某个特解，二者之和即是方程（1.11）的通解．齐次线性方程（1.12）的通解的求法我们在前面已经解决，求非齐次线性方程（1.11）的特解情况较复杂，现就 $f(x)$ 两种较常见的情形讨论如下.

1.4.2.1 $f(x)=P_m(x)e^{\lambda x}$ 型

非齐次线性方程

$$f(x)=P_m(x)e^{\lambda x} \tag{1.13}$$

其中，$P_m(x)e^{\lambda x}$ 中 λ 为常数，$P_m(x)$为 x 的 m 次多项式，即

$$P_m(x)=a_m x^m + a_{m-1}x^{m-1}+\cdots+a_0 \tag{1.14}$$

这里，$a_m,a_{m-1},\cdots,a_0$ 为实常数，此时方程为

$$y''+py'+qy=P_m(x)e^{\lambda x} \tag{1.15}$$

由于该方程右边是多项式与指数函数乘积形式，又 p、q 为常数，而多项式与指数函数乘积求导后仍为同一类型的函数，因此设想该方程的特解形式为

$$y_p=Q(x)e^{\lambda x} \tag{1.16}$$

其中，$Q(x)$ 是一待定多项式.

将 $y_p=Q(x)e^{\lambda x}$ 代入 $y''+py'+qy=P_m(x)e^{\lambda x}$，得

$$Q''(x)+(2\lambda+p)Q'(x)+(\lambda^2+p\lambda+q)Q(x)=P_m(x) \tag{1.17}$$

对上式分三种情况来讨论待定多项式 $Q(x)$.

（1）当 $\lambda^2+p\lambda+q\neq 0$ 时，即 λ 不是特征方程 $r^2+pr+q=0$ 的特征根时，式中 $Q(x)$ 必须与 $P_m(x)$ 的次数相同，即 $Q(x)$ 是 x 的 m 次多项式，这时设

$$Q(x)=Q_m(x) \tag{1.18}$$

这里，$Q_m(x)$ 是 x 的 m 次多项式.

（2）当 $\lambda^2+p\lambda+q=0$，但 $2\lambda+p\neq 0$ 时，即 λ 是特征方程 $r^2+pr+q=0$ 的单根时，即变为

$$Q''(x)+(2\lambda+p)Q'(x)=P_m(x) \tag{1.19}$$

则式中 $Q'(x)$ 必须与 $P_m(x)$ 的次数相同，即 $Q(x)$ 是 x 的 m+1 次多项式，这时设

$$Q(x)=xQ_m(x) \tag{1.20}$$

（3）当 $\lambda^2+p\lambda+q=0$，且 $2\lambda+p=0$ 时，即 λ 是特征方程 $r^2+pr+q=0$ 的重根时，即变为

$$Q''(x)=P_m(x) \tag{1.21}$$

则式中 $Q''(x)$ 必须与 $P_m(x)$ 的次数相同，即 $Q(x)$ 是 x 的 m+2 次多项式，这时设

$$Q(x)=x^2Q_m(x) \tag{1.22}$$

综上所述，为了便于记忆，可得如下结论：

二阶常系数非齐次线性方程

$$y''+py'+qy=P_m(x)e^{\lambda x} \tag{1.23}$$

的特解 y_p 具有形式

$$y_{\mathrm{p}} = x^k Q_m(x)\mathrm{e}^{\lambda x} \tag{1.24}$$

其中，$Q_m(x)$是x的m次多项式；① 当λ不是特征根时，k=0；② 当λ是特征根，但为单根时，k=1；③ 当λ是特征根，且为重根时，k=2.

1.4.2.2　$f(x) = a\cos\omega x + b\sin\omega x$型

非齐次线性方程

$$y'' + py' + qy = a\cos\omega x + b\sin\omega x \tag{1.25}$$

这里，a,b,ω是常数，且$\omega > 0$．对于其特解形式推导过程从略.

设其特解形式为

$$y_{\mathrm{p}} = x^k(A\cos\omega x + B\sin\omega x) \tag{1.26}$$

其中，① 当$\pm\omega\mathrm{i}$不是特征根时，$k=0$；② 当$\pm\omega\mathrm{i}$是特征根时，$k=1$.

求解二阶常系数非齐次线性微分方程

$$y'' + py' + qy = f(x) \tag{1.27}$$

的步骤如下：

第一步：先求出对应的齐次方程的通解Y；

第二步：针对自由项$f(x)$的形式求特解y_{p}；

第三步：写出通解

$$y = Y + y_{\mathrm{p}} \tag{1.28}$$

第四步，若有初始条件

$$y\big|_{x=x_0} = y_0,\quad y'\big|_{x=x_0} = y_0' \tag{1.29}$$

则将此初始条件代入通解，确定常数C_1，C_2，从而求得满足初始条件的特解.

【例 1.4.1】　求方程$y'' - 2y' - 3y = 3x\mathrm{e}^x$的通解.

解　原方程对应的齐次方程为

$$y'' - 2y' - 3y = 0$$

其特征方程为

$$r^2 - 2r - 3 = 0$$

特征根为

$$r_1 = 3,\quad r_2 = -1$$

于是齐次线性方程的通解为

$$Y = C_1\mathrm{e}^{3x} + C_2\mathrm{e}^{-x}$$

因$f(x) = 3x\mathrm{e}^x$，所以m=1，$\lambda = 1$，不是特征根，故设特解

$$y_{\mathrm{p}} = (Ax + B)\mathrm{e}^x$$

将$y' = (Ax + A + B)\mathrm{e}^x$，$y'' = (Ax + 2A + B)\mathrm{e}^x$代入原方程，得

$$-4Ax-4B=3x$$

即有

$$\begin{cases}-4A=3\\-4B=0\end{cases}$$

解得

$$A=-\frac{3}{4},\qquad B=0$$

因此，得特解为

$$y_{\mathrm{p}}=-\frac{3}{4}x\mathrm{e}^{x}$$

故原方程的通解为

$$y=C_1\mathrm{e}^{3x}+C_2\mathrm{e}^{-x}-\frac{3}{4}x\mathrm{e}^{x}$$

【例 1.4.2】 求方程 $y''-2y'-3y=3x\mathrm{e}^{x}+2\cos x$ 的通解.

解 由例 1.4.1 知对应齐次方程的特征根为 $r_1=3, r_2=-1$，齐次线性方程的通解为

$$Y=C_1\mathrm{e}^{3x}+C_2\mathrm{e}^{-x}$$

将 $y''-2y'-3y=3x\mathrm{e}^{x}$ 的一个特解设为 $y_{\mathrm{p}1}$，由例 1.4.1 知

$$y_{\mathrm{p}1}=-\frac{3}{4}x\mathrm{e}^{x}$$

将 $y''-2y'-3y=2\cos x$ 的一个特解设为 $y_{\mathrm{p}2}$，由于 $\omega=1,\ \pm\omega\mathrm{i}=\pm\mathrm{i}$ 不是特征根，故可设

$$y_{\mathrm{p}2}=A\cos x+B\sin x$$

将 $y_2'=-A\sin x+B\cos x,\ y_2''=-A\cos x-B\sin x$ 代入 $y''-2y'-3y=2\cos x$ 得

$$(-4A-2B)\cos x+(2A-4B)\sin x=2\cos x$$

即有

$$\begin{cases}-4A-2B=2\\2A-4B=0\end{cases}$$

解得

$$\begin{cases}A=-\dfrac{2}{5}\\[2mm]B=-\dfrac{1}{5}\end{cases}$$

即得特解

$$y_{\mathrm{p}2}=-\frac{2}{5}\cos x-\frac{1}{5}\sin x$$

由定理得原方程的一个特解 $y_{\mathrm{p}}=y_{\mathrm{p1}}+y_{\mathrm{p2}}$ 为

$$y_{\mathrm{p}}=-\frac{3}{4}x\mathrm{e}^{x}-\frac{2}{5}\cos x-\frac{1}{5}\sin x$$

故原方程的通解为

$$y=C_1\mathrm{e}^{3x}+C_2\mathrm{e}^{-x}-\frac{3}{4}x\mathrm{e}^{x}-\frac{2}{5}\cos x-\frac{1}{5}\sin x$$

【例 1.4.3】　求方程

$$y''+y'-2y=\cos x-3\sin x$$

满足初始条件 $y\big|_{x=0}=1, y'\big|_{x=0}=2$ 的特解.

解　原方程对应的齐次方程为

$$y''+y'-2y=0$$

其特征方程为

$$r^2+r-2=0$$

特征根为

$$r_1=1,\quad r_2=-2$$

于是齐次线性方程的通解为

$$Y-C_1\mathrm{c}^{x}+C_2\mathrm{c}^{-2x}$$

由于 $f(x)=\cos x-3\sin x$， $\omega=1$，$\pm\omega\mathrm{i}=\pm\mathrm{i}$ 不是特征根，故将特解设为

$$y_{\mathrm{p}}=A\cos x+B\sin x$$

代入原方程得

$$(B-3A)\cos x+(-3B-A)\sin x=\cos x-3\sin x$$

由此得

$$\begin{cases}B-3A=1\\-3B-A=-3\end{cases}$$

解出 A=0，B=1，因此得特解为

$$y_{\mathrm{p}}=\sin x$$

所以原方程的通解为

$$y=C_1\mathrm{e}^{x}+C_2\mathrm{e}^{-2x}+\sin x$$

将初始条件 $y\big|_{x=0}=1, y'\big|_{x=0}=2$ 代入上式，整理后得

$$\begin{cases}C_1+C_2=1\\C_1-2C_2+1=2\end{cases}$$

解得

$$C_1=1,\quad C_2=0$$

故满足初始条件的特解为

$$y = \mathrm{e}^{x} + \sin x$$

习　题　1.4

1. 求下列微分方程的一个特解.

（1）$y'' + 2y' + 5y = 5x + 2$　　（2）$2y'' + y' - y = 2\mathrm{e}^{x}$

（3）$y'' + 3y = 2\sin x$　　（4）$y'' - 3y' + 2y = 3x\mathrm{e}^{2x}$

2. 求下列微分方程的通解.

（1）$y'' - 2y' - 3y = 3x + 1$　　（2）$y'' - 2y' - 3y = (x + 1)\mathrm{e}^{x}$

（3）$y'' + 4y = 2\sin x$　　（4）$y'' + y = x^{2} + \cos x$

3. 求下列微分方程满足初始条件的特解.

（1）$y'' + 2y' + 2y = x\mathrm{e}^{-x}$，$y(0) = 0$，$y'(0) = 0$.

（2）$y'' + y = -\sin 2x$，$y(\pi) = 1$，$y'(\pi) = 1$.

1.5　微分方程应用举例

前面已经介绍了一阶微分方程中，分离变量方程、齐次方程和一阶线性方程三种常见方程的形式及二阶常系数线性微分方程的求解. 但要应用于实际问题，首先必须要构建微分方程，然后才是求解. 构建微分方程不单单是数学中的事情，它还涉及其他学科的相关知识. 这里仅举几个较简单的例子，以便认识求解微分方程在实际中的重要性，并熟悉一下运用微分方程解决应用问题的基本方法与步骤.

下面举几个具体应用的实例.

1.5.1　一阶微分方程应用举例

1.5.1.1　冷却问题

【例 1.5.1】　将一初始温度为θ_0的物体放到恒温（温度为γ）介质中，假定物体的温度是均匀冷却，求物体温度随时间的变化规律.

解　设在t时刻该物体的温度为$\theta = \theta(t)$. 根据物理学中的冷却定律，物体冷却速度跟周围介质的温差成正比. 于是有微分方程

$$\frac{\mathrm{d}\theta}{\mathrm{d}t} = -k(\theta - \gamma)$$

其中，负号代表冷却，k（$k>0$）是比例常数，这是一个可分离变量的微分方程.

分离变量

$$\frac{\mathrm{d}\theta}{\theta-\gamma}=-k\mathrm{d}t$$

两边积分得其通解

$$\theta(t)=\gamma+C\mathrm{e}^{-kt}$$

将初始条件 $\theta(0)=\theta_0$ 代入上式得 $C=\theta_0-\gamma$，于是得特解

$$\theta(t)=\gamma+(\theta_0-\gamma)\mathrm{e}^{-kt}$$

我们对该式求极限得

$$\lim_{t\to+\infty}\theta(t)=\lim_{t\to+\infty}[\gamma+(\theta_0-\gamma)\mathrm{e}^{-kt}]=\gamma$$

由此可看出，物体的冷却是按指数规律变化的．当 t 增加时，温度开始下降较快，但随着时间的推移，物体的温度将最终趋于介质温度 γ．

1.5.1.2　落体问题

【例 1.5.2】　设跳伞运动员从跳伞塔下落后，所受空气的阻力与速度成正比．运动员离塔时（$t=0$）的速度为零．求运动员下落过程中速度和时间的函数关系（见图 1.1）．

解　设跳伞运动员下落速度为 $\boldsymbol{v}(t)$，由于跳伞员在空中下落时，要受到重力 $\boldsymbol{P}$ 与阻力 $\boldsymbol{R}$ 的作用，重力大小为 mg，方向与速度 $\boldsymbol{v}$ 的方向一致；阻力大小为 kv（k 为比例系数），方向与速度 $\boldsymbol{v}$ 的方向相反．

从而运动员所受外力大小为

$$F=mg-kv$$

根据牛顿第二定律，有

$$F=ma$$

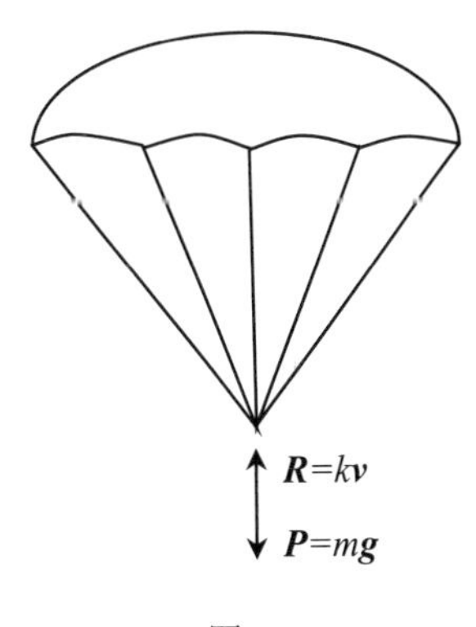

图 1.1

其中，加速度 $a=\dfrac{\mathrm{d}v}{\mathrm{d}t}$，得到下落速度 $v(t)$ 应满足的方程

$$m\frac{\mathrm{d}v}{\mathrm{d}t}=mg-kv$$

按题意，初始条件为

$$v\big|_{t=0}=0$$

对方程分离变量得

$$\frac{\mathrm{d}v}{mg-kv}=\frac{\mathrm{d}t}{m}$$

两边积分，有

$$-\frac{1}{k}\ln|mg-kv|=\frac{t}{m}+C_1$$

整理得

$$v=\frac{mg}{k}-Ce^{-\frac{k}{m}t}\quad\left(C=\frac{1}{k}e^{-kC_1}\right)$$

将初始条件 $v|_{t=0}=0$ 代入上式，得

$$C=\frac{mg}{k}$$

于是，所求特解为

$$v=\frac{mg}{k}\left(1-e^{-\frac{k}{m}t}\right)$$

又因

$$\lim_{t\to+\infty}v=\lim_{t\to+\infty}\frac{mg}{k}\left(1-e^{-\frac{k}{m}t}\right)=\frac{mg}{k}$$

由此可见，随着 t 的增大，速度 v 逐渐趋于常数 $\frac{mg}{k}$，但不会超过 $\frac{mg}{k}$，这说明跳伞后，开始是加速运动，以后逐渐趋于匀速运动.

1.5.1.3　衰变问题

【例 1.5.3】　设放射性物质的初始质量为 m_0，已知放射性物质衰变的速度与该放射性物质当时的质量 m 成正比，又半衰期为 T（放射性元素衰减到初始质量的一半所需时间），求放射性物质的质量 m 与时间 t 的关系.

解　由于放射性物质衰变的速度与该放射性物质当时的质量 m 成正比，于是有

$$\frac{dm}{dt}=-\lambda m$$

其中，λ 为衰变系数，负号表示质量衰减. 解这个方程，同时考虑到初始条件 $m|_{t=0}=m_0$，由此得到

$$m=m_0e^{-\lambda t}$$

又因为半衰期为 T，代入上式，得

$$\frac{m_0}{2}=m_0e^{-\lambda T}$$

于是得

$$\lambda = \frac{\ln 2}{T}$$

即得特解

$$m = m_0 \mathrm{e}^{-\frac{\ln 2}{T}t}$$

由上可知，每一种放射性元素半衰期 T 是一个固定常数，它取决于衰变系数，目前人们已测得了许多种放射性元素的半衰期．如：镭 226 的半衰期为 1600 年，铀 238 的半衰期为 4.5×10^9 年．

放射性元素半衰期的测定，在地质学、古生物学和考古学中，有着重要的应用．人们可以据此推算地球的年龄、地层或化石的年代．

1.5.1.4　人口预测问题

【例 1.5.4】（马尔萨斯（Malthus）模型）英国人口统计学家马尔萨斯（1766—1834）于 1798 年在《人口原理》一书中提出了闻名于世的马尔萨斯人口模型．他的基本假设是：在人口自然增长过程中，净相对增长率（出生率与死亡率之差）是常数，即单位时间内人口的增长量与人口成正比，比例系数为 γ．在此假设下，求人口随着时间变化的规律．

解　设时刻 t 时人口为 $N(t)$，把 $N(t)$ 视为连续、可微函数（因人口总数很大，可近似这样处理），根据马尔萨斯的假设，在 t 到 $t+\Delta t$ 时间内，人口的增长量为

$$N(t+\Delta t) - N(t) = \gamma N(t) \Delta t$$

于是可得

$$\frac{\mathrm{d}N}{\mathrm{d}t} = \gamma N$$

又考虑初始条件 $N(t_0) = N_0$，即在时间 t_0 时的人口为 N_0．

用分离变量法易求出其解

$$N(t) = N_0 \mathrm{e}^{\gamma(t-t_0)}$$

它表明，在人口自然增长率 γ 为常数的假设下，人口总是按指数规律增长的．根据这种模型，人口增长的速度非常快，与人口普查的结果不吻合，即是说假设不合理，需要对假设进行修正．

【例 1.5.5】　根据例 1.5.4，虽然马尔萨斯人口模型假说不合理，但是在此基础上，人们通过实验与调查，又提出了新假设：人口自然增长率 γ 满足

$$\gamma = a - bN$$

其中，正常数 a 与 b 称作生命系数．一些生态学家测得 $a = 0.029$，而 b 的值依赖于不同国家、不同时期的社会经济条件．在这种假设下，试求人口随着时间变化的规律．

解　由例 1.5.4 及对 γ 的新假设得微分方程

$$\frac{dN}{dt}=(a-bN)N$$

分离变量得

$$\frac{dN}{(a-bN)N}=dt$$

两边积分得

$$\frac{1}{a}\ln\frac{N}{a-bN}=t+C$$

将初始条件 $N(t_0)=N_0$ 代入，得

$$N(t)=\frac{aN_0e^{a(t-t_0)}}{a-bN_0+bN_0e^{a(t-t_0)}}$$

根据报道，美国和法国曾用此较为成功地预报过人口变化．当然，人口问题极为复杂，上述假设和模型不一定符合各国国情．迄今为止，科学家经过调查统计，根据各种社会因素和自然因素，提出了许多更为复杂和全面的人口问题模型，用以对人口问题的分析、研究和预测，以此作为制定有关政策的依据．

1.5.2 二阶微分方程应用举例

振动是日常生活与工程技术中的常见现象，因此研究振动规律有着非常重要的意义．

1.5.2.1 无阻尼自由振动

设有一弹簧 S，它的上端固定，下端挂一质量为 m 的物体 B 使其静止，设物体 B 的平衡位置位于原点，如图 1.2 所示，现将物体 B 拉到 x_0 处再放开，则物体 B 将上下振动，试描述此弹簧的振动规律．

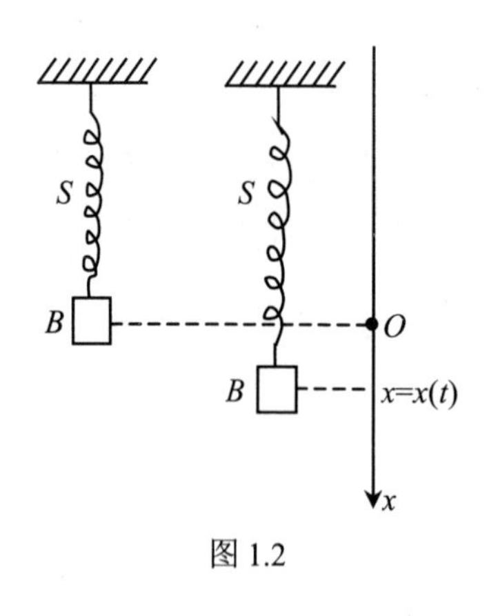

图 1.2

假定物体在振动过程中，不受任何外力与阻力作用，只受弹力 $\boldsymbol{F}$ 作用，由胡克定律知 $F=-kx$．其中，k 为弹性系数，$k>0$，负号表示弹力 F 与弹簧伸长量 x 的方向相反．

由牛顿第二定律，列出物体在 t 时刻的位移 $x(t)$ 所满足的微分方程

$$m\frac{d^2x}{dt^2}=-kx$$

即

$$m\frac{d^2x}{dt^2}+kx=0$$

令 $\frac{k}{m}=\omega^2$，方程变为

$$\frac{\mathrm{d}^2x}{\mathrm{d}t^2}+\omega^2x=0$$

解得方程的通解为

$$\begin{aligned}x&=C_1\sin\omega t+C_2\cos\omega t\\&=A\sin(\omega t+\varphi)\end{aligned}$$

其中，$A=\sqrt{C_1^2+C_2^2}$，$\tan\varphi=\frac{C_2}{C_1}$.

此时这种振动，就是我们所说的无阻尼自由振动，简称“**简谐振动**”. 其振幅为

$$A=\sqrt{C_1^2+C_2^2}$$

周期为

$$T=\frac{2\pi}{\omega}=2\pi\sqrt{\frac{m}{k}}$$

1.5.2.2　有阻尼自由振动

现在考虑空气的阻力影响，由于空气阻力 F_1 与物体运动的速度 v 成正比，则有

$$F_1=-k_1\frac{\mathrm{d}x}{\mathrm{d}t}$$

其中，k_1（$k_1>0$）为比例系数称为**阻尼系数**，负号表示阻力与运动方向相反，此时得方程为

$$m\frac{\mathrm{d}^2x}{\mathrm{d}t^2}=-kx-k_1\frac{\mathrm{d}x}{\mathrm{d}t}$$

即

$$\frac{\mathrm{d}^2x}{\mathrm{d}t^2}+\frac{k_1}{m}\cdot\frac{\mathrm{d}x}{\mathrm{d}t}+\frac{k}{m}x=0$$

令 $\frac{k}{m}=\omega^2$，$\frac{k_1}{m}=2\delta$，方程变为

$$\frac{\mathrm{d}^2x}{\mathrm{d}t^2}+2\delta\frac{\mathrm{d}x}{\mathrm{d}t}+\omega^2x=0$$

特征方程为

$$r^2+2\delta r+\omega^2=0$$

特征根为

$$r_{1,2}=-\delta\pm\sqrt{\delta^2-\omega^2}$$

分三种情形讨论如下：

（1）大阻尼情形，$\delta>\omega$．特征根为两个不相等的实根，通解为

$$x=C_1\mathrm{e}^{\left(-\delta+\sqrt{\delta^2-\omega^2}\right)t}+C_2\mathrm{e}^{\left(-\delta-\sqrt{\delta^2-\omega^2}\right)t}$$

（2）临界阻尼情形，$\delta=\omega$．特征根为重根，通解为

$$x=(C_1+C_2t)\mathrm{e}^{-\delta t}$$

这两种情形，由于阻尼比较大，都不发生振动．当有一初始扰动以后．物体慢慢回到平衡位置．位移随时间 t 的变化规律分别如图 1.3 和图 1.4 所示．

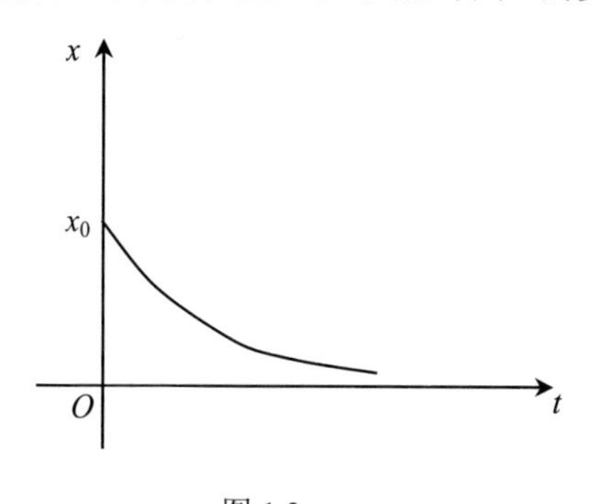

图 1.3

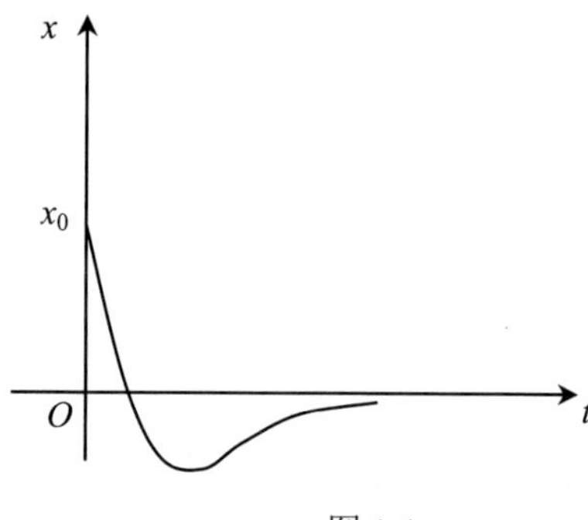

图 1.4

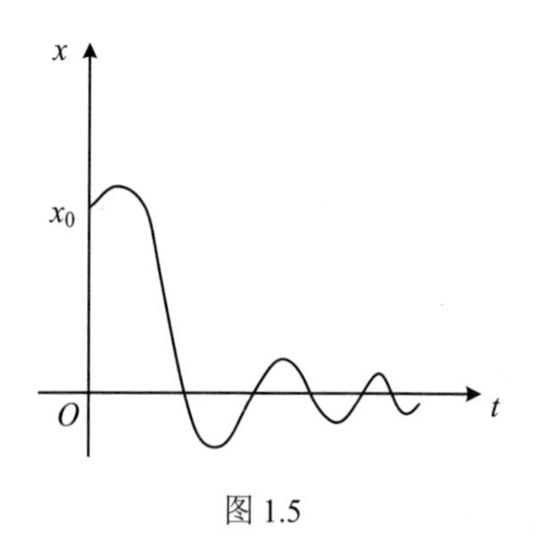

图 1.5

（3）小阻尼情形，$\delta<\omega$．特征根为共轭复根，通解为

$$x=\mathrm{e}^{-\delta t}(C_1\sin\sqrt{\omega^2-\delta^2}t+C_2\cos\sqrt{\omega^2-\delta^2}t)$$

将其化简为

$$x=A\mathrm{e}^{-\delta t}\sin(\sqrt{\omega^2-\delta^2}t+\varphi)$$

其中，$A=\sqrt{C_1^2+C_2^2},\tan\varphi=\dfrac{C_2}{C_1}$．振幅 $A\mathrm{e}^{-\delta t}$ 随时间 t 的增加而减小．

因此，这是一种衰减振动．位移 x 随时间 t 的变化规律如图 1.5 所示．

1.5.2.3　无阻尼强迫振动

假设物体不受空气阻力影响，而受到一个外力为简谐力 $f(t)=m\sin pt$ 的作用，此时的微分方程为

$$m\frac{\mathrm{d}^2x}{\mathrm{d}t^2}=-kx+m\sin pt$$

令 $\frac{k}{m}=\omega^2$，方程变为

$$\frac{\mathrm{d}^2x}{\mathrm{d}t^2}+\omega^2x=\sin pt$$

根据 $\mathrm{i}p$ 是否为特征根 $\mathrm{i}\omega$，对其通解讨论如下：

（1）当 $p\neq\omega$ 时，其通解为

$$x=\frac{1}{\omega^2-p^2}\sin pt+C_1\sin\omega t+C_2\cos\omega t$$

此时，特解的振幅 $\frac{1}{\omega^2-p^2}$ 为常数，但当 p 接近于 ω 时，将会导致振幅增大，发生类似共振的现象.

（2）当 $p=\omega$ 时，其通解为

$$x=-\frac{1}{2p}t\cos pt+C_1\sin\omega t+C_2\cos\omega t$$

此时，特解的振幅 $\frac{1}{2p}t$ 随时间 t 的增加而增大，这种现象称为共振．即当外力的频率 p 等于物体的固有频率时，将发生共振.

1.5.2.4　阻尼强迫振动

假定物体既受阻力 $-k_1v$ 作用，又受外力 $f(t)=m\sin pt$ 的作用，则微分方程为

$$m\frac{\mathrm{d}^2x}{\mathrm{d}t^2}=-kx-k_1\frac{\mathrm{d}x}{\mathrm{d}t}+m\sin pt$$

令 $\frac{k}{m}=\omega^2$，$\frac{k_1}{m}=2\delta$，方程变为

$$\frac{\mathrm{d}^2x}{\mathrm{d}t^2}+2\delta\frac{\mathrm{d}x}{\mathrm{d}t}+\omega^2x=\sin pt$$

当 $\delta<\omega$ 时，特征根 $r=-\delta\sqrt{\omega^2-\delta^2}$，$\delta\neq0$，则 $\mathrm{i}p$ 不可能为特征根，特解为

$$x_{\mathrm{p}}=A\sin pt+B\cos pt$$

其中
$$A=\frac{\omega^2-p^2}{(\omega^2-p^2)^2+4\delta^2p^2},\qquad B=-\frac{2\delta p}{(\omega^2-p^2)^2+4\delta^2p^2}$$

还可将其化为

$$x_{\mathrm{p}}=\frac{1}{(\omega^2-p^2)^2+4\delta^2p^2}[(\omega^2-p^2)\sin pt-2\delta p\cos pt]$$

由此可见，在有阻尼的情况下，将不会发生共振现象．不过，当 $p=\omega$ 时，若 δ 很小，则仍有较大的振幅；若 δ 较大，则不会有较大的振幅.

在电学振荡中，我们可按上述机械振动相同的数学处理方法进行讨论，也同样存在所谓的“共振”现象，这种共振现象也是收音机调谐电台的依据.

当然，微分方程的应用是多方面的．我们虽然不能一一列举，但是由上述几例可以看出利用微分方程解应用题的一般步骤：首先是分析问题，设未知函数，建立微分方程，确定初始条件；其次是求微分方程的通解；最后是将初始条件代入通解求出特解.

习　题　1.5

1．已知曲线上每一点处的切线斜率等于该点的横坐标与纵坐标之和．求

（1）经过点（0，–1）的曲线方程；

（2）经过点（1，0）的曲线方程.

2．已知汽艇在静水中运动的速度与水的阻力成正比．若一汽艇以 10 km/h 的速度在静水中运动时关闭了发动机，经过 20 s 后，汽艇的速度减至 6 km/h，试确定发动机关闭 2 min 后汽艇的速度.

3．（侦探题）当一次谋杀案件发生后，死者尸体的温度从原来的 37 ℃按冷却定律（物体温度的变化率与该物体与周围介质温度之差成正比）开始变凉．假设两小时后死者尸体温度变为 35 ℃，并假设周围空气的温度保持 20 ℃不变.

（1）求谋杀发生后死者尸体的温度 θ 随时间 t 的变化规律；

（2）画出温度-时间曲线；

（3）最终死者尸体的温度如何？

（4）如果死者尸体被发现时的温度是 30 ℃，时间是下午 4 时，那么谋杀是何时发生的？

4．已知在 RC 电路中，电容 C 的初始电压为 u_0，当开关 K 闭合时电容就开始放电，求开关 K 闭合后电路中的电流强度 i 的变化规律.

5．方程 $y''+4y=\sin x$ 的一条积分曲线过点（0，1），且在这点与直线 $y=1$ 相切，求此曲线方程.

6．一质量为 m 的质点从水面由静止开始下沉，所受阻力与下沉速度成正比（比例系数为 k），求质点下沉深度 x 与时间 t 的函数关系．（不计水对质点的浮力）

7．一弹簧悬挂有质量为 2kg 的物体时，弹簧伸长了 0.098 m，阻尼系数 $\mu=24\ \mathrm{N\cdot s/m}$．当弹簧受到强迫力 $f=100\sin10t(\mathrm{N})$ 的作用后，物体产生了振动，求振动规律．设物体的初始位置在它的平衡位置，初始速度为零.

8．在电阻 R，电感 L 与电容 C 串联的电路中，电源电压 $E=5\sin10t$ V，$R=10\ \Omega$，$L=1$ H，$C=0.2$ F，电容的初始电压为零．设开关闭合时 $t=0$，求开关闭合后回路中的电流.

本章内容精要

本章主要介绍了微分方程的基本概念，讨论了一阶、二阶微分方程类型及求解方法，以及微分方程的应用.

1. 微分方程的概念

本章介绍了微分方程、常微分方程、微分方程的阶、解、通解、特解、初始条件等基本概念. 学习本章时，一定要理解这些概念，学会判别方程的类型，理解线性微分方程解的结构.

2. 一阶微分方程的解法

现将一阶微分方程的解法归纳如下（见表 1.1）：

表 1.1

<table>
<tr><th colspan="3">方程类型</th><th>方程形式</th><th>求解方法</th></tr>
<tr><td rowspan="4">一阶微分方程</td><td colspan="2">可分离变量</td><td>$\frac{\mathrm{d}y}{\mathrm{d}x}=f(x)g(y)$</td><td>分离变量、两边积分</td></tr>
<tr><td colspan="2">齐次</td><td>$\frac{\mathrm{d}y}{\mathrm{d}x}=f\left(\frac{y}{x}\right)$</td><td>先换元，令 $\frac{y}{x}=u$，代入原方程，再分离变量</td></tr>
<tr><td rowspan="2">一阶线性</td><td>齐次</td><td>$\frac{\mathrm{d}y}{\mathrm{d}x}+p(x)y=0$</td><td>① 分离变量法，②公式法 $y=C\mathrm{e}^{-\int p(x)\mathrm{d}x}$</td></tr>
<tr><td>非齐次</td><td>$\frac{\mathrm{d}y}{\mathrm{d}x}+p(x)y=Q(x)$</td><td>① 常数变易法，②公式法
$y=C\mathrm{e}^{-\int p(x)\mathrm{d}x}+\mathrm{e}^{-\int p(x)\mathrm{d}x}\int Q(x)\mathrm{e}^{\int p(x)\mathrm{d}x}\mathrm{d}x$</td></tr>
</table>

3. 二阶常系数线性微分方程的解法

1）齐次方程

现将二阶常系数齐次线性微分方程通解求法归纳如下（见表 1.2）：

表 1.2

特征根 r	方程的通解 y
$r_1 \neq r_2$ 两不等实根	$y=C_1\mathrm{e}^{r_1x}+C_2\mathrm{e}^{r_2x}$
$r_1=r_2=r$ 两相等实根	$y=(C_1+C_2x)\mathrm{e}^{rx}$
$r=\alpha\pm\mathrm{i}\beta\ (\beta\neq 0)$ 两共轭复根	$y=(C_1\cos\beta x+C_2\sin\beta x)\mathrm{e}^{\alpha x}$

2）非齐次方程

$$y''+py'+q=f(x)$$

先求对应的齐次方程

$$y''+py'+q=0$$

的通解 Y.

再根据自由项 $f(x)$ 的形式，设置特解形式，求特解 y_{p}.

由解的结构定理

$$y=Y+y_{\mathrm{p}}$$

求出通解.

现将自由项 $f(x)$ 较常见的情况，设置特解 y_{p} 的形式归纳如下（见表 1.3）：

表 1.3

$f(x)$的形式	特解 y_{p} 的形式
$f(x)=p_m(x)$ 为 x 的 m 次多项式	当 $q\neq 0$ 时，$y_{\mathrm{p}}=Q_m(x)$ 当 $q=0,p\neq 0$ 时，$y_{\mathrm{p}}=Q_{m+1}(x)$ 当 $p=q=0$ 时，$y_{\mathrm{p}}=Q_{m+2}(x)$
$f(x)=P_m(x)\mathrm{e}^{\lambda x}$	$y_{\mathrm{p}}=x^kQ_m(x)\mathrm{e}^{\lambda x}$ 当λ不是特征根时，k=0 当λ是单特征根时，k=1 当λ是重特征根时，k=2
$f(x)=a\cos\beta x+b\sin\beta x$	$y_{\mathrm{p}}=x^k(A\cos\omega x+B\sin\omega x)$ 当$\pm\omega\mathrm{i}$不是特征根时，$k=0$ 当$\pm\omega\mathrm{i}$是特征根时，$k=1$

4. 微分方程的应用

求解应用问题时，首先需要列微分方程．这可根据有关学科知识，分析所研究的变量应该遵循的规律，找出各量之间的等量关系，列出微分方程．然后根据微分方程的类型用相应的方法求解．应该注意，有的应用问题还含有初始条件.

自 我 测 试 题

一、单项选择题

1．微分方程 $F(x,y^4,y',(y'')^2)=0$ 的通解中含有(　　　)个独立任意常数.

（A）1　　　　（B）2　　　　（C）4　　　　（D）5

2．下列微分方程中，（　　　）所给的函数是通解．

（A）$y'=\frac{x}{y}$，$y=x$　　（B）$y'=\frac{x}{y}$，$x^2-y^2=C$

（C）$y'=-\frac{x}{y}$，$y=\frac{C}{x}$　　（D）$y'=-\frac{x}{y}$，$x^2+y^2=1$

3．微分方程 $y^2\mathrm{d}x-(1-x)\mathrm{d}y=0$ 是（　　　）微分方程．

（A）一阶线性齐次　　（B）一阶线性非齐次

（C）可分离变量　　（D）二阶线性齐次

4．微分方程 $y''+y=0$ 的通解为（　　　）．

（A）$y=C_1\mathrm{e}^x+C_2\mathrm{e}^{-x}$　　（B）$y=(C_1+C_2x)\mathrm{e}^{-x}$

（C）$y=C_1\cos x+C_2\sin x$　　（D）$y=(C_1+C_2x)\mathrm{e}^x$

5．微分方程 $y''-2y'+y=(x+1)\mathrm{e}^x$ 的特解形式应设为（　　　）．

（A）$x^2(ax+b)\mathrm{e}^x$　　（B）$x(ax+b)\mathrm{e}^x$

（C）$(ax+b)\mathrm{e}^x$　　（D）$(ax+b)x^2$

二、填空题

1．通过点（1，1）处，且斜率处处为 x 的曲线方程是________________．

2．二阶微分方程 $y''=\mathrm{e}^x$ 的通解是________________．

3．微分方程 $y'+2y=0$ 的通解是________________．

4．微分方程 $y''+y'=0$，满足初始条件 $y(0)=1$，$y'(0)=1$ 的特解为________________．

5．微分方程 $y''+2y'-3y=x\mathrm{e}^x$ 的特解形式应设为________________．

三、计算题

1．求下列微分方程的通解或特解：

（1）$xy\mathrm{d}x+\sqrt{1-x^2}\mathrm{d}y=0$，$y|_{x=0}=1$；　　（2）$(x^2+y^2)\mathrm{d}x-xy\mathrm{d}y=0$；

（3）$y'+\frac{y}{x}=\frac{\sin x}{x}$，$y(\pi)=1$；　　（4）$y'=x+y+1$．

2．求下列微分方程的通解或特解：

（1）$y''+3y'+2y=x\mathrm{e}^{-x}$；　　（2）$y''+6y'+9y=5\cos x$；

（3）$y''-5y'+6y=7$，$y|_{x=0}=\frac{7}{6}, y'|_{x=0}=-1$．

四、应用题

1．一曲线上各点的法线都通过点$(a，b)$，求此曲线方程．

2．质量为 1 kg 的质点受外力的作用做直线运动，该力和时间成正比，和质点运动的速度成反比．在 t=10 s 时速度为 45 m/s，力为 4 N，问从运动开始经过 20 s 后的速度是多少？

3．一直径为 0.5 m 的圆柱形浮筒，质量为 195 kg，垂直放置于水中．先将圆筒稍向下压，然后突然放开，于是浮筒在水中上下振动，若不计浮筒运动时所受的阻力，试求浮筒振动的周期．（提示：设浮筒在水下部分的高度为 x，浮筒受重力和浮力作用．）

常微分方程

微分方程差不多是和微积分同一时期先后产生的，苏格兰数学家耐普尔创立对数的时候，就讨论过微分方程的近似解．牛顿在建立微积分的同时，对简单的微分方程用级数来求解．后来瑞士数学家雅各布·伯努利、欧拉、法国数学家克雷洛、达朗贝尔、拉格朗日等人又不断地研究和丰富了微分方程的理论．

微分方程的理论逐步完善的时候，利用它就可以精确地表述事物变化所遵循的基本规律，只要列出相应的微分方程，有了解方程的方法，微分方程也就成了最有生命力的数学分支．常微分方程的形成与发展是和力学、天文学、物理学，以及其他科学技术的发展密切相关的．数学的其他分支的新发展，如复变函数、李群、组合拓扑学等，都对常微分方程的发展产生了深刻的影响，今天，计算机科学与技术的发展更是为常微分方程的应用及理论研究提供了非常有力的工具．

牛顿研究天体力学和机械力学的时候，利用了微分方程这个工具，从理论上得到了行星运动规律．后来，法国天文学家勒维烈和英国天文学家亚当斯使用微分方程各自计算出那时尚未被发现的海王星的位置．这些都使数学家更加深信微分方程在认识自然、改造自然方面的巨大力量．

现在，常微分方程在很多学科领域内有着重要的应用，自动控制、各种电子学装置的设计、弹道的计算、飞机和导弹飞行稳定性的研究、化学反应过程稳定性的研究等．这些问题都可以化为求常微分方程的解，或者化为研究解的性质的问题．应该说，应用常微分方程理论已经取得了很大的成就，但是，它的现有理论也还远远不能满足需要，还有待于进一步的发展，使这门学科的理论更加完善．

数学实验 1　用 MATLAB 解常微分方程

【实验目的】

熟悉 MATLAB 软件求解常微分方程的方法.

【实验内容】

常微分方程是高等数学的重要内容之一，利用 MATLAB 学会如何求常微分方程的解.

1. 求微分方程的命令格式

利用 MATLAB 求微分方程的命令格式示于表 M1.1.

表 M1.1

命 令 格 式	含　　义
dsolve('eq1,eq2,⋯', 'cond1,cond2,⋯', 'v'	求解微分方程或微分方程组 eq1, eq2, ⋯满足初始条件 cond1，cond2，⋯关于 v 的解，默认为 t
dsolve('eq1','eq2',⋯', 'cond1', 'cond2,⋯', 'v'	

2. 求微分方程举例

【**例 M1.1**】　求下列微分方程的通解：

（1）$y'-3xy=x$　　（2）$y'+2xy=2xe^{-x^2}$

（3）$y''-y'=x^2$　　（4）$y''+4y'+3y=2\sin x$

解
```
>> dsolve('Dy-3*x*y=x','x')
ans =
   (C2*exp((3*x^2)/2))/3 - 1/3
dsolve('Dy+2*x*y=2*x*exp(-x^2)','x')
ans =
   C4/exp(x^2) + x^2/exp(x^2)
>> dsolve('D2y-Dy=x^2','x')
ans =
   C6 - 2*x + C7*exp(x) - x^2 - x^3/3 - 2
>> dsolve('5*D2y-6*Dy+5*y=exp(x)','x')
>> dsolve('D2y+4*Dy+3*y=2*sin(x)','x')
ans =
   sin(x)/5 - (2*cos(x))/5 + C8/exp(x) + C9/exp(3*x)
```
【**例 M1.2**】　有一弹性系数 $C=8$ N/m 的弹簧，其上挂有质量为 2 kg 的物体，一外力 $f(t)=16\cos 4t$ N 作用在物体上，假定物体原来在平衡位置，有向上的初速度 2 m/s，如果不计阻力，求物体的运动规律 $s(t)$.

解　由题意得微分方程为 $\frac{\mathrm{d}^2 s}{\mathrm{d}t^2}+4s=8\cos 4t$，初始条件为 $s|_{t=0}=0$，$s'|_{t=0}=-2$.

```
s=dsolve('D2y+4*y=8*cos(4*t)','y(0)=0,Dy(0)=-2')  （注：用 y 作函数）
s =
(2*cos(2*t))/3-sin(2*t)-cos(2*t)*(cos(2*t)-cos(6*t)/3)+sin(2*t)*(sin(2*t)
   +sin(6*t)/3)
>> simple(s)
ans =
   (2*cos(2*t))/3 - (2*cos(4*t))/3 - sin(2*t)
```

3. 上机实验

（1）验算上述例题结果.

（2）自选某些微分方程上机练习.

第 2 章　无 穷 级 数

任何倏忽的灵感，事实上不能代替长期的功夫.

——罗丹

【导读】　无穷级数是高等数学的一个重要内容．它是研究无限个离散量之和的数学模型，无论对数学理论本身，还是对科学技术都有着重要的应用．本章首先介绍常数项级数及敛散性概念、敛散性性质和审敛准则，然后讨论函数项级数及如何将函数展成幂级数与傅里叶级数.

【目标】　理解常数项级数与函数项级数的概念，掌握常数项级数收敛性的判定方法，会求幂级数的收敛半径与收敛域，能将函数展成幂级数，了解傅里叶（Fourier）级数.

2.1　常数项级数的概念和性质

2.1.1　常数项级数的概念

定义 1　设有一无穷数列 $u_1,u_2,\cdots,u_n,\cdots$，则把式子 $u_1+u_2+\cdots+u_n+\cdots$ 或 $\sum_{n=1}^{\infty}u_n$ 称为**常数项无穷级数**或简称为**数项级数**，其中，$u_1,u_2,\cdots,u_n,\cdots$ 称为**级数的项**，u_n 称为**级数的通项**或**一般项**.

简而言之，**无穷数列的和式称为级数**.

下面我们给出几个级数的例子：

等差数列各项的和

$$a_1+(a_1+d)+(a_1+2d)+\cdots+(a_1+(n-1)d)+\cdots$$

称为**算术级数**.

等比数列各项的和

$$\sum_{n=1}^{\infty} aq^{n-1} = a + aq + aq^2 + \cdots + aq^{n-1} + \cdots$$

称为**等比级数或几何级数**.

无穷级数

$$\sum_{n=1}^{\infty} \frac{1}{n^p} = 1 + \frac{1}{2^p} + \frac{1}{3^p} + \cdots + \frac{1}{n^p} + \cdots$$

称为***p*一级数**，当 p=1 时，即

$$1 + \frac{1}{2} + \frac{1}{3} + \cdots + \frac{1}{n} + \cdots$$

称为**调和级数**.

定义 2 设级数 $\sum_{n=1}^{\infty} u_n$ 的前 n 项之和

$$S_n = u_1 + u_2 + \cdots + u_n$$

称 S_n 为级数 $\sum_{n=1}^{\infty} u_n$ 的**前 *n* 项部分和**. 当 n 依次取 1，2，3，…时，得到一个新数列

$$S_1 = u_1，\ S_2 = u_1 + u_2, \cdots，\ S_n = u_1 + u_2 + \cdots + u_n, \cdots$$

数列$\{S_n\}$称为级数 $\sum_{n=1}^{\infty} u_n$ 的**部分和数列**. 若此极限存在，即 $\lim_{n\to\infty} S_n = S$（常数），则称 S 为级数 $\sum_{n=1}^{\infty} u_n$ 的和，记为

$$\sum_{n=1}^{\infty} u_n = S$$

此时称级数 $\sum_{n=1}^{\infty} u_n$ **收敛**. 若数列$\{S_n\}$无极限，则称级数 $\sum_{n=1}^{\infty} u_n$ **发散**.

当级数 $\sum_{n=1}^{\infty} u_n$ 收敛时，其部分和 S_n 是级数和 S 的近似值，称 $S-S_n$ 为**级数的余项**，记为 r_n，即

$$r_n = S - S_n = u_{n+1} + u_{n+2} + \cdots$$

【例 2.1.1】 考察级数 $\sum_{n=1}^{\infty} \ln\frac{n+1}{n}$ 的敛散性.

解 因 $u_n = \ln\frac{n+1}{n} = \ln(n+1) - \ln n$，得

$$S_n = u_1 + u_2 + \cdots + u_n$$
$$= (\ln 2 - \ln 1) + (\ln 3 - \ln 2) + \cdots + [\ln(n+1) - \ln n]$$
$$= \ln(n+1)$$

所以

$$\lim_{n\to\infty} S_n = \lim_{n\to\infty} \ln(n+1) = +\infty$$

则级数 $\sum_{n=1}^{\infty} \ln\frac{n+1}{n}$ 发散.

【例 2.1.2】 讨论等比级数 $\sum_{n=1}^{\infty} aq^{n-1} = a + aq + aq^2 + \cdots + aq^{n-1} + \cdots$ 的敛散性.

解 当 $q \neq 1$，则

$$S_n = \frac{a - aq^n}{1-q} = \frac{a}{1-q} - \frac{aq^n}{1-q}$$

若 $|q| < 1$，则 $\lim_{n\to\infty} S_n = \frac{a}{1-q}$，因此级数收敛，其和为 $\frac{a}{1-q}$.

若 $|q| > 1$，因 $\lim_{n\to\infty} q^n = \infty$, $\lim_{n\to\infty} S_n = \infty$，因此级数发散，其和不存在.

若 $|q| = 1$，则当 $q=1$ 时，$S_n = na \to \infty$，级数发散；当 $q = -1$ 时，

$$S_n = a - a + a - a + \cdots + (-1)^{n-1}a = \begin{cases} a, & n\text{ 为奇数} \\ 0, & n\text{ 为偶数} \end{cases}$$

综上，$\sum_{n=1}^{\infty} aq^n$ 当 $|q| < 1$ 时，收敛，此时称为**无穷递缩等比级数**；若 $|q| \geqslant 1$ 时，发散.

利用无穷递缩等比级数可把循环小数化为分数.

【例 2.1.3】 把循环小数 $0.\dot{3}\dot{6}$ 化为分数.

解 把 $0.\dot{3}\dot{6}$ 化为无穷级数

$$0.\dot{3}\dot{6} = \frac{36}{100} + \frac{36}{100^2} + \frac{36}{100^3} + \cdots \frac{36}{100^n} + \cdots$$

这是公比为 $\frac{1}{100}$ 的无穷递缩等比级数，于是由上例可知

$$0.\dot{3}\dot{6} = \frac{\frac{36}{100}}{1 - \frac{1}{100}} = \frac{4}{11}$$

【例 2.1.4】 判断级数 $\sum_{n=1}^{\infty} \frac{1}{n(n+1)}$ 的敛散性.

解 因

$$u_n=\frac{1}{n(n+1)}=\frac{1}{n}-\frac{1}{n+1}$$

于是

$$\begin{aligned}S_n&=\frac{1}{1\cdot 2}+\frac{1}{2\cdot 3}+\cdots+\frac{1}{n\cdot(n+1)}\\&=\left(\frac{1}{1}-\frac{1}{2}\right)+\left(\frac{1}{2}-\frac{1}{3}\right)+\cdots+\left(\frac{1}{n}-\frac{1}{n+1}\right)\\&=1-\frac{1}{n+1}\end{aligned}$$

则$\lim\limits_{n\to\infty}S_n=1$，所以$\sum\limits_{n=1}^{\infty}\frac{1}{n(n+1)}$收敛，其和为1.

【例2.1.5】 判断$\sum\limits_{n=1}^{\infty}\frac{1}{\sqrt{n}}$的收敛性.

解 考虑到部分和

$$S_n=\frac{1}{1}+\frac{1}{\sqrt{2}}+\cdots+\frac{1}{\sqrt{n}}>n\cdot\frac{1}{\sqrt{n}}=\sqrt{n}$$

由此可知，$\lim\limits_{n\to\infty}S_n=+\infty$，故级数发散.

由以上几例，一方面可以了解怎样根据定义来判断级数的收敛性. 另一方面也可以看到，用定义直接判断级数的收敛性，需求部分和S_n，这需要一定的技巧. 对于一般的级数，求部分和并不容易. 因此需找出一些较为方便有效的判断方法. 首先介绍级数收敛性的性质.

2.1.2 收敛级数的基本性质

性质1 若$\sum\limits_{n=1}^{\infty}a_n$和$\sum\limits_{n=1}^{\infty}b_n$是两个收敛级数，则$\sum\limits_{n=1}^{\infty}(a_n\pm b_n)$也收敛，且有

$$\sum_{n=1}^{\infty}(a_n\pm b_n)=(\sum_{n=1}^{\infty}a_n)\pm(\sum_{n=1}^{\infty}b_n)$$

性质2 若$\sum\limits_{n=1}^{\infty}u_n$收敛，$C$是常数，则$\sum\limits_{n=1}^{\infty}Cu_n$也收敛，且

$$\sum_{n=1}^{\infty}Cu_n=C\sum_{n=1}^{\infty}u_n$$

性质3 在级数中去掉有限项或增加有限项，级数的敛散性不变.

注意：性质 1 表明两个收敛级数的和或差所得级数仍是收敛级数．由此还可知，收敛级数与发散级数逐项和、差所得级数是发散的．但是发散级数逐项和、差所得级数可能发散，也可能收敛．

由性质 2 可知，$\sum_{n=1}^{\infty} u_n$ 与 $\sum_{n=1}^{\infty} Cu_n \quad (C \neq 0)$ 的收敛性相同．

性质 3 虽然表明了添加或去掉原级数的有限项，级数的敛散性不变，但是收敛时，其和发生改变．

性质 4　级数收敛的必要条件：若级数 $\sum_{n=1}^{\infty} u_n$ 收敛，则

$$\lim_{n\to\infty} u_n = 0$$

性质 4 表明若级数 $\sum_{n=1}^{\infty} u_n$ 的通项 u_n 不满足 $\lim_{n\to\infty} u_n = 0$，则该级数发散．

应当注意，性质 4 只是级数收敛的必要条件，而非充分条件．即是说虽然满足 $\lim_{n\to\infty} u_n = 0$，但是级数 $\sum_{n=1}^{\infty} u_n$ 也不一定收敛，它也可能发散．如例 2.1.4 和例 2.1.5 虽然都满足 $\lim_{n\to\infty} u_n = 0$，但是例 2.1.4 的级数 $\sum_{n=1}^{\infty} \frac{1}{n(n+1)}$ 收敛，而例 2.1.5 的级数 $\sum_{n=1}^{\infty} \frac{1}{\sqrt{n}}$ 发散．

【例 2.1.6】　判断级数 $\sum_{n=1}^{\infty} (\sqrt{n^2+n} - n)$ 的敛散性．

解　因 $\lim_{n\to\infty} \sqrt{n^2+n} - n = \lim_{n\to\infty} \frac{n}{\sqrt{n^2+n} \ +n} = \frac{1}{2} \neq 0$，则级数 $\sum_{n=1}^{\infty} (\sqrt{n^2+n} - n)$ 发散．

【例 2.1.7】　证明调和级数 $\sum_{n=1}^{\infty} \frac{1}{n}$ 发散．

证明　我们利用定积分的几何意义加以证明．

调和级数部分和 $S_n = \sum_{k=1}^{n} \frac{1}{k}$，参见图 2.1，考察曲线 $y = \frac{1}{x}$，x=1，x=n+1 和 y=0 所围成的曲边梯形的面积 S 与阴影表示的阶梯形面积 A_n 之间的关系，可看出阴影部分的第一个矩形的面积 A_1=1，第二个矩形的面积 A_2=1/2，第三个矩形的面积 A_3=1/3，…，第 k 个矩形的面积 A_k=1/k，所以阴影部分的总面积为

$$A_n = \sum_{k=1}^{n} A_k = 1 + \frac{1}{2} + \frac{1}{3} + \cdots + \frac{1}{k} = \sum_{k=1}^{n} \frac{1}{k}$$

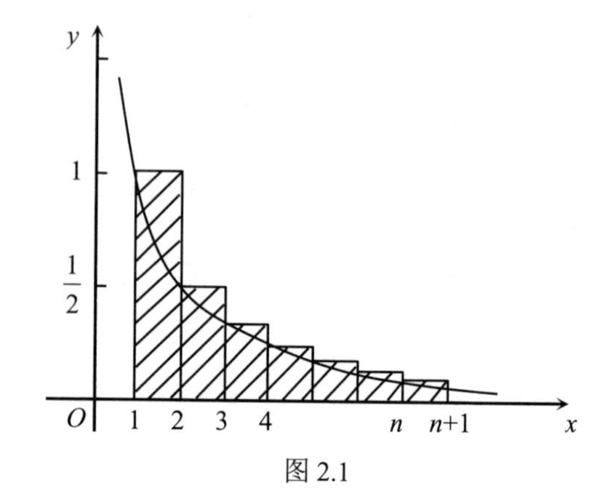

图 2.1

它显然大于曲边梯形的面积 S，即有

$$A_n=\sum_{k=1}^{n}A_k > \int_1^{n+1}\frac{1}{x}\,\mathrm{d}x=\ln x\Big|_1^{n+1}=\ln(n+1)$$

而 $\lim\limits_{n\to\infty}\ln(n+1)=\infty$，这表明 A_n 的极限不存在，所以该级数发散.

习　题　2.1

1．写出下列级数的一般项.

（1）$1+\frac{1}{3}+\frac{1}{5}+\frac{1}{7}+\cdots$

（2）$-\frac{1}{2}+0+\frac{1}{4}+\frac{2}{5}+\frac{3}{6}+\cdots$

（3）$\frac{\sqrt{x}}{2}+\frac{x}{2\cdot 4}+\frac{x\sqrt{x}}{2\cdot 4\cdot 6}+\frac{x^2}{2\cdot 4\cdot 6\cdot 8}+\cdots$

（4）$\frac{a^2}{3}-\frac{a^3}{5}+\frac{a^4}{7}-\frac{a^5}{9}+\cdots$

2．根据级数敛散性定义，判断下列级数的敛散性.

（1）$\ln\frac{2}{1}+\ln\frac{3}{2}+\ln\frac{4}{3}+\cdots+\ln\frac{n+1}{n}+\cdots$

（2）$\frac{1}{1\cdot 6}+\frac{1}{6\cdot 11}+\cdots+\frac{1}{(5n-4)(5n+1)}+\cdots$

3．判别下列级数的敛散性.

（1）$\mathrm{e}-\mathrm{e}^2+\mathrm{e}^3-\mathrm{e}^4+\cdots+(-1)^{n-1}\mathrm{e}^n+\cdots$

（2）$-\frac{8}{9}+\frac{8^2}{9^2}-\frac{8^3}{9^3}+\cdots(-1)^n\frac{8^n}{9^n}+\cdots$

（3）$\left(\frac{1}{2}+\frac{1}{3}\right)+\left(\frac{1}{2^2}+\frac{1}{3^2}\right)+\cdots+\left(\frac{1}{2^n}+\frac{1}{3^n}\right)+\cdots$

（4）$\frac{1}{3}+\frac{1}{\sqrt{3}}+\frac{1}{\sqrt[3]{3}}+\cdots+\frac{1}{\sqrt[n]{3}}+\cdots$

（5）$1+\ln 3+\ln^2 3+\cdots+\ln^n 3+\cdots$

（6）$1-\ln 2+\ln^2 2-\cdots+(-1)^{n-1}\ln^{n-1} 2+\cdots$

2.2　常数项级数的审敛法

在一般情况下，判别一个级数的敛散性，只利用级数收敛性的定义和性质是不够的，还需要建立级数的审敛法.

2.2.1　正项级数的审敛法

2.2.1.1　比较审敛法

定义　若级数$\sum_{n=1}^{\infty}u_n$的各项$u_n\geqslant 0\,(n=1,2,\cdots)$，则称该级数为**正项级数**.

定理 1　正项级数$\sum_{n=1}^{\infty}u_n$收敛的充要条件是：它的部分和数列$\{S_n\}$有界.

定理 2（比较审敛法）　设$\sum_{n=1}^{\infty}a_n$和$\sum_{n=1}^{\infty}b_n$都是正项级数，且满足$a_n\leqslant b_n$，$n=1,2,\cdots$有：

（1）若$\sum_{n=1}^{\infty}b_n$收敛，则$\sum_{n=1}^{\infty}a_n$收敛；

（2）若$\sum_{n=1}^{\infty}a_n$发散，则$\sum_{n=1}^{\infty}b_n$发散.

有了这个定理，在判断一个正项级数收敛时，可以利用另一个收敛性为已知的正项级数来进行比较，因此该定理称为“比较审敛法”. 在利用比较审敛法时，首先需要猜测所讨论的级数的收敛性，其次选取一个参照级数（比较对象），且此参照级数的收敛性是已知的.

【例 2.2.1】　讨论$p-$级数$\sum_{n=1}^{\infty}\frac{1}{n^p}=1+\frac{1}{2^p}+\frac{1}{3^p}+\cdots+\frac{1}{n^p}+\cdots$　（$p>0$）的敛散性.

解　当$p\leqslant 1$时，$\frac{1}{n^p}\geqslant\frac{1}{n}$，因为调和级数$\sum_{n=1}^{\infty}\frac{1}{n}$发散，所以由比较判别法知，

$p\leqslant 1$ 时，$\sum_{n=1}^{\infty}\frac{1}{n^p}$ 发散.

当 $p>1$ 时，顺次把 $p-$级数的第 1 项，第 2 项到第 3 项，第 4 项到第 7 项，第 8 项到第 15 项，…，括在一起，得

$$1+\left(\frac{1}{2^p}+\frac{1}{3^p}\right)+\left(\frac{1}{4^p}+\frac{1}{5^p}+\frac{1}{6^p}+\frac{1}{7^p}\right)+\left(\frac{1}{8^p}+\cdots+\frac{1}{15^p}\right)+\cdots$$

它的各项显然小于级数

$$1+\left(\frac{1}{2^p}+\frac{1}{2^p}\right)+\left(\frac{1}{4^p}+\frac{1}{4^p}+\frac{1}{4^p}+\frac{1}{4^p}\right)+\left(\frac{1}{8^p}+\cdots+\frac{1}{8^p}\right)+\cdots$$

$$=1+\frac{1}{2^{p-1}}+\left(\frac{1}{2^{p-1}}\right)^2+\left(\frac{1}{2^{p-1}}\right)^3+\cdots$$

所对应的各项. 而所得级数是等比级数，公比 $\frac{1}{2^{p-1}}<1$，故收敛，于是，当 $p>1$ 时，级数 $\sum_{n=1}^{\infty}\frac{1}{n^p}$ 收敛.

【例 2.2.2】 证明级数 $\sum_{n=1}^{\infty}\frac{1}{\sqrt{n(n+1)}}$ 是发散的.

证明 因为 $n(n+1)<(n+1)^2$，所以 $\frac{1}{\sqrt{n(n+1)}}>\frac{1}{(n+1)}$. 而级数

$$\sum_{n=1}^{\infty}\frac{1}{n+1}=\frac{1}{2}+\frac{1}{3}+\cdots+\frac{1}{n+1}+\cdots$$

是发散的，由比较判别法知所给级数发散.

推论(比较审敛法的极限形式) 设 $\sum_{n=1}^{\infty}a_n$ 和 $\sum_{n=1}^{\infty}b_n$ 都是正项级数，若 $\lim_{n\to\infty}\frac{a_n}{b_n}=L$ $(0<L<+\infty)$，则 $\sum_{n=1}^{\infty}a_n$ 和 $\sum_{n=1}^{\infty}b_n$ 同时收敛或同时发散.

【例 2.2.3】 判别级数 $\sum_{n=1}^{\infty}\sin\frac{1}{n}$ 的敛散性.

解 因为 $\lim_{n\to\infty}\frac{\sin\frac{1}{n}}{\frac{1}{n}}=1$，而 $\sum_{n=1}^{\infty}\frac{1}{n}$ 是发散的，由推论知 $\sum_{n=1}^{\infty}\sin\frac{1}{n}$ 发散.

2.2.1.2　比值审敛法

定理 3（比值审敛法）　设 $\sum_{n=1}^{\infty}u_n$ 为正项级数，且 $\lim_{n\to\infty}\frac{u_{n+1}}{u_n}=\rho$，则

（1）当 $\rho<1$ 时，级数 $\sum_{n=1}^{\infty}u_n$ 收敛；

（2）当 $\rho>1$ 时，级数 $\sum_{n=1}^{\infty}u_n$ 发散；

（3）当 $\rho=1$ 时，级数 $\sum_{n=1}^{\infty}u_n$ 可能收敛也可能发散.

【例 2.2.4】　判别级数 $5+\frac{5^2}{2^5}+\frac{5^3}{3^5}+\cdots+\frac{5^n}{n^5}+\cdots$ 的敛散性.

解　因为 $\lim_{n\to\infty}\frac{u_{n+1}}{u_n}=\lim_{n\to\infty}\frac{5^{n+1}}{(n+1)^5}\cdot\frac{n^5}{5^n}=\lim_{n\to\infty}5\left(\frac{n}{n+1}\right)^5=5>1$，所以所给级数发散.

【例 2.2.5】　判别级数 $1+a+\frac{a^2}{2\,!}+\frac{a^3}{3\,!}+\cdots+\frac{a^n}{n\,!}+\cdots$ 的敛散性.

解　因为 $\lim_{n\to\infty}\frac{u_{n+1}}{u_n}=\lim_{n\to\infty}\frac{a^{n+1}}{(n+1)!}\cdot\frac{n!}{a^n}=\lim_{n\to\infty}\frac{a}{n+1}=0<1$，所以所给级数收敛.

2.2.1.3　根值审敛法

定理 4（根值审敛法）　设 $\sum_{n=1}^{\infty}u_n$ 为正项级数，且 $\lim_{n\to\infty}\sqrt[n]{u_n}=\rho$，则

（1）当 $\rho<1$ 时，级数 $\sum_{n=1}^{\infty}u_n$ 收敛；

（2）当 $\rho>1$ 时，级数 $\sum_{n=1}^{\infty}u_n$ 发散；

（3）当 $\rho=1$ 时，级数 $\sum_{n=1}^{\infty}u_n$ 可能收敛也可能发散.

【例 2.2.6】　判别级数 $\sum_{n=1}^{\infty}\left(\frac{n}{2n+1}\right)^n$ 的敛散性.

解　因 $\lim_{n\to\infty}\sqrt[n]{u_n}=\lim_{n\to\infty}\frac{n}{2n+1}=\frac{1}{2}<1$，所以 $\sum_{n=1}^{\infty}\left(\frac{n}{2n+1}\right)^n$ 收敛.

注意：在使用比值审敛法或根值审敛法时，当 $\rho=1$，出现这种情况需根据其

他方法判断级数是否收敛.

2.2.2 任意项级数的审敛法

对于任意项级数$\sum\limits_{n=1}^{\infty}u_n$又如何来判断其敛散性呢？可考虑级数$\sum\limits_{n=1}^{\infty}|u_n|$，$|u_n|$是$u_n$的绝对值，显然，$\sum\limits_{n=1}^{\infty}|u_n|$是正项级数，它的敛散性的判别可以用前面的方法来进行.

2.2.2.1 绝对收敛与条件收敛

定义 1 若级数$\sum\limits_{n=1}^{\infty}|u_n|$收敛，则称级数$\sum\limits_{n=1}^{\infty}u_n$为**绝对收敛**；若$\sum\limits_{n=1}^{\infty}|u_n|$发散，而级数$\sum\limits_{n=1}^{\infty}u_n$收敛，则称级数$\sum\limits_{n=1}^{\infty}u_n$为**条件收敛**.

级数绝对收敛与级数收敛有下述重要关系：

定理 1 若级数$\sum\limits_{n=1}^{\infty}u_n$绝对收敛，则级数$\sum\limits_{n=1}^{\infty}u_n$必收敛.

证明 考虑这样一个级数，其通项为：$v_n=\dfrac{|u_n|+u_n}{2}$.

显然，$\sum\limits_{n=1}^{\infty}v_n$是正项级数，且$v_n\leqslant|u_n|$，$n=1, 2, \cdots$，已知$\sum\limits_{n=1}^{\infty}|u_n|$收敛，由比较审敛法知$\sum\limits_{n=1}^{\infty}v_n$收敛.而$u_n=2v_n-|u_n|$，由级数性质 1 可知此等式右端是一个收敛级数的通项，所以$\sum\limits_{n=1}^{\infty}u_n$收敛.

【例 2.2.7】 判别级数$\sum\limits_{n=1}^{\infty}\dfrac{\sin n}{n^2}$敛散性.

解 因为$\sum\limits_{n=1}^{\infty}\dfrac{\sin n}{n^2}$不是正项级数，但由于$\left|\dfrac{\sin n}{n^2}\right|\leqslant\dfrac{1}{n^2}$，而$\sum\limits_{n=1}^{\infty}\dfrac{1}{n^2}$收敛，所以由比较审敛法知$\sum\limits_{n=1}^{\infty}\left|\dfrac{\sin n}{n^2}\right|$收敛，由上述定理知$\sum\limits_{n=1}^{\infty}\dfrac{\sin n}{n^2}$收敛.

2.2.2.2 交错级数的审敛法

对于一个任意项级数$\sum\limits_{n=1}^{\infty}u_n$，如果$\sum\limits_{n=1}^{\infty}|u_n|$发散，那么它本身还可能是收敛

的．这里我们不停留在一般的任意项级数的判别收敛问题上，而只指出一类特殊形式的级数——交错级数的收敛性判别法.

定义 2　形如

$$\sum_{n=1}^{\infty}(-1)^{n-1}u_n = u_1 - u_2 + u_3 - u_4 + \cdots + (-1)^{n-1}u_n + \cdots$$

其中，$u_n > 0 \quad (n=1,2,\cdots)$，称为**交错级数**.

关于交错级数的收敛性判别我们有以下结论：

定理 2（莱布尼茨（Leibniz）收敛法）　对于交错级数 $\sum_{n=1}^{\infty}(-1)^{n-1}u_n$，$u_n > 0$（$n$=1，2，…）若满足：

（1）自某项以后的所有项有 $u_n \geqslant u_{n+1}$；

（2）$\lim_{n\to\infty}u_n = 0$.

则交错级数 $\sum_{n=1}^{\infty}(-1)^{n-1}u_n$ 收敛.

【例 2.2.8】　判别级数 $\sum_{n=1}^{\infty}(-1)^{n-1}\frac{1}{n}$ 的收敛性，并指出是绝对收敛，还是条件收敛.

解　由于 $\sum_{n=1}^{\infty}(-1)^{n-1}\frac{1}{n}$ 是交错级数，且满足

$$u_n = \frac{1}{n} > \frac{1}{n+1} = u_{n+1} \quad (n=1,\ 2,\ 3,\ \cdots)$$

又

$$\lim_{n\to\infty}u_n = \lim_{n\to\infty}\frac{1}{n} = 0$$

由莱布尼茨判别法知 $\sum_{n=1}^{\infty}(-1)^{n-1}\frac{1}{n}$ 收敛，但由于调和级数 $\sum_{n=1}^{\infty}\frac{1}{n}$ 发散，故级数 $\sum_{n=1}^{\infty}(-1)^{n-1}\frac{1}{n}$ 为条件收敛.

【例 2.2.9】　判别级数 $\sum_{n=2}^{\infty}(-1)^{n-1}\frac{1}{\ln n}$ 的收敛性.

解　该级数是交错级数，且

$$u_n = \frac{1}{\ln n} > \frac{1}{\ln(n+1)} = u_{n+1} \quad (n=2,\ 3,\ 4,\ \cdots)$$

同时又有

$$\lim_{n\to\infty}u_n = \lim_{n\to\infty}\frac{1}{\ln n} = 0$$

由莱布尼茨判别法知$\sum_{n=1}^{\infty}(-1)^{n-1}\frac{1}{\ln n}$收敛.

至此，我们虽然有了几个判别级数的审敛法，但是每个方法只有一定的适用范围，只能根据所给级数的特点，选用合适的审敛法，因此，级数收敛性的判别也是一种很有技巧性的数学方法.

习　题　2.2

1．用比较审敛法或比较审敛法的极限形式，判别下列级数的敛散性.

（1）$1+\frac{1}{3}+\frac{1}{5}+\frac{1}{7}+\cdots+\frac{1}{2n-1}+\cdots$

（2）$1+\frac{1+2}{1+2^2}+\frac{1+3}{1+3^2}+\cdots+\frac{1+n}{1+n^2}+\cdots$

（3）$\frac{1}{2\cdot 5}+\frac{1}{3\cdot 6}+\frac{1}{4\cdot 7}+\cdots+\frac{1}{(n+1)(n+4)}+\cdots$

（4）$\sin\frac{\pi}{2}+\sin\frac{\pi}{2^2}+\sin\frac{\pi}{2^3}+\cdots+\sin\frac{\pi}{2^n}+\cdots$

2．用比值审敛法判别下列级数的敛散性.

（1）$\frac{3}{1\cdot 2}+\frac{3^2}{2\cdot 2^2}+\frac{3^3}{3\cdot 2^3}+\cdots+\frac{3^n}{n\cdot 2^n}+\cdots$

（2）$\sum_{n=1}^{\infty}\frac{1}{(n-1)!}$

（3）$\sum_{n=1}^{\infty}\frac{n^2}{3^n}$

（4）$\sum_{n=1}^{\infty}\frac{2^n\cdot n!}{n^n}$

3．用根值审敛法判别下列级数的敛散性.

（1）$\sum_{n=1}^{\infty}\left(\frac{n-1}{2n+1}\right)^n$　　（2）$\sum_{n=1}^{\infty}\frac{1}{[\ln(n+1)]^n}$　　（3）$\sum_{n=1}^{\infty}\left(\frac{n}{3n-1}\right)^{2n-1}$

4．判断下列级数的收敛性，若收敛，试指出是绝对收敛还是条件收敛.

（1）$\sum_{n=1}^{\infty}\frac{(-1)^n}{\sqrt{n}}$　　（2）$\sum_{n=1}^{\infty}\frac{(-1)^{n-1}}{\sqrt{n(n+1)}}$　　（3）$\sum_{n=1}^{\infty}\frac{\sin(2n-1)}{n^2}$

（4）$\sum_{n=1}^{\infty}\frac{(-1)^n 3^n}{n!}$　　（5）$\sum_{n=1}^{\infty}\frac{(-1)^{n-1}n}{\ln(n+1)}$　　（6）$\sum_{n=1}^{\infty}\frac{(-1)^n n}{2^n}$

2.3 幂 级 数

2.3.1 函数项级数的概念

定义 1　如果给定一个定义在区间 I 上的函数列

$$u_1(x), u_2(x), u_3(x), \cdots, u_n(x), \cdots$$

则由这个函数列构成的表达式

$$\sum_{n=1}^{\infty} u_n(x) = u_1(x) + u_2(x) + u_3(x) + \cdots + u_n(x) + \cdots \tag{2.1}$$

称为定义在区间 I 上的函数项无穷级数，简称**函数项级数**.

对于每一个确定的值 $x_0 \in I$，上述函数项级数即成为常数项级数

$$\sum_{n=1}^{\infty} u_n(x_0) = u_1(x_0) + u_2(x_0) + u_3(x_0) + \cdots + u_n(x_0) + \cdots \tag{2.2}$$

级数（2.2）可能收敛，也可能发散．若收敛，即称 x_0 是函数项级数（2.1）的收敛点，否则称 x_0 是函数项级数（2.1）的发散点；所有收敛点的集合称为函数项级数的**收敛域**，所有发散点的集合称为函数项级数的**发散域**．我们约定收敛的开区域（不含端点）的区间形式，称为**收敛区间**

对应于收敛域内的任一个 x，函数项级数（2.1）都有一个确定的和 $S(x)=\sum_{n=1}^{\infty} u_n(x)$，因此 $S(x)$是定义在收敛域上的函数，称为**函数项级数的和函数**，并写成

$$S(x) = u_1(x) + u_2(x) + u_3(x) + \cdots + u_n(x) + \cdots$$

把函数项级数（2.1）的前 n 项的部分和记作 $S_n(x)$，则在收敛域上有

$$\lim_{n \to \infty} S_n(x) = S(x)$$

例如，几何级数

$$\sum_{n=0}^{\infty} x^n = 1 + x + x^2 + \cdots + x^n + \cdots$$

它是定义在$(-\infty, +\infty)$上的函数项级数，当$|x| < 1$ 时收敛，当$|x| \geqslant 1$ 时发散，故此级数在收敛域（–1，1）内的和函数为

$$S(x) = \frac{1}{1-x}$$

2.3.2 幂级数及其收敛性

幂级数是函数项级数中较简单而又有广泛应用的一类级数.

定义 2 形如

$$\sum_{n=0}^{\infty} a_n(x-x_0)^n = a_0 + a_1(x-x_0) + a_2(x-x_0)^2 + \cdots + a_n(x-x_0)^n + \cdots \qquad (2.3)$$

的函数项级数称为 $x-x_0$ 幂级数，其中，$a_0, a_1, a_2, \cdots$ 称为**幂级数的系数**.

特殊地，当 $x_0=0$ 时，级数（2.3）变为

$$\sum_{n=0}^{\infty} a_n x^n = a_0 + a_1 x + a_2 x^2 + \cdots + a_n x^n + \cdots \qquad (2.4)$$

称为 x **的幂级数**.

如果对级数（2.3）作变换 $t=x-x_0$，则级数（2.3）就变为级数（2.4）. 因此，我们只讨论形如（2.4）的幂级数.

在级数（2.4）中考察它的绝对值 $\sum\limits_{n=0}^{\infty}|a_n x^n|$，如果 $\lim\limits_{n\to\infty}\left|\dfrac{a_{n+1}x^{n+1}}{a_n x^n}\right| = \lim\limits_{n\to\infty}\left|\dfrac{a_{n+1}}{a_n}\right||x| = \rho|x|$ 存在，由正项级数的比值审敛法可知，当 $\rho|x|<1$ 时，级数（2.4）$\sum\limits_{n=0}^{\infty} a_n x^n$ 是绝对收敛的，即可得出，当 $\rho \neq 0$ 时，幂级数 $\sum\limits_{n=0}^{\infty} a_n x^n$ 当 x 在 $\left(-\dfrac{1}{\rho}, \dfrac{1}{\rho}\right)$ 内取值时收敛，为简便起见，令 $R=\dfrac{1}{\rho}$，则

$$\lim_{n\to\infty}\left|\frac{a_n}{a_{n+1}}\right| = R$$

于是我们给出下述定理.（证明从略）

定理 1 设有幂级数 $\sum\limits_{n=0}^{\infty} a_n x^n$，它的相邻两项的系数满足 $\lim\limits_{n\to\infty}\left|\dfrac{a_n}{a_{n+1}}\right| = R$，若

（1）$0<R<+\infty$，则当 $|x|<R$ 时，幂级数收敛，当 $|x|>R$ 时，幂级数发散；

（2）$R=0$，则幂级数仅在 $x=0$ 点处收敛；

（3）$R=+\infty$，则幂级数在 $(-\infty, +\infty)$ 内处处收敛.

由该定理知：当 $R=0$ 时，幂级数的收敛域只含一点 $x=0$，当 $R\neq 0$ 时，幂级数在区间（$-R$，R）内收敛，区间（$-R$，R)为**收敛区间**，但对于 $x=\pm R$，定理未指出是否收敛，这时需将 $x=\pm R$ 代入幂级数变为常数项级数，然后讨论其敛散性，

R 称为幂级数的**收敛半径**.

【例 2.3.1】 求幂级数 $x-\frac{x^2}{2}+\frac{x^3}{3}-\cdots+(-1)^{n-1}\frac{x^n}{n}+\cdots$ 的收敛半径与收敛域.

解 收敛半径

$$\mathrm{R}=\lim_{n\to\infty}\left|\frac{a_n}{a_{n+1}}\right|=\lim_{n\to\infty}\left|\frac{(-1)^{n-1}\frac{1}{n}}{(-1)^n\frac{1}{n+1}}\right|=\lim_{n\to\infty}\frac{n+1}{n}=1$$

当 $x=1$ 时，幂级数为交错级数 $\sum_{n=1}^{\infty}(-1)^{n-1}\frac{1}{n}$ 收敛；

当 $x=-1$ 时，幂级数为 $-\sum_{n=1}^{\infty}\frac{1}{n}$ 发散.

综上所述，所给级数的收敛域为（-1，1].

【例 2.3.2】 求幂级数 $1+x+\frac{x^2}{2!}+\frac{x^3}{3!}+\cdots+\frac{x^n}{n!}+\cdots$ 的收敛区间.

解 收敛半径

$$R=\lim_{n\to\infty}\left|\frac{a_n}{a_{n+1}}\right|=\lim_{n\to\infty}\left|\frac{\frac{1}{n!}}{\frac{1}{(n+1)!}}\right|=\lim_{n\to\infty}(n+1)=+\infty$$

所以所给级数的收敛区间为$(-\infty,+\infty)$.

【例 2.3.3】 求幂级数 $1+2x+(3x)^2+\cdots+(nx)^{n-1}+\cdots$ 的收敛半径.

解 收敛半径

$$R=\lim_{n\to\infty}\left|\frac{a_n}{a_{n+1}}\right|=\lim_{n\to\infty}\left|\frac{n^{n-1}}{(n+1)^n}\right|=\lim_{n\to\infty}\frac{1}{n\left(1+\frac{1}{n}\right)^n}=0$$

可知幂级数 $\sum_{n=1}^{\infty}(nx)^{n-1}$ 的收敛域只含一个点 $x=0$.

【例 2.3.4】 求幂级数 $\frac{2}{3}x^2+\frac{3}{3^2}x^4+\frac{4}{3^3}x^6+\cdots+\frac{n+1}{3^n}x^{2n}+\cdots$ 的收敛域.

解 由于级数只含有偶次幂的项，定理 1 不能直接应用，若令 $x^2=t$，则原级数 $\sum_{n=1}^{\infty}\frac{n+1}{3^n}x^{2n}$ 化为 $\sum_{n=1}^{\infty}\frac{n+1}{3^n}t^n$，从而有

$$R' = \lim_{n\to\infty}\left|\frac{a_n}{a_{n+1}}\right| = \lim_{n\to\infty}\frac{\frac{n+1}{3^n}}{\frac{n+2}{3^{n+1}}} = 3$$

所以$\sum_{n=1}^{\infty}\frac{n+1}{3^n}t^n$的收敛半径为 3．即使得$|x^2|=|t|<3$成立的 x 的幂级数收敛，从而$\sum_{n=1}^{\infty}\frac{n+1}{3^n}x^{2n}$的收敛半径$R=\sqrt{3}$，收敛区间$(-\sqrt{3}, \sqrt{3})$．当$x=\pm\sqrt{3}$时，此级数为$\sum_{n=1}^{\infty}\frac{n+1}{3^n}3^n=\sum_{n=1}^{\infty}(n+1)$发散，于是幂级数的收敛域为$(-\sqrt{3}, \sqrt{3})$.

说明：如果幂级数中只含有奇次幂的项，按本例相同的换元方法，同样可以解决．如幂级数$\sum_{n=1}^{\infty}(-1)^{n-1}\frac{n}{2^n}x^{2n-1}$，我们仍令$x^2=t$，即可求出收敛域为$(-\sqrt{2}, \sqrt{2})$，求解过程留给读者自己完成.

【例 2.3.5】 求幂级数$\sum_{n=1}^{\infty}\frac{1}{n^2}(x-2)^n$的收敛域.

解 令 $x-2=t$，先求$\sum_{n=1}^{\infty}\frac{t^n}{n^2}$的收敛区间.

$$R' = \lim_{n\to\infty}\left|\frac{\frac{1}{n^2}}{\frac{1}{(n+1)^2}}\right| = \lim_{n\to\infty}\frac{(n+1)^2}{n^2} = 1$$

所以，$\sum_{n=1}^{\infty}\frac{t^n}{n^2}$的收敛区间为$(-1, 1)$，即$|t|<1$，也即$|x-2|<1$，所以$1<x<3$.

当 $x=1$ 时，级数$\sum_{n=1}^{\infty}(-1)^n\frac{1}{n^2}$收敛；当 $x=3$ 时，级数$\sum_{n=1}^{\infty}\frac{1}{n^2}$收敛．所以级数$\sum_{n=1}^{\infty}\frac{1}{n^2}(x-2)^n$的收敛域为[1，3].

2.3.3 幂级数的运算

在解决某些问题时，常常要对幂级数进行加、减、乘和求导数及求积分运算，这就要了解幂级数的运算法则和一些基本性质.

性质 1 幂级数的和函数在收敛区间内连续．即：若$\sum_{n=0}^{\infty}a_nx^n=f(x)$，则$f(x)$

在收敛区间内连续.

性质 2（加法运算）　设

$$\sum_{n=0}^{\infty} a_n x^n = f(x), \quad x \in (-R_1, R_1); \qquad \sum_{n=0}^{\infty} b_n x^n = g(x), \quad x \in (-R_2, R_2)$$

记 $R = \min\ (R_1, R_2)$，则在 $(-R,\ R)$ 内，有

$$\sum_{n=0}^{\infty} a_n x^n \pm \sum_{n=0}^{\infty} b_n x^n = \sum_{n=0}^{\infty} (a_n \pm b_n) x^n = f(x) \pm g(x)$$

性质 3（乘法运算）

$$\begin{aligned}(\sum_{n=0}^{\infty} a_n x^n)(\sum_{n=0}^{\infty} b_n x^n) &= a_0 b_0 + (a_0 b_1 + a_1 b_0) x + \cdots + (a_0 b_n + a_1 b_{n-1} + \cdots + a_n b_0) x^n + \cdots \\ &= f(x) g(x)\end{aligned}$$

设 $\sum_{n=0}^{\infty} a_n x^n = S(x)$，收敛半径为 R，则在 $(-R, R)$ 内有如下运算：

性质 4（微分运算）

$$(\sum_{n=0}^{\infty} a_n x^n)' = \sum_{n=0}^{\infty} (a_n x^n)' = \sum_{n=1}^{\infty} n a_n x^{n-1} = S'(x)$$

且收敛半径仍为 R，即逐项求导运算.

性质 5（积分运算）

$$\int_0^x (\sum_{n=0}^{\infty} a_n x^n) \mathrm{d}x = \sum_{n=0}^{\infty} \int_0^x a_n x^n \mathrm{d}x = \sum_{n=0}^{\infty} \frac{a_n}{n+1} x^{n+1} = \int_0^x S(x) \mathrm{d}x$$

且收敛半径仍为 R，即逐项积分运算.

【例 2.3.6】　利用逐项求导、逐项求积分的方法，求下列幂级数的和函数.

（1）$\sum_{n=0}^{\infty} (-1)^n (n+1) x^n$；　　　（2）$\sum_{n=1}^{\infty} (-1)^{n-1} \frac{x^{2n-1}}{2n-1}$.

解　（1）可求得级数的收敛区间为 $(-1,\ 1)$，设在 $(-1,\ 1)$ 内它的和函数为 $f(x)$，即

$$f(x) = 1 - 2x + 3x^2 - 4x^3 + \cdots + (-1)^n (n+1) x^n + \cdots$$

$$\int_0^x f(t) \mathrm{d}t = x - x^2 + x^3 - x^4 + \cdots + (-1)^n x^{n+1} + \cdots = \frac{x}{1+x}$$

所以

$$f(x) = \left[\int_0^x f(t) \mathrm{d}t\right]' = \left(\frac{x}{1+x}\right)' = \frac{1}{(1+x)^2}$$

即
$$\frac{1}{(1+x)^2} = 1 - 2x + 3x^2 - 4x^3 + \cdots + (-1)^n (n+1) x^n + \cdots$$

（2）可求得级数的收敛区间为 $(-1, 1)$，设在 $(-1, 1)$ 内其和函数为 $g(x)$，即

$$g(x)= x-\frac{x^3}{3}+\frac{x^5}{5}-\cdots+(-1)^{n-1}\frac{x^{2n-1}}{2n-1}+\cdots$$

$$g'(x)=1-x^2+x^4-\cdots+(-1)^{n-1}x^{2n-2}+\cdots=\frac{1}{1+x^2}$$

而

$$\int_0^x g'(t)\mathrm{d}t=g(x)-g(0)$$

所以

$$g(x)=g(0)+\int_0^x g'(t)\mathrm{d}t=0+\int_0^x \frac{1}{1+t^2}\mathrm{d}t=\arctan x$$

即

$$\arctan x= x-\frac{x^3}{3}+\frac{x^5}{5}-\cdots+(-1)^{n-1}\frac{x^{2n-1}}{2n-1}+\cdots$$

习　题　2.3

1．求下列幂级数的收敛半径.

（1）$\sum\limits_{n=1}^{\infty}nx^n$　　（2）$\frac{x}{2}+\frac{x^2}{2\cdot4}+\frac{x^3}{2\cdot4\cdot6}+\cdots+\frac{x^n}{2\cdot4\cdots(2n)}+\cdots$

（3）$\sum\limits_{n=1}^{\infty}(-1)^n\frac{x^{2n-1}}{2n-1}$　　（4）$\sum\limits_{n=1}^{\infty}\frac{x^n}{n\cdot3^n}$

2．求下列幂级数的收敛域.

（1）$\sum\limits_{n=1}^{\infty}\frac{x^n}{n^2\cdot2^n}$　　（2）$\sum\limits_{n=1}^{\infty}n!x^n$

（3）$\sum\limits_{n=1}^{\infty}(-1)^{n-1}\frac{x^{2n-1}}{2n-1}$　　（4）$\sum\limits_{n=1}^{\infty}\frac{(x-3)^n}{n\cdot5^n}$

3．利用逐项求导或逐项积分，求下列级数的和函数.

（1）$\sum\limits_{n=1}^{\infty}nx^{n-1}$　　（2）$\sum\limits_{n=1}^{\infty}\frac{x^{4n+1}}{4n+1}$　　（3）$\sum\limits_{n=0}^{\infty}\frac{x^n}{n+1}$

2.4　函数的幂级数展开及应用

前面我们讨论幂级数在收敛区间内求和函数问题，本节将讨论它的相反问题，即函数可以用幂级数表示的条件及其展开式.

2.4.1　马克劳林(Maclaurin)级数

定理 1（泰勒（Taylor）中值定理）　若函数 $f(x)$ 在 x_0 的某邻域内具有直至

$(n+1)$ 阶导数，则对此邻域内任意一点，有

$$f(x)=f(x_0)+f'(x_0)(x-x_0)+\frac{f''(x_0)}{2!}(x-x_0)^2+\cdots+\frac{f^{(n)}(x_0)}{n!}(x-x_0)^n+R_n(x)$$

称为 $f(x)$ 的 n 阶泰勒公式，其中

$$R_n(x)=\frac{f^{(n+1)}(\xi)}{(n+1)!}(x-x_0)^{n+1}\quad（\xi \text{介于} x \text{与} x_0 \text{之间}）$$

称为**拉格朗日型余项**.

定义　若函数 $f(x)$ 在 x_0 的某邻域内具有各阶连续的导数，则级数

$$f(x)=f(x_0)+f'(x_0)(x-x_0)+\frac{f''(x_0)}{2!}(x-x_0)^2+\cdots+\frac{f^{(n)}(x_0)}{n!}(x-x_0)^n+\cdots$$

称为 $f(x)$ 在 $x=x_0$ 处的**泰勒级数**.

特别地，当 $x_0=0$ 时，称

$$f(x)=f(0)+f'(0)x+\frac{f''(0)}{2!}x^2+\cdots+\frac{f^{(n)}(0)}{n!}x^n+\cdots$$

为 $f(x)$ 的**马克劳林级数**

定理 2　设 $R_n(x)$ 是函数 $f(x)$ 的 n 阶泰勒公式余项，如果 $f(x)$ 在 x_0 的某邻域内具有各阶连续的导数，则 $f(x)$ 的泰勒级数收敛于 $f(x)$ 的充要条件是：

$$\lim_{n\to\infty}R_n(x)=0$$

可以证明如果函数能展开成关于 x 的幂级数，那么该幂级数一定是函数的马克劳林级数，即函数的幂级数展开式是唯一的.

2.4.2　函数展成幂级数

2.4.2.1　几个基本初等函数的马克劳林级数

由前面的讨论，利用直接展开法，可得到几个基本初等函数的幂级数展开式.

1．指数函数 $f(x)=\mathrm{e}^x$

因为 $f^{(n)}(x)=\mathrm{e}^x\ (n=1,2,3,\cdots)$，所以

$$f(0)=f'(0)=f''(0)=\cdots=f^{(n)}(0)=\cdots=1$$

于是得级数

$$1+x+\frac{1}{2!}x^2+\cdots+\frac{1}{n!}x^n+\cdots$$

其收敛半径 $R=+\infty$．对于任何有限的数 x，ξ（ξ介于 x 与 0 之间），余项的绝对值为

$$|R_n(x)|=\left|\frac{\mathrm{e}^{\xi}}{(n+1)!}x^{n+1}\right|<\mathrm{e}^{|x|}\frac{|x|^{n+1}}{(n+1)!}$$

因为$e^{|x|}$有限，而$\dfrac{|x|^{n+1}}{(n+1)!}$是收敛级数$\sum\limits_{n=0}^{\infty}\dfrac{|x|^{n+1}}{(n+1)!}$的一般项，由级数收敛的必要条件有

$$\lim_{n\to\infty}\frac{|x|^{n+1}}{(n+1)!}=0$$

即

$$\lim_{n\to\infty}R_n(x)=0$$

故

$$e^x=1+x+\frac{1}{2!}x^2+\cdots+\frac{1}{n!}x^n+\cdots \quad (-\infty<x<+\infty)$$

2．正弦函数$f(x)=\sin x$

因为

$$f^{(n)}(x)=\sin\left(x+\frac{n\pi}{2}\right) \quad (n=1,\ 2,\ 3,\ \cdots)$$

所以

$$f(0)=0,\quad f'(0)=1,\quad f''(0)=0,\quad f'''(0)=-1,\quad f^{(4)}(0)=0,\quad f^{(5)}(0)=1,\quad \cdots$$

于是得级数

$$x-\frac{1}{3!}x^3+\frac{1}{5!}x^5-\cdots+(-1)^{n-1}\frac{1}{(2n-1)!}x^{2n-1}+\cdots$$

它的收敛半径

$$R=+\infty$$

对任何有限的数x，ξ（ξ介于x与0之间），余项的绝对值为

$$|R_n(x)|=\left|\sin\left(\xi+\frac{(n+1)\pi}{2}\right)\cdot\frac{x^{n+1}}{(n+1)!}\right|\leqslant\frac{|x|^{n+1}}{(n+1)!}\to 0 \quad (n\to\infty)$$

故

$$\sin x=x-\frac{1}{3!}x^3+\frac{1}{5!}x^5-\cdots+(-1)^{n-1}\frac{1}{(2n-1)!}x^{2n-1}+\cdots \quad (-\infty<x<+\infty)$$

3．二项式函数$f(x)=(1+x)^m$（其中，m为任一实数）

因为

$$f'(x)=m(1+x)^{m-1}$$
$$f''(x)=m(m-1)(1+x)^{m-2}$$
$$\cdots$$
$$f^{(n)}(x)=m(m-1)(m-2)\cdots(m-n+1)(1+x)^{m-n}$$

所以有

$$f(0)=1, f'(0)=m, f''(0)=m(m-1), \cdots, f^{(n)}(0)=m(m-1)\cdots(m-n+1)$$

于是得级数

$$1+mx+\frac{m(m-1)}{2!}x^2+\frac{m(m-1)(m-2)}{3!}x^3+\cdots+\frac{m(m-1)\cdots(m-n+1)}{n!}x^n+\cdots$$

它的收敛半径 $R=1$.

可以证明，当$-1<x<1$ 时，$\lim\limits_{n\to\infty}R_n(x)=0$，因此

$$(1+x)^m=1+mx+\frac{m(m-1)}{2!}x^2+\frac{m(m-1)(m-2)}{3!}x^3+\cdots$$
$$+\frac{m(m-1)\cdots(m-n+1)}{n!}x^n+\cdots \quad (-1<x<1)$$

在区间（-1，1）端点处要视 m 的数值而定. 上式称为**二项式展开式**. 特别的：

（1）当 $m=n$ （$n\in\mathbf{N}$）时，得**二项式定理**

$$(1+x)^n=1+nx+\frac{n(n-1)}{2!}x^2+\cdots+nx^{n-1}+x^n$$

（2）当 $m=-1$ 时

$$\frac{1}{1+x}=1-x+x^2-x^3+\cdots+(-1)^n x^n+\cdots \quad (-1<x<1)$$

将 x 换成$-x$，可得

$$\frac{1}{1-x}=1+x+x^2+x^3+\cdots+x^n+\cdots \quad (-1<x<1)$$

以上是按直接展开法进行的，这种展开法运算量相对较大，也可利用已有的函数展开式间接地将函数展成幂级数.

4．余弦函数 $f(x)=\cos x$

利用

$$\sin x=x-\frac{1}{3!}x^3+\frac{1}{5!}x^5-\cdots+(-1)^{n-1}\frac{1}{(2n-1)!}x^{2n-1}+\cdots \quad (-\infty<x<+\infty)$$

逐项求导可得

$$\cos x=1-\frac{1}{2!}x^2+\frac{1}{4!}x^4-\cdots+(-1)^n\frac{1}{(2n)!}x^{2n}+\cdots \quad (-\infty<x<+\infty)$$

5．对数函数 $f(x)=\ln(1+x)$

利用

$$\frac{1}{1+x}=1-x+x^2-x^3+\cdots+(-1)^n x^n+\cdots \quad (-1<x<1)$$

由于 $f'(x)=\dfrac{1}{1+x}$ 利用逐项积分，得

$$\ln(1+x)=x-\frac{1}{2}x^2+\frac{1}{3}x^3-\frac{1}{4}x^4+\cdots+(-1)^n\frac{1}{n+1}x^{n+1}+\cdots \quad (-1<x\leqslant 1)$$

2.4.2.2 初等函数展为幂级数

利用基本初等函数的马克劳林级数展开式及几何级数

$$\sum_{n=0}^{\infty}x^n=\frac{1}{1-x} \quad (-1<x<1)$$

再利用幂级数的有关性质，可将一些初等函数展成幂级数.

【例 2.4.1】 将函数 $f(x)=\ln\dfrac{1+x}{1-x}$ 展为 x 的幂级数.

解 由前知

$$\ln(1+x)=x-\frac{1}{2}x^2+\frac{1}{3}x^3-\frac{1}{4}x^4+\cdots+(-1)^{n-1}\frac{1}{n}x^n+\cdots \quad (-1<x\leqslant 1)$$

$$\ln(1-x)=-x-\frac{1}{2}x^2-\frac{1}{3}x^5-\frac{1}{4}x^4-\cdots-\frac{1}{n}x^n-\cdots \quad (-1\leqslant x<1)$$

因此

$$\begin{aligned}f(x)&=\ln\frac{1+x}{1-x}=\ln(1+x)-\ln(1-x)\\&=2x+\frac{2}{3}x^3+\frac{2}{5}x^5+\cdots+\frac{2}{2n+1}x^{2n+1}+\cdots \quad (-1<x<1)\end{aligned}$$

【例 2.4.2】 将函数 $f(x)=\dfrac{1}{x-2}$ 展开为 x 的幂级数.

解 因为

$$\frac{1}{x-2}=-\frac{1}{2}\cdot\frac{1}{1-\frac{x}{2}}$$

利用 $\sum\limits_{n=0}^{\infty}x^n=\dfrac{1}{1-x}$，得

$$\frac{1}{x-2}=-\frac{1}{2}\sum_{n=0}^{\infty}\left(\frac{x}{2}\right)^n=\sum_{n=0}^{\infty}\left(-\frac{1}{2^{n+1}}\right)x^n \quad (-2<x<2)$$

【例 2.4.3】 将函数 $f(x)=\ln x$ 展开为 $x-2$ 的幂级数.

解 我们先将 $f(x)=\ln x$ 变形为

$$\ln x=\ln(2+x-2)=\ln 2\left(1+\frac{x-2}{2}\right)=\ln 2+\ln\left(1+\frac{x-2}{2}\right)$$

由前知

$$\ln(1+x)=x-\frac{1}{2}x^2+\frac{1}{3}x^3-\frac{1}{4}x^4+\cdots+(-1)^{n-1}\frac{1}{n}x^n+\cdots \quad (-1<x\leqslant 1)$$

将上式中的 x 换成 $\frac{x-2}{2}$，于是可得

$$\ln x=\ln 2+\frac{1}{2}(x-2)-\frac{1}{2\cdot 2^2}(x-2)^2+\cdots+(-1)^{n-1}\frac{1}{n\cdot 2^n}(x-2)^n+\cdots \quad (0<x\leqslant 4)$$

说明：本例这种题型也可采取换元的方法求解，请读者自己思考.

*2.4.3　函数幂级数展开式的应用

2.4.3.1　函数值的近似计算

【例 2.4.4】　用 e^x 的幂级数展开式的前 8 项求 e 的近似值，并估计其误差.

解　e 的值就是函数 e^x 的展开式在 $x=1$ 时的函数值，即

$$e=\sum_{n=0}^{\infty}\frac{1}{n!}=1+1+\frac{1}{2!}+\cdots+\frac{1}{n!}+\cdots$$

现取前 8 项的和作为 e 的近似值，其误差为

$$R_8=\left(\frac{1}{8!}+\frac{1}{9!}+\frac{1}{10!}+\cdots\right)<\frac{1}{8!}\left(1+\frac{1}{8}+\frac{1}{8^2}+\cdots\right)$$

$$=\frac{1}{8!}\cdot\frac{1}{1-\frac{1}{8}}=\frac{1}{7!\cdot 7}<0.00003<10^{-4}$$

即 e 的值可精确到小数点第四位，考虑到“四舍五入”引起的误差，因此，在中间计算时取到小数点第五位，即

$$\frac{1}{2!}\approx 0.50000,\qquad \frac{1}{3!}\approx 0.16667,\qquad \frac{1}{4!}\approx 0.04167$$

$$\frac{1}{5!}\approx 0.00833,\qquad \frac{1}{6!}\approx 0.00139,\qquad \frac{1}{7!}\approx 0.00020$$

于是得

$$e\approx 1+1+\frac{1}{2!}+\frac{1}{3!}+\cdots+\frac{1}{7!}\approx 2.7183$$

【例 2.4.5】　求 ln2 的近似值，使误差小于 10^{-4}.

解　由

$$\ln(1+x)=x-\frac{1}{2}x^2+\frac{1}{3}x^3-\frac{1}{4}x^4+\cdots+(-1)^n\frac{1}{n+1}x^{n+1}+\cdots \quad (-1<x\leqslant 1)$$

令 $x=1$，代入上式得

$$\ln 2 = 1 - \frac{1}{2} + \frac{1}{3} - \frac{1}{4} + \cdots + (-1)^n \frac{1}{n+1} + \cdots$$

如果取前 n 项的和作为 ln2 的近似值，其误差为

$$|R_n| \leqslant \frac{1}{n+1}$$

因此，要使误差小于10^{-4}，那么须取 n=10 000 项的和，这样计算量太大，我们必须取收敛较快的级数来代替．由例 2.4.1 知

$$\ln\frac{1+x}{1-x} = 2\left(x + \frac{1}{3}x^3 + \frac{1}{5}x^5 + \cdots + \frac{1}{2n+1}x^{2n+1} + \cdots\right) \quad (-1 < x < 1)$$

令$\frac{1+x}{1-x} = 2$, 解得 $x = \frac{1}{3}$，代入上式，得

$$\ln 2 = 2\left(\frac{1}{3} + \frac{1}{3}\cdot\frac{1}{3^3} + \frac{1}{5}\cdot\frac{1}{3^5} + \frac{1}{7}\cdot\frac{1}{3^7} + \cdots\right)$$

如果取前四项作为 ln2 的近似值，则误差为

$$|R_4| = 2\left(\frac{1}{9}\cdot\frac{1}{3^9} + \frac{1}{11}\cdot\frac{1}{3^{11}} + \frac{1}{13}\cdot\frac{1}{3^{13}} + \cdots\right) < \frac{2}{3^{11}}\left[1 + \frac{1}{9} + \left(\frac{1}{9}\right)^2 + \cdots\right]$$

$$= \frac{2}{3^{11}}\cdot\frac{1}{1-\frac{1}{9}} = \frac{1}{4\cdot 3^9} < \frac{1}{70\,000}$$

于是取

$$\ln 2 \approx 2\left(\frac{1}{3} + \frac{1}{3}\cdot\frac{1}{3^3} + \frac{1}{5}\cdot\frac{1}{3^5} + \frac{1}{7}\cdot\frac{1}{3^7}\right)$$

$$\frac{1}{3} \approx 0.333\,33 \qquad \frac{1}{3}\cdot\frac{1}{3^3} \approx 0.012\,35$$

$$\frac{1}{5}\cdot\frac{1}{3^5} \approx 0.000\,82 \qquad \frac{1}{7}\cdot\frac{1}{3^7} \approx 0.000\,07$$

因此

$$\ln 2 \approx 0.693\,1$$

2.4.3.2 求极限

【例 2.4.6】 求$\lim\limits_{x\to 0}\frac{\cos x - \mathrm{e}^{-\frac{x^2}{2}}}{x^4}$.

解 把 $\cos x$ 和 $\mathrm{e}^{-\frac{x^2}{2}}$ 的幂级数展开式代入上式，有

$$\lim_{x\to0}\frac{\cos x-\mathrm{e}^{-\frac{x^2}{2}}}{x^4}=\lim_{x\to0}\frac{\left(1-\frac{x^2}{2}+\frac{x^4}{24}-\cdots\right)-\left(1-\frac{x^2}{2}+\frac{x^4}{2\cdot2^2}-\cdots\right)}{x^4}$$

$$=\lim_{x\to0}\frac{-\frac{1}{12}x^4+\cdots}{x^4}=-\frac{1}{12}$$

2.4.3.3　求积分

【例 2.4.7】　求 $\int\mathrm{e}^{-x^2}\mathrm{d}x$.

解　由于 e^{-x^2} 的原函数不是初等函数，所以这一积分是“积不出来”的，但如果用幂级数表示函数，就能“积出来”了.

把 e^{-x^2} 的幂级数展开式代入到积分式中

$$\int\mathrm{e}^{-x^2}\mathrm{d}x=\int\left(1-x^2+\frac{x^4}{2!}-\frac{x^6}{3!}+\cdots+(-1)^n\frac{x^{2n}}{n!}+\cdots\right)\mathrm{d}x$$

$$=C+x-\frac{x^3}{3}+\frac{x^5}{5\cdot2!}-\frac{x^7}{7\cdot3!}+\cdots+(-1)^n\frac{x^{2n+1}}{(2n+1)\cdot n!}+\cdots$$

这里我们把积分常数 C 写在最前面.

我们利用本例还可以求定积分 $\int_0^1\mathrm{e}^{-x^2}\mathrm{d}x$.

由此可见，函数的幂级数的展开有许多方面的应用，这里我们只列举了上述几个例子.

习　题　2.4

1．把下列函数展成 x 的幂级数，并求出收敛区间.

（1）$x\ln(x+1)$　　　　（2）$\ln\frac{1}{1-x}$

（3）$\cos^2 x$　（提示：将 $\cos^2 x$ 表示为 $\frac{1+\cos2x}{2}$ ）

*2．把下列函数展成 x 的幂级数，并求收敛区间.

（1）$\int_0^x\mathrm{e}^{-t^2}\mathrm{d}t$　　　　（2）$\frac{x}{2+x}$

（3）$\frac{1}{(x-1)(x-2)}$　（提示：将此函数拆成两项之和）

*3．利用幂级数近似计算下列函数值.

（1）$\ln3$，误差不超过10^{-3} .

（2）$\int_0^{1/2} e^{-x^2}dx$，误差不超过10^{-4}.

*2.5 傅里叶（Fourier）级数

函数的幂级数展开是将一个函数 $f(x)$表示成一个幂级数．在物理学及其他一些学科中，例如，讨论弹簧振动、交流电的电流与电压的变化等一类周期运动现象时，都曾利用了周期函数．本节我们将讨论一个周期函数展开为三角函数组成的级数，即三角级数——傅里叶级数.

2.5.1 周期为 2π 的函数展为傅里叶级数

2.5.1.1 三角函数系的正交性

我们把$\{1,\cos x,\sin x,\cos 2x,\sin 2x,\cdots,\cos nx,\sin nx,\cdots\}$称为**三角函数系**.

对于三角函数系有如下重要性质：

定理 1（三角函数系的正交性） 对于上述三角函数系中任意两个不同函数的乘积在[−π，π]上的积分都等于 0．即

$$\int_{-\pi}^{\pi}\cos nx\mathrm{d}x=0,\qquad \int_{-\pi}^{\pi}\sin nx\mathrm{d}x=0\qquad (n=1,2,3,\cdots)$$

$$\int_{-\pi}^{\pi}\sin kx\cos nx\mathrm{d}x=0\qquad (k,n=1,2,3,\cdots)$$

$$\int_{-\pi}^{\pi}\cos kx\cos nx\mathrm{d}x=0\qquad (k,n=1,2,3,\cdots;\quad k\neq n)$$

$$\int_{-\pi}^{\pi}\sin kx\sin nx\mathrm{d}x=0\qquad (k,n=1,2,3,\cdots;\quad k\neq n)$$

2.5.1.2 周期为 2π的函数$f(x)$的傅里叶级数

设$f(x)$是一个以 2π为周期的周期函数，且能展开为三角级数

$$f(x)=\frac{a_0}{2}+\sum_{k=1}^{\infty}(a_k\cos kx+b_k\sin kx)\tag{2.5}$$

我们来确定三角级数中的系数a_0,a_k,b_k.

假设对级数（2.5）可逐项积分．先求a_0，对（2.5）式从−π 到π 逐项积分，得

$$\int_{-\pi}^{\pi}f(x)\mathrm{d}x=\int_{-\pi}^{\pi}\frac{a_0}{2}\mathrm{d}x+\sum_{k=1}^{\infty}\left(a_k\int_{-\pi}^{\pi}\cos kx\mathrm{d}x+b_k\int_{-\pi}^{\pi}\sin kx\mathrm{d}x\right)$$

由三角函数系的正交性，得

$$a_0=\frac{1}{\pi}\int_{-\pi}^{\pi}f(x)\mathrm{d}x$$

其次求 a_n，用 $\cos nx$ 乘（2.5）式两端，并从$-\pi$ 到π 逐项积分，得

$$\int_{-\pi}^{\pi} f(x)\cos nx\mathrm{d}x = \int_{-\pi}^{\pi} \frac{a_0}{2}\cos nx\mathrm{d}x$$
$$+\sum_{k=1}^{\infty}\left(a_k\int_{-\pi}^{\pi}\cos kx\cos nx\mathrm{d}x + b_k\int_{-\pi}^{\pi}\sin kx\cos nx\mathrm{d}x\right)$$

利用三角级数的正交性，上式右端除 $k=n$ 这一项外，其余各项均为 0，所以有

$$\int_{-\pi}^{\pi} f(x)\cos nx\mathrm{d}x = a_n\int_{-\pi}^{\pi}\cos nx\cos nx\mathrm{d}x = a_n\pi$$

于是得

$$a_n = \frac{1}{\pi}\int_{-\pi}^{\pi} f(x)\cos nx\mathrm{d}x \qquad (n=1,2,3,\cdots)$$

类似地，用 $\sin nx$ 乘（2.13）式两端，并从$-\pi$ 到π 逐项积分，得

$$b_n = \frac{1}{\pi}\int_{-\pi}^{\pi} f(x)\sin nx\mathrm{d}x \qquad (n=1,2,3,\cdots)$$

用这种方法求得的系数称为$f(x)$的**傅里叶系数**.

综上所述，求傅里叶系数 a_0,a_n,b_n 归纳如下：

$$\begin{cases} a_n = \dfrac{1}{\pi}\displaystyle\int_{-\pi}^{\pi} f(x)\cos nx\mathrm{d}x & (n=0,1,2,\cdots) \\ b_n = \dfrac{1}{\pi}\displaystyle\int_{-\pi}^{\pi} f(x)\sin nx\mathrm{d}x & (n=1,2,3,\cdots) \end{cases} \tag{2.6}$$

由$f(x)$的傅里叶系数所确定的三角级数

$$\frac{a_0}{2} + \sum_{n=1}^{\infty}(a_n\cos nx + b_n\sin nx)$$

称为$f(x)$的**傅里叶级数**.

显然，当$f(x)$为奇函数时，公式（2.6）中的 $a_n=0$，当$f(x)$为偶函数时公式（2.6）中的 $b_n=0$. 所以有下列特殊情形：

（1）当$f(x)$是周期为 2π 奇函数时，它的傅里叶级数为$\sum\limits_{n=1}^{\infty} b_n\sin nx$，称为**正弦级数**. 其中系数为

$$b_n = \frac{2}{\pi}\int_{0}^{\pi} f(x)\sin nx\mathrm{d}x \quad (n=1,2,3,\cdots) \tag{2.7}$$

（2）当$f(x)$是周期为 2π 偶函数时，它的傅里叶级数为$\dfrac{a_0}{2}+\sum\limits_{n=1}^{\infty} a_n\cos nx$，称为**余弦级数**. 其中系数为

$$a_n = \frac{2}{\pi}\int_{0}^{\pi} f(x)\cos nx\mathrm{d}x \quad (n=0,\ 1,\ 2,\cdots) \tag{2.8}$$

2.5.1.3 傅里叶级数的收敛性

定理 2（收敛定理） 设 $f(x)$ 是以 2π 为周期的函数，在 $[-\pi,\pi]$ 上满足**狄利克雷**（Dirichlet）**条件**：

（1）在一个周期内连续或只有有限个第一类间断点；

（2）在一个周期内至多只有有限个极值点.

则 $f(x)$ 傅里叶级数在 $[-\pi,\pi]$ 上收敛，且

$$\frac{a_0}{2}+\sum_{n=1}^{\infty}(a_n\cos nx+b_n\sin nx)$$
$$=\begin{cases} f(x), & \text{当 } x \text{ 是 } f(x) \text{ 的连续点时} \\ \dfrac{f(x-0)+f(x+0)}{2}, & \text{当 } x \text{ 是 } f(x) \text{ 的第一类间断点时} \end{cases}$$

将周期函数 $f(x)$ 展成傅里叶级数，在电工学中称为**谐波分析**，其中，常数项 $\frac{a_0}{2}$ 称为 $f(x)$ 的**直流分量**；$a_1\cos\omega x+b_1\sin\omega x$ 称为**一次谐波（基波）**；$a_2\cos 2\omega x+b_2\sin 2\omega x$ 称为**二次谐波**，其他依次类推.

【例 2.5.1】 正弦交流电 $I(x)=\sin x$ 经二极管整流后（图 2.2）表示为

$$f(x)=\begin{cases} 0, & (2k-1)\pi \leqslant x < 2k\pi \\ \sin x, & 2k\pi \leqslant x < (2k+1)\pi \end{cases} \quad (k\text{ 为整数})$$

把 $f(x)$ 展开为傅里叶级数.

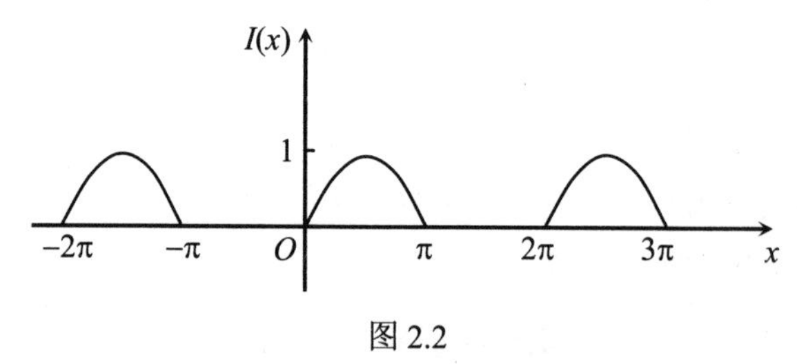

图 2.2

解 由收敛定理知，$f(x)$ 的傅里叶级数处处收敛于 $f(x)$. 计算傅里叶系数：

$$a_0=\frac{1}{\pi}\int_{-\pi}^{\pi}f(x)\mathrm{d}x=\frac{1}{\pi}\int_{0}^{\pi}\sin x\mathrm{d}x=\frac{2}{\pi}$$

$$a_n=\frac{1}{\pi}\int_{-\pi}^{\pi}f(x)\cos nx\mathrm{d}x=\frac{1}{\pi}\int_{0}^{\pi}\sin x\cos nx\mathrm{d}x=\begin{cases} 0, & n\text{ 为偶数} \\ -\dfrac{2}{(n^2-1)\pi}, & n\text{ 为奇数} \end{cases}$$

$$b_n = \frac{1}{\pi}\int_{-\pi}^{\pi} f(x)\sin nx\mathrm{d}x = \frac{1}{\pi}\int_{0}^{\pi}\sin x\sin nx\mathrm{d}x = \begin{cases} 0, & n \neq 1 \\ \dfrac{1}{2}, & n = 1 \end{cases}$$

所以，$f(x)$的傅里叶展开式为

$$f(x) = \frac{1}{\pi} + \frac{1}{2}\sin x - \frac{2}{\pi}\left(\frac{\cos 2x}{3} + \frac{\cos 4x}{15} + \frac{\cos 6x}{35} + \cdots + \frac{\cos 2kx}{4k^2 - 1} + \cdots\right) \quad (-\infty < x < +\infty)$$

【例 2.5.2】　求以 2π 为周期的方波函数 $u(x)$的傅里叶级数，其中

$$u(x) = \begin{cases} -1, & -\pi \leqslant x < 0 \\ 1, & 0 \leqslant x < \pi \end{cases}$$

解　计算傅里叶系数：

$$a_n = \frac{1}{\pi}\int_{-\pi}^{\pi} f(x)\cos nx\mathrm{d}x$$

$$= \frac{1}{\pi}\int_{-\pi}^{0}(-1)\cos nx\mathrm{d}x + \frac{1}{\pi}\int_{0}^{\pi}\cos nx\mathrm{d}x = 0 \qquad (n = 0,\ 1, 2, \cdots)$$

$$b_n = \frac{1}{\pi}\int_{-\pi}^{\pi} f(x)\sin nx\mathrm{d}x = \frac{1}{\pi}\int_{-\pi}^{0}(-1)\sin nx\mathrm{d}x + \frac{1}{\pi}\int_{0}^{\pi}\sin nx\mathrm{d}x$$

$$= \frac{1}{\pi}\left[\frac{\cos nx}{n}\right]\Bigg|_{-\pi}^{0} + \frac{1}{\pi}\left[-\frac{\cos nx}{n}\right]\Bigg|_{0}^{\pi} = \frac{2}{n\pi}\left[1 - (-1)^n\right] = \begin{cases} 0, & (n\ 为奇数) \\ \dfrac{4}{n\pi}, & (n\ 为偶数) \end{cases}$$

故

$$u(x) = \frac{4}{\pi}\left[\sin x + \frac{1}{3}\sin 3x + \cdots + \frac{1}{2k - 1}\sin(2k - 1)x + \cdots\right]$$

由于 $u(x)$在一个周期内满足收敛定理的条件，所以上面的傅里叶级数在 $u(x)$的间断点 $x = k\pi \quad (k \in \mathbf{Z})$ 处收敛于

$$\frac{1}{2}\left[u(k\pi - 0) + u(k\pi + 0)\right] = \frac{1}{2}\left[1 + (-1)\right] = 0$$

在 $u(x)$的连续点 $x \neq k\pi \quad (k \in \mathbf{Z})$ 处收敛于 $u(x)$，于是有

$$u(x) = \frac{4}{\pi}\left[\sin x + \frac{1}{3}\sin 3x + \cdots + \frac{1}{2k - 1}\sin(2k - 1)x + \cdots\right],$$

$$(-\infty < x < +\infty,\quad x \neq k\pi,\quad k \in \mathbf{Z})$$

函数 $u(x)$的图像及和函数的图像如图 2.3 和图 2.4 所示.

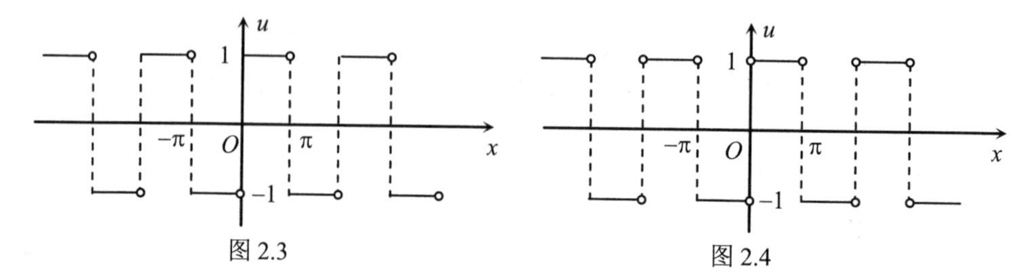

图 2.3　　图 2.4

2.5.2 $[-\pi,\pi]$或$[0,\pi]$上的函数展为傅里叶级数

由于求 $f(x)$ 的傅里叶系数只用到 $f(x)$ 在 $[-\pi,\pi]$ 上部分，因此，即使 $f(x)$ 只在 $[-\pi,\pi]$ 上有定义，或虽在 $[-\pi,\pi]$ 外也有定义但不是周期函数，我们仍可用公式（2.6）求 $f(x)$ 的傅里叶系数，而且若 $f(x)$ 在 $[-\pi,\pi]$ 上满足收敛定理条件，则至少 $f(x)$ 在 $(-\pi,\pi)$ 内的连续点傅里叶级数是收敛于 $f(x)$ 的，而在 $x=\pm\pi$ 处，级数收敛于 $\frac{1}{2}\left[f(\pi-0)+f(-\pi+0)\right]$.

类似地，若 $f(x)$ 只在 $[0,\pi]$ 上有定义，且满足收敛定理的条件，要得到 $f(x)$ 在 $[0,\pi]$ 上的傅里叶级数展开式，可以任意补充 $f(x)$ 在 $[-\pi,0]$ 上的定义，称为**函数的延拓**，便可得到相应的傅里叶级数展开式．这一展开式至少在 $(0,\pi)$ 内的连续点上是收敛于 $f(x)$ 的．常用的两种延拓办法是把 $f(x)$ 延拓成偶函数或奇函数．这样做的好处是可以利用特殊情形的傅里叶系数公式把 $f(x)$ 展开成正弦级数或余弦级数.

【例 2.5.3】 将函数 $f(x)=x,x\in[0,\pi]$ 分别展为正弦级数和余弦级数.

解　（1）要把 $f(x)$ 展开为正弦级数，先将 $f(x)$ 延拓为奇函数 $f^*(x)=x,x\in[-\pi,\pi]$.

由公式（2.7）得

$$b_n=\frac{2}{\pi}\int_0^{\pi}x\sin nx\mathrm{d}x=\frac{2}{\pi}\left[\frac{-x\cos nx}{n}+\frac{\sin nx}{n^2}\right]\Bigg|_0^{\pi}=(-1)^{n+1}\frac{2}{n}$$

所得 $f^*(x)=x$ 在 $(-\pi,\pi)$ 上的展开式即为 $f(x)$ 在 $[0,\pi)$ 展开式

$$f(x)=2\left(\sin x-\frac{\sin 2x}{2}+\frac{\sin 3x}{3}-\cdots+(-1)^{n+1}\frac{\sin nx}{n}+\cdots\right)\quad(0\leqslant x<\pi)$$

在 $x=\pi$ 处，该正弦级数收敛于

$$\frac{1}{2}\left[f(-\pi+0)+f(\pi-0)\right]=\frac{1}{2}\left[-\pi+\pi\right]=0$$

（2）要把 $f(x)$ 展开为余弦级数，先将 $f(x)$ 延拓为偶函数 $f^*(x)=|x|,x\in[-\pi,\pi]$.

由公式（2.8）得

$$a_0=\frac{2}{\pi}\int_0^{\pi}f(x)\mathrm{d}x=\frac{2}{\pi}\int_0^{\pi}x\mathrm{d}x=\pi$$

$$a_n=\frac{2}{\pi}\int_0^{\pi}f(x)\cos nx\mathrm{d}x=\frac{2}{\pi}\int_0^{\pi}x\cos nx\mathrm{d}x$$

$$=\frac{2}{\pi}\left(\frac{x\sin nx}{n}+\frac{\cos nx}{n^2}\right)\Bigg|_0^{\pi}=\begin{cases}\dfrac{-4}{n^2\pi}, & (n\text{ 为奇数})\\ 0, & (n\text{ 为偶数})\end{cases}$$

于是得 $f(x)$ 在 $[0,\pi]$ 上的余弦级数展开式为

$$f(x)=\frac{\pi}{2}-\frac{4}{\pi}\left(\cos x+\frac{\cos 3x}{3^2}+\frac{\cos 5x}{5^2}+\cdots+\frac{\cos(2k-1)x}{(2k-1)^2}+\cdots\right)\quad(0\leqslant x\leqslant\pi)$$

本例可见，$f(x)$ 在 $[0,\pi]$ 上的傅里叶级数并非唯一.

2.5.3　以 $2l$ 为周期的函数展为傅里叶级数

设 $f(x)$ 是以 $2l$ 为周期的函数，且在 $[-l,l]$ 上满足收敛定理的条件，作代换 $x=\frac{l}{\pi}t$ 即 $t=\frac{\pi}{l}x$，$f(x)=f\left(\frac{l}{\pi}t\right)=F(t)$，则 $F(t)$是以 2π 为周期的函数，在 $[-\pi,\pi]$ 满足收敛定理的条件. 于是可用前面的方法得到 $F(t)$的傅里叶级数展开式

$$F(t)=\frac{a_0}{2}+\sum_{n=1}^{\infty}(a_n\cos nt+b_n\sin nt)$$

然后再把 t 换回 x 就得到 $f(x)$ 的傅里叶级数展开式

$$f(x)=\frac{a_0}{2}+\left(\sum_{n=1}^{\infty}a_n\cos\frac{n\pi}{l}x+b_n\sin\frac{n\pi}{l}x\right)$$

【例 2.5.4】　已知 $f(x)=|x|$，$x\in[-1,1]$ 是以 2 为周期的三角波的波形函数（如图 2.5 所示），试求 $f(x)$ 的傅里叶级数.

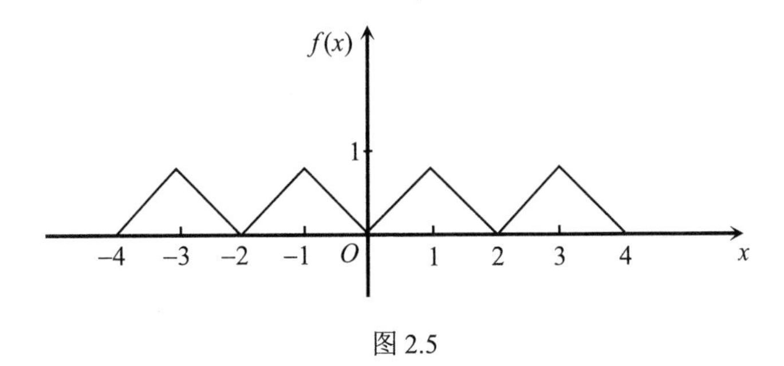

图 2.5

解　作变换 $x=\frac{1}{\pi}t$，则得 $F(t)$在 $[-\pi,\pi]$ 上的表达式为

$$F(t)=\left|\frac{1}{\pi}t\right|=\frac{1}{\pi}|t| \quad (|t|\leqslant\pi)$$

利用例 2.5.3 的后半部分结果，直接写出系数：

$$a_0=1$$

$$a_n=\begin{cases}\dfrac{-4}{\pi^2n^2} & (n\text{ 为奇数})\\ 0 & (n\text{ 为偶数})\end{cases}$$

于是得 $F(t)$的展开式为

$$F(t)=\frac{1}{2}-\frac{4}{\pi^2}\left(\cos t+\frac{\cos 3t}{3^2}+\frac{\cos 5t}{5^2}+\cdots\right) \quad (-\infty<t<+\infty)$$

把 t 换回 x ($t=\pi x$)，得 $f(x)$的傅里叶级数

$$f(x)=\frac{1}{2}-\frac{4}{\pi^2}\left(\cos\pi x+\frac{\cos 3\pi x}{3^2}+\frac{\cos 5\pi x}{5^2}+\cdots\right) \quad (-\infty<x<+\infty)$$

说明：本题也可仿照例 2.5.3 的方法，将函数 $f(x)$展为正弦级数或余弦级数，请读者自己思考.

*习　题　2.5

1. 求下列函数的傅里叶系数.

（1）$f(x)=\begin{cases}0 & (-\pi\leqslant x<0)\\ E & (0\leqslant x<\pi)\end{cases}$

（2）$f(x)=\begin{cases}0 & (-\pi\leqslant x<0)\\ x & (0\leqslant x<\pi)\end{cases}$

2. 将下列函数展为傅里叶级数.

（1）$f(x)=2x^2 \quad (-\pi\leqslant x<\pi)$

（2）$f(x)=\dfrac{\pi}{4}-\dfrac{x}{2} \quad (-\pi\leqslant x<\pi)$

本章内容精要

1. 本章主要内容：无穷级数的概念；级数的收敛与发散；级数的基本性质；常数项级数的审敛法；幂级数的概念及函数的幂级数的展开；傅里叶级数的概念及周期函数的傅里叶级数展开.

2. 无穷级数中一些重要概念之间有如下关系：

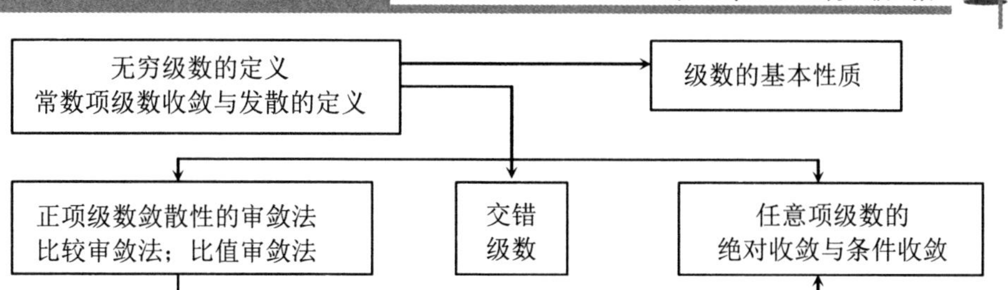

3．数项级数的性质：

性质 1　若$\sum_{n=1}^{\infty}a_n$和$\sum_{n=1}^{\infty}b_n$是两收敛级数，则$\sum_{n=1}^{\infty}(a_n \pm b_n)$也收敛，且有

$$\sum_{n=1}^{\infty}(a_n \pm b_n)=\left(\sum_{n=1}^{\infty}a_n\right)\pm\left(\sum_{n=1}^{\infty}b_n\right)$$

性质 2　若$\sum_{n=1}^{\infty}u_n$收敛，C是常数，则$\sum_{n=1}^{\infty}Cu_n$也收敛，且

$$\sum_{n=1}^{\infty}Cu_n=C\sum_{n=1}^{\infty}u_n$$

性质 3　级数中去掉有限项或增加有限项，级数的敛散性不变.

性质 4　级数收敛的必要条件：若级数$\sum_{n=1}^{\infty}u_n$收敛，则$\lim\limits_{n\to\infty}u_n=0$.

4．数项级数收敛与发散的判别法为：

（1）根据收敛的必要条件来判别．若$\lim\limits_{n\to\infty}u_n\neq 0$，则级数$\sum_{n=1}^{\infty}u_n$必发散.

（2）若是正项级数，根据u_n的具体形式及经验来选用比较审敛法还是比值审敛法.

一般地：u_n为有理式的情形，选用比较审敛法，对于u_n的其他情形，优先选用比值审敛法.

（3）若是交错级数，则按莱布尼茨审敛法.

（4）若上述各种审敛法无法直接应用时，可作分析或变形，然后再试用上述各种方法.

5．幂级数及初等函数的泰勒级数：

（1）幂级数的收敛区间（收敛域）和收敛半径：

幂级数$\sum_{n=1}^{\infty}a_n(x-x_0)^n$在区间$(x_0-R\ ,x_0+R)$内收敛，在该区间以外发散，其中，$(x_0-R,x_0+R)$称为$\sum_{n=1}^{\infty}a_n(x-x_0)^n$的收敛区间（收敛域），还应考察收敛区间

的端点的收敛情形，R 称为收敛半径，其中

$$R=\lim_{n\to\infty}\left|\frac{a_n}{a_{n+1}}\right|$$

（2）幂级数的性质：

性质 1 幂级数的和函数在收敛区间内连续．即 $\sum_{n=0}^{\infty}a_nx^n=f(x)$，则 $f(x)$ 在收敛区间内连续．

设

$$\sum_{n=0}^{\infty}a_nx^n=f(x)\quad x\in(-R_1,R_1),\quad \sum_{n=0}^{\infty}b_nx^n=g(x)\quad x\in(-R_2,R_2)$$

记 $R=\min\ (R_1,R_2)$，则在（$-R$，R）内有如下运算法则：

性质 2（加法运算）

$$\sum_{n=0}^{\infty}a_nx^n\pm\sum_{n=0}^{\infty}b_nx^n=\sum_{n=0}^{\infty}(a_n\pm b_n)x^n=f(x)\pm g(x)$$

性质 3（乘法运算）

$$\left(\sum_{n=0}^{\infty}a_nx^n\right)\left(\sum_{n=0}^{\infty}b_nx^n\right)=a_0b_0+(a_0b_1+a_1b_0)x+\cdots+(a_0b_n+a_1b_{n-1}+\cdots+a_nb_0)x^n+\cdots$$
$$=f(x)g(x)$$

设 $\sum_{n=0}^{\infty}a_nx^n=S(x)$，收敛半径为 R，则在 $(-R,R)$ 内有如下运算法则：

性质 4（微分运算）

$$\left(\sum_{n=0}^{\infty}a_nx^n\right)'=\sum_{n=0}^{\infty}(a_nx^n)'=\sum_{n=1}^{\infty}na_nx^{n-1}=S'(x)$$

且收敛半径仍为 R，即逐项求导运算．

性质 5（积分运算）

$$\int_0^x\left(\sum_{n=0}^{\infty}a_nx^n\right)\mathrm{d}x=\sum_{n=0}^{\infty}\int_0^x a_nx^n\mathrm{d}x=\sum_{n=0}^{\infty}\frac{a_n}{n+1}x^{n+1}=\int_0^x S(x)\mathrm{d}x$$

且收敛半径仍为 R，即逐项积分运算．

（3）初等函数展开为泰勒级数：

一般有两种方法：一种是直接展开法，先写出泰勒级数，然后证明

$$\lim_{n\to\infty}R_n(x)=0$$

另一种是间接展开法，该方法作适当恒等变形，使之化为可利用的几个已知展开式，或利用级数的性质．

求和函数的基本方法有 5 个：

（i）利用幂级数的和、差、积的运算性质；

（ii）利用幂级数逐项求导或逐项积分性质；

（iii）利用某些常见的幂级数展开式；

（iv）利用初等数学公式及变量代换；

（v）化为微分方程求解.

*5. 傅里叶级数各展开式及系数间有相互关系：

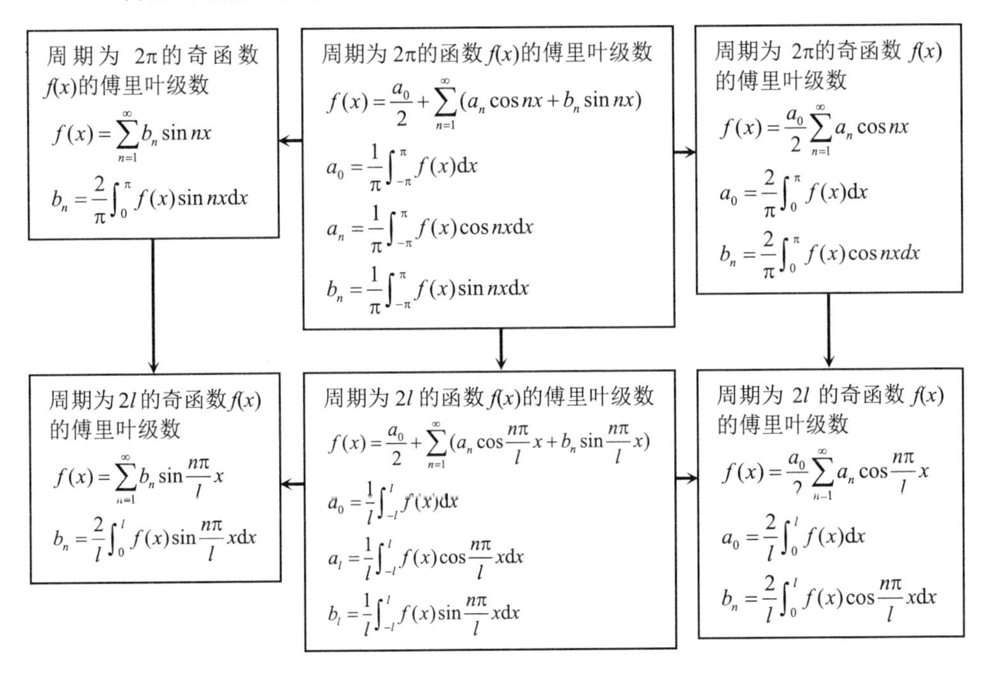

自 我 测 试 题

一、单项选择题

1．若（　　）成立，则级数 $\sum_{n=1}^{\infty}u_n$ 发散，其中，S_n 表示此级数的部分和.

（A）$\lim_{n\to\infty}S_n\neq 0$　　（B）u_n 单调上升

（C）$\lim_{n\to\infty}u_n=0$　　（D）$\lim_{n\to\infty}u_n$ 不存在

2．当条件（　　）成立时，级数 $\sum_{n=1}^{\infty}(a_n+b_n)$ 一定发散.

（A）$\sum_{n=1}^{\infty}a_n$ 发散且 $\sum_{n=1}^{\infty}b_n$ 收敛　　（B）$\sum_{n=1}^{\infty}a_n$ 发散

（C）$\sum_{n=1}^{\infty} b_n$ 发散　　（D）$\sum_{n=1}^{\infty} a_n$ 和 $\sum_{n=1}^{\infty} b_n$ 都发散

3．下列级数中发散的是（　　）.

（A）$\sum_{n=1}^{\infty} \frac{1}{n(n+1)}$　　（B）$\sum_{n=1}^{\infty} \frac{1}{3^n}$

（C）$\sum_{n=1}^{\infty} (-1)^{n-1}\frac{1}{n}$　　（D）$\sum_{n=1}^{\infty} \frac{1}{\sqrt{n}}$

4．$\lim_{n\to\infty} u_n = 0$ 是级数 $\sum_{n=1}^{\infty} u_n$ 收敛的（　　）.

（A）充分条件　　（B）必要条件

（C）充要条件　　（D）无关条件

5．若级数 $\sum_{n=1}^{\infty} n^{p+1}$ 发散，则（　　）.

（A）$-3 \leqslant p \leqslant -2$　　（B）$-2 \leqslant p < -1$

（C）$1 < p \leqslant 2$　　（D）$p \geqslant 3$

6．关于幂级数 $\sum_{n=1}^{\infty} \frac{x^n}{n}$，下列结论正确的是（　　）.

（A）当且仅当 $|x| < 1$ 时收敛　　（B）当 $|x| \leqslant 1$ 时收敛

（C）当 $-1 \leqslant x < 1$ 时收敛　　（D）当 $-1 < x \leqslant 1$ 时收敛

二、填空题

1．若数项级数 $\sum_{n=1}^{\infty} u_n$ 收敛，则 $\lim_{n\to\infty} u_n =$____________.

2．级数 $\sum_{n=1}^{\infty} (\frac{1}{2^n} + \frac{1}{\sqrt{n}})$ 是__________级数.

3．级数 $\sum_{n=1}^{\infty} \left(\frac{2}{3}\right)^{n+1}$ 的和 S=____________.

4．幂级数 $\sum_{n=1}^{\infty} \frac{x^n}{n!}$ 的收敛域为____________.

5．设 $\sum_{n=1}^{\infty} a_n x^n$ 的收敛半径为 R，则 $\sum_{n=1}^{\infty} a_n x^{2n}$ 的收敛半径为____________.

6．若幂级数 $\sum_{n=1}^{\infty} a_n t^n$ 的收敛区间为（-9，9），则 $\sum_{n=1}^{\infty} a_n (x-3)^{2n}$ 的收敛区间为________________.

三、计算题

1．判断下列级数的敛散性.

（1）$\sum_{n=1}^{\infty}\frac{1}{n\sqrt{n-1}}$　　（2）$\sum_{n=1}^{\infty}\frac{n^2}{e^n}$

（3）$\sum_{n=1}^{\infty}\frac{\sin n\theta}{2^n}$　　（4）$\sum_{n=1}^{\infty}(-1)^n\frac{1}{\sqrt{n+1}}$

2. 求下列幂级数的收敛区域与和函数.

（1）$\sum_{n=1}^{\infty}\frac{x^n}{n}$　　（2）$\sum_{n=1}^{\infty}nx^{n-1}$　　（3）$\sum_{n=1}^{\infty}\frac{x^{2n-1}}{2n-1}$

3. 将下列函数展成幂级数.

（1）将 $\sin x\cos x$ 展开成 x 的幂级数；

（2）将 $f(x)=\frac{1}{2+x}$ 展开成 $x-2$ 的幂级数；

（3）将 $f(x)=(1+x)e^x$ 展开成 x 的幂级数.

傅里叶与三角级数

傅里叶(Jean Baptiste Joseph Fourier， 1768—1830)生于法国中部欧塞尔一个裁缝家庭，8 岁时沦为孤儿，就读于地方军校，1795 年任巴黎综合工科大学助教，1798 年随拿破仑军队远征埃及，受到拿破仑器重，回国后被任命为格伦诺布尔省省长，由于对热传导理论的贡献，于 1817 年当选为巴黎科学院院士，1822 年成为科学院终身秘书. 他早在 1807 年就写成关于热传导的基本论文，但经拉格朗日、拉普拉斯和勒让德审阅后被科学院拒绝，1811 年又提交了经修改的论文，该论文获得科学院大奖，但未正式发表. 1822 年，傅里叶终于出版了专著《热的解析理论》. 这部经典著作将欧拉、伯努利等人在一些特殊情形下应用的三角级数方法发展成内容丰富的一般理论，三角级数后来就以傅里叶的名字命名.

傅里叶应用三角级数求解热传导方程，同时为了处理无穷区域的热传导问题又导出了现在所称的“傅里叶积分”，这一切都极大地推动了偏微分方程边值问题的研究. 然而他的工作意义远不止此，迫使人们对函数概念作修正、推广，特别是引起对不连续函数的探讨；三角级数收敛性问题更刺激了集合论的诞生. 因此，《热的解析理论》影响了整个 19 世纪分析严格化的进程. 对气候变化研究的缘起，美国环保作家克莱德 • 普雷斯托维茨在《流氓国家——谁在与世界作对？》一书中有详尽描述：1820 年之前，没有人问过地球是如何获取热量的这一问题. 正是在那一年，法国数学家约瑟夫·傅里叶开始研究地球是如何保留阳光中的热量而不将其反射回太空的问题．完全可以说对地球温室效应的研究始于傅里叶．

数学实验 2　用 MATLAB 进行级数运算

【实验目的】

熟悉 MATLAB 软件进行级数运算的方法．

【实验内容】

级数是高等数学较为重要的内容之一，利用 MATLAB 学会如何进行级数运算．

1. 级数运算常用的命令格式

1）利用 symsum 函数求级数的和

利用 symsum 函数求级数和的 MATLAB 命令格式示于表 M2.1．

表 M2.1

命令格式	含　义
symsum(s)	求默认变量 k 的级数 $\sum_{k=0}^{+\infty} f(k)$ 从第 0 项到 k–1 和，s 是通项 $f(k)$的符号表达式
symsum(s,v)	求关于变量 v 的级数 $\sum_{k=0}^{+\infty} f(v)$ 从第 0 项到 v–1 和，s 是通项 $f(v)$的符号表达式
symsum(s,a,b)	求级数 $\sum_{k=0}^{+\infty} f(k)$ 从第 a 项到第 b 项的和
symsum(s,v,a,b)	求关于变量 v 的级数 $\sum_{k=0}^{+\infty} f(v)$ 从第 a 项到第 b 项的和

2）利用 taylor 函数展成幂级数

利用 taylor 函数展成幂级数的 MATLAB 命令格式示表表 M2.2．

表 M2.2

命令格式	含　义
taylor（f）	求函数 f 的 5 阶马克劳林（Maclaurin）级数.
taylor（f, n）	求函数 f 的（n–1）阶马克劳林级数.
taylor（f, n, a）	求函数 f 在 a 点的（n–1）阶泰勒(Taylor)级数.

2．级数运算举例

【例 M2.1】　已知级数 $\sum_{k=0}^{+\infty} k^2$ 求（1）它的前 k 项和；（2）求第 0 项到第 10 项的和.

解
```
>> syms k
>> r=symsum(k^2)
   r =
   k^3/3 - k^2/2 + k/6
>> r=symsum(k^2,0,10)
   r =
   385
```

【例 M2.2】　求幂级数 $\sum_{k=0}^{+\infty} \frac{x^k}{k!}$ 的和函数.

解
```
>> syms k x
>> symsum(x^k/sym('k!'),k,0,inf)
ans =
exp(x)
```

说明　sym 是将字符串转化成符号表达式命令，sym(‘k!)意为将 k!定义为符号表达式.

【例 M2.3】　求函数 $y = \mathrm{e}^{-x}$ 的 5 阶马克劳林（Maclaurin）级数.

解
```
>> syms x
>> taylor(exp(-x))
ans =
x^4/24 - x^5/120 - x^3/6 + x^2/2 - x + 1
```

【例 M2.4】　求函数 $y = \log(1+x)$ 的 6 阶马克劳林级数.

解
```
>> syms x
>> taylor(log(1+x),7)
ans =
   x^5/5 - x^6/6 - x^4/4 + x^3/3 - x^2/2 + x
```

【例 M2.5】　求函数 $y = \sin x$ 在 $\frac{\pi}{2}$ 处的 4 阶泰勒(Taylor)级数.

解
```
>> syms x t
>> taylor(sin(x),t,pi/2)
ans =
```

```
(pi/2 - x)^4/24 - (pi/2 - x)^2/2 + 1
```

3．上机实验

（1）用 help 命令查询 symsum，taylor 的用法.

（2）验算上述例题结果.

（3）自选某些级数运算上机练习.

第 3 章　线 性 代 数

业精于勤，荒于嬉；行成于思，毁于随.

——韩愈

【导读】　“线性代数”是一门非常实用的工具性数学学科，虽然对学习者的数学基础要求不是很高，但是学好它对于许多专业后续课程的学习非常重要.本章先介绍行列式的概念、性质与运算，然后学习矩阵的相关知识，如矩阵的概念、运算、初等行变换、向量的相关性等，最后讨论线性方程组的求解问题. 通过本章的学习，应掌握线性代数基本概念和基本运算方法；同时，培养科学思维方法、逻辑推理和运算能力以及解决实际问题的能力.

【目标】　理解行列式、矩阵、线性方程组的相关概念，掌握行列式的性质、矩阵的线性运算、乘法运算和初等行变换，会求逆矩阵；了解向量组的相关性概念，会判断向量组的相关性，掌握运用初等行变换求解线性方程组.

3.1　n 阶行列式

3.1.1　n 阶行列式定义

定义　由 n^2 个数 $a_{ij}\,(i,j=1,2,\cdots,n)$ 组成，且在左右两边各加一竖线，记作

$$D_n=\begin{vmatrix} a_{11} & a_{12} & \cdots & a_{1n} \\ a_{21} & a_{22} & \cdots & a_{2n} \\ \vdots & \vdots & & \vdots \\ a_{n1} & a_{n2} & \cdots & a_{nn} \end{vmatrix}$$

这个符号称为 n **阶行列式**，每个横排称为**行列式的行**，每个竖排称为**行列式的列**，此时，a_{ij} 的第 1 个下标 i 表示它位于自上而下的第 i 行，第 2 个下标 j 表示它位于

从左到右的第 j 列，即 a_{ij} 是位于行列式第 i 行与第 j 列相交处的一个元素，称为第 i 行第 j 列的元素.

行列式代表一个由确定的运算关系所得到的数．其计算定义如下：

$$D_n = a_{11}A_{11} + a_{12}A_{12} + \cdots + a_{1n}A_{1n} = \sum_{j=1}^{n} a_{1j}A_{1j}$$

其中，$A_{ij} = (-1)^{i+j}M_{ij}$ 称为 a_{ij} 的**代数余子式**，而 M_{ij} 为 a_{ij} 的**余子式**.

这里，M_{ij} 是由 D_n 划去第 i 行和第 j 列后余下元素构成的 $n-1$ 阶行列式，即

$$M_{ij} = \begin{vmatrix} a_{11}\cdots a_{1,j-1} & a_{1,j+1}\cdots a_{1n} \\ \vdots & \vdots \\ a_{i-1,1}\cdots a_{i-1,j-1} & a_{i-1,j+1}\cdots a_{i-1,n} \\ a_{i+1,1}\cdots a_{i+1,j-1} & a_{i+1,j+1}\cdots a_{i+1,n} \\ \vdots & \vdots \\ a_{n1}\cdots a_{n,j-1} & a_{n,j-1}\cdots a_{nn} \end{vmatrix}$$

特别地：当 n=2 时，为二阶行列式，即

$$D_2 = \begin{vmatrix} a_{11} & a_{12} \\ a_{21} & a_{22} \end{vmatrix} = a_{11}a_{22} - a_{12}a_{21}$$

此时，称为二阶行列式的对角线展开法.

类似地，当 n=3 时，为三阶行列式，即

$$\begin{vmatrix} a_{11} & a_{12} & a_{13} \\ a_{21} & a_{22} & a_{23} \\ a_{31} & a_{32} & a_{33} \end{vmatrix} = a_{11}a_{22}a_{33} + a_{12}a_{23}a_{31} + a_{13}a_{32}a_{21} - a_{13}a_{22}a_{31} - a_{12}a_{21}a_{33} - a_{11}a_{32}a_{23}$$

此时，称为三阶行列式的对角线展开法.

【例 3.1.1】 计算三阶行列式

$$D = \begin{vmatrix} -2 & -3 & 1 \\ 1 & 1 & -1 \\ -3 & 1 & 2 \end{vmatrix}$$

解法 1 利用三阶行列式的对角线展开法得

$$D = \begin{vmatrix} -2 & -3 & 1 \\ 1 & 1 & -1 \\ -3 & 1 & 2 \end{vmatrix} = (-2)\times1\times2 + 1\times1\times1 + (-3)\times(-1)\times(-3) - 1\times1\times(-3)$$

$$-(-3)\times1\times2 - (-2)\times1\times(-1) = -5$$

解法 2 利用行列式的定义计算，得

$$D=\begin{vmatrix}-2 & -3 & 1\\ 1 & 1 & -1\\ -3 & 1 & 2\end{vmatrix}=-2\begin{vmatrix}1 & -1\\ 1 & 2\end{vmatrix}+(-3)(-1)\begin{vmatrix}1 & -1\\ -3 & 2\end{vmatrix}+\begin{vmatrix}1 & 1\\ -3 & 1\end{vmatrix}=-5$$

【例 3.1.2】 计算四阶行列式 $D_4=\begin{vmatrix}3 & 0 & 0 & -5\\ -4 & 1 & 0 & 2\\ 6 & 5 & 7 & 0\\ -3 & 4 & -2 & -1\end{vmatrix}$

解 利用行列式的定义计算得

$$\begin{aligned}D_4&=3\cdot(-1)^{1+1}\begin{vmatrix}1 & 0 & 2\\ 5 & 7 & 0\\ 4 & -2 & -1\end{vmatrix}+(-5)\cdot(-1)^{1+4}\begin{vmatrix}-4 & 1 & 0\\ 6 & 5 & 7\\ -3 & 4 & -2\end{vmatrix}\\ &=3\left(1\cdot(-1)^{1+1}\begin{vmatrix}7 & 0\\ -2 & -1\end{vmatrix}+2\cdot(-1)^{1+3}\begin{vmatrix}5 & 7\\ 4 & -2\end{vmatrix}\right)\\ &\quad+5\cdot\left((-4)\cdot(-1)^{1+1}\begin{vmatrix}5 & 7\\ 4 & -2\end{vmatrix}+1\cdot(-1)^{1+2}\begin{vmatrix}6 & 7\\ -3 & -2\end{vmatrix}\right)\\ &=466\end{aligned}$$

【例 3.1.3】 计算三角行列式 $D_n=\begin{vmatrix}a_{11} & 0 & \cdots & 0\\ a_{21} & a_{22} & \cdots & 0\\ \vdots & \vdots & & \vdots\\ a_{n1} & a_{n2} & \cdots & a_{nn}\end{vmatrix}$

解 利用 n 阶行列式的定义，依次降低其阶数，每次都仅有一项不为0，故有

$$D_n=a_{11}\cdot(-1)^{1+1}\begin{vmatrix}a_{22} & 0 & \cdots & 0\\ a_{32} & a_{33} & \cdots & 0\\ \vdots & \vdots & & \vdots\\ a_{n2} & a_{n3} & \cdots & a_{nn}\end{vmatrix}=\cdots=a_{11}a_{22}\cdots a_{nn}$$

通过以上例题可知，行（列）中的零元素越多，计算就越简便.

3.1.2 n 阶行列式的性质

性质 1 行列式与它的转置行列式相等，即

$$D=\begin{vmatrix}a_{11} & a_{12} & \cdots & a_{1n}\\ a_{21} & a_{22} & \cdots & a_{2n}\\ \vdots & \vdots & & \vdots\\ a_{n1} & a_{n2} & \cdots & a_{nn}\end{vmatrix}=D^T=\begin{vmatrix}a_{11} & a_{21} & \cdots & a_{n1}\\ a_{12} & a_{22} & \cdots & a_{n2}\\ \vdots & \vdots & & \vdots\\ a_{1n} & a_{2n} & \cdots & a_{nn}\end{vmatrix}$$

性质 2 互换行列式的任意两行（列），行列式的值仅改变符号.

推论 如果行列式有两行（列）的对应元素相同，则这个行列式的值等于零.

性质 3 n 阶行列式等于任意一行（列）所有元素与其对应的代数余子式的乘积之和. 即

$$D_n = a_{i1}A_{i1} + a_{i2}A_{i2} + \cdots + a_{in}A_{in} = \sum_{j=1}^{n} a_{ij}A_{ij} \quad (i=1,2,\cdots,n)$$

$$D_n = a_{1j}A_{1j} + a_{2j}A_{2j} + \cdots + a_{nj}A_{nj} = \sum_{i=1}^{n} a_{ij}A_{ij} \quad (j=1,2,\cdots,n)$$

推论 n 阶行列式中任意一行（列）的元素与另一行（列）的相应元素的代数余子式的乘积之和等于零. 即当 $i \neq k$ 时，有

$$a_{k1}A_{i1}+a_{k2}A_{i2}+\cdots+a_{kn}A_{in}=0$$

性质 4 将行列式某一行（列）的所有元素都乘以同一数 λ，等于以数 λ 乘以行列式. 即

$$\begin{vmatrix} a_{11} & a_{12} & \cdots & a_{1n} \\ \vdots & \vdots & \cdots & \vdots \\ \lambda a_{i1} & \lambda a_{i2} & \cdots & \lambda a_{in} \\ \vdots & \vdots & & \vdots \\ a_{n1} & a_{n2} & \cdots & a_{nn} \end{vmatrix} = \lambda \begin{vmatrix} a_{11} & a_{12} & \cdots & a_{1n} \\ \vdots & \vdots & \cdots & \vdots \\ a_{i1} & a_{i2} & \cdots & a_{in} \\ \vdots & \vdots & & \vdots \\ a_{n1} & a_{n2} & \cdots & a_{nn} \end{vmatrix}$$

性质 5 如果行列式中某一行（列）的所有元素都是两数之和，则这个行列式等于两个行列式的和，而且这两个行列式除了这一行（列）以外，其余的元素与原来行列式的对应元素相同. 即

$$\begin{vmatrix} a_{11} & a_{12} & \cdots & a_{1n} \\ \vdots & \vdots & & \vdots \\ b_{i1}+c_{i1} & b_{i2}+c_{i2} & \cdots & b_{in}+c_{in} \\ \vdots & \vdots & & \vdots \\ a_{n1} & a_{n2} & \cdots & a_{nn} \end{vmatrix} = \begin{vmatrix} a_{11} & a_{12} & \cdots & a_{1n} \\ \vdots & \vdots & & \vdots \\ b_{i1} & b_{i2} & \cdots & b_{in} \\ \vdots & \vdots & & \vdots \\ a_{n1} & a_{n2} & \cdots & a_{nn} \end{vmatrix} + \begin{vmatrix} a_{11} & a_{12} & \cdots & a_{1n} \\ \vdots & \vdots & & \vdots \\ c_{i1} & c_{i2} & \cdots & c_{in} \\ \vdots & \vdots & & \vdots \\ a_{n1} & a_{n2} & \cdots & a_{nn} \end{vmatrix}$$

性质 6 将行列式的某一行（列）的各元素都乘以同一常数后，再加到另一行（列）的对应元素上，则行列式的值不变. 即

$$\begin{vmatrix} a_{11} & a_{12} & \cdots & a_{1n} \\ \vdots & \vdots & & \vdots \\ a_{i1} & a_{i2} & \cdots & a_{in} \\ \vdots & \vdots & & \vdots \\ a_{k1} & a_{k2} & \cdots & a_{kn} \\ \vdots & \vdots & & \vdots \\ a_{n1} & a_{n2} & \cdots & a_{nn} \end{vmatrix} = \begin{vmatrix} a_{11} & a_{12} & \cdots & a_{1n} \\ \vdots & \vdots & & \vdots \\ a_{i1} & a_{i2} & \cdots & a_{in} \\ \vdots & \vdots & & \vdots \\ a_{k1}+\lambda a_{i1} & a_{k2}+\lambda a_{i2} & \cdots & a_{kn}+\lambda a_{in} \\ \vdots & \vdots & & \vdots \\ a_{n1} & a_{n2} & \cdots & a_{nn} \end{vmatrix}$$

这 6 条性质的作用在于化简行列式，从而有助于计算行列式的值.

在举例之前，我们先约定一组行列式的运算符号：

λr_i 表示用数 λ 乘第 i 行的每个元素；

$r_i \leftrightarrow r_j$ 表示交换第 i，j 两行对应元素；

$r_i + \lambda r_k$ 表示将行列式的第 k 行的元素乘以 λ 加到第 i 行对应元素上去；

λC_i 表示用数 λ 乘第 i 列的每个元素；

$C_i \leftrightarrow C_j$ 表示交换第 i，j 两列对应元素；

$C_i + \lambda C_k$ 表示将行列式的第 k 列元素乘以 λ 加到第 i 列对应元素上去.

3.1.3　n 阶行列式的计算

【例 3.1.4】　计算行列式

$$D=\begin{vmatrix}1 & -1 & 0 & 2\\ 0 & -1 & -1 & 2\\ -1 & 2 & -1 & 0\\ 2 & 1 & 1 & 0\end{vmatrix}$$

解

$$D\overset{r_3+r_1}{\underset{r_4-2r_1}{=\!=}}\begin{vmatrix}1 & -1 & 0 & 2\\ 0 & -1 & -1 & 2\\ 0 & 1 & -1 & 2\\ 0 & 3 & 1 & -4\end{vmatrix}\overset{r_3+r_2}{\underset{r_4+3r_2}{=\!=}}\begin{vmatrix}1 & -1 & 0 & 2\\ 0 & -1 & -1 & 2\\ 0 & 0 & -2 & 4\\ 0 & 0 & -2 & 2\end{vmatrix}\overset{r_4-r_3}{=\!=}\begin{vmatrix}1 & -1 & 0 & 2\\ 0 & -1 & -1 & 2\\ 0 & 0 & -2 & 4\\ 0 & 0 & 0 & -2\end{vmatrix}$$

$$=1\times(-1)\times(-2)\times(-2)=-4$$

【例 3.1.5】　计算行列式

$$D=\begin{vmatrix}3 & 1 & -1 & 2\\ -5 & 1 & 3 & -4\\ 2 & 0 & 1 & -1\\ 1 & -5 & 3 & -3\end{vmatrix}$$

解

$$D\overset{C_4+C_3}{\underset{C_1-2C_3}{=\!=}}\begin{vmatrix}5 & 1 & -1 & 1\\ -11 & 1 & 3 & -1\\ 0 & 0 & 1 & 0\\ -5 & -5 & 3 & 0\end{vmatrix}=1\times(-1)^{3+3}\begin{vmatrix}5 & 1 & 1\\ -11 & 1 & -1\\ -5 & -5 & 0\end{vmatrix}$$

$$\xlongequal{r_2+r_1}\begin{vmatrix}5 & 1 & 1\\ -6 & 2 & 0\\ -5 & -5 & 0\end{vmatrix}=1\times(-1)^{1+3}\begin{vmatrix}-6 & 2\\ -5 & -5\end{vmatrix}$$

$=40$

【例 3.1.6】 计算

$$D_4=\begin{vmatrix}a_1 & -a_1 & 0 & 0\\ 0 & a_2 & -a_2 & 0\\ 0 & 0 & a_3 & -a_3\\ 1 & 1 & 1 & 1\end{vmatrix}$$

解

$$D_4\xlongequal{C_2+C_1}\begin{vmatrix}a_1 & 0 & 0 & 0\\ 0 & a_2 & -a_2 & 0\\ 0 & 0 & a_3 & -a_3\\ 1 & 2 & 1 & 1\end{vmatrix}\xlongequal{C_3+C_2}\begin{vmatrix}a_1 & 0 & 0 & 0\\ 0 & a_2 & 0 & 0\\ 0 & 0 & a_3 & -a_3\\ 1 & 2 & 3 & 1\end{vmatrix}$$

$$\xlongequal{C_4+C_3}\begin{vmatrix}a_1 & 0 & 0 & 0\\ 0 & a_2 & 0 & 0\\ 0 & 0 & a_3 & 0\\ 1 & 2 & 3 & 4\end{vmatrix}=4a_1a_2a_3$$

一般地，我们有

$$D_{n+1}=\begin{vmatrix}a_1 & -a_1 & 0 & \cdots & 0 & 0\\ 0 & a_2 & -a_2 & \cdots & 0 & 0\\ 0 & 0 & a_3 & \cdots & 0 & 0\\ \vdots & \vdots & \vdots & & \vdots & \vdots\\ 0 & 0 & 0 & \cdots & a_n & -a_n\\ 1 & 1 & 1 & \cdots & 1 & 1\end{vmatrix}=(n+1)a_1a_2\cdots a_n$$

【例 3.1.7】 计算 $D=\begin{vmatrix}4 & 1 & 1 & 1\\ 1 & 4 & 1 & 1\\ 1 & 1 & 4 & 1\\ 1 & 1 & 1 & 4\end{vmatrix}$

解 这个行列式的特点是各列元素的和是相同的，都是 7. 故可把第 2，3，4

行同时加到第 1 行，提出公因子 7，然后各行减去第 1 行.

$$D\xlongequal[r_1+r_3]{r_1+r_2}_{r_1+r_4}\begin{vmatrix}7&7&7&7\\1&4&1&1\\1&1&4&1\\1&1&1&4\end{vmatrix}=7\times\begin{vmatrix}1&1&1&1\\1&4&1&1\\1&1&4&1\\1&1&1&4\end{vmatrix}$$

$$\xlongequal[r_4-r_1]{r_2-r_1,\ r_3-r_1}7\times\begin{vmatrix}1&1&1&1\\0&3&0&0\\0&0&3&0\\0&0&0&3\end{vmatrix}=7\times1\times3\times3\times3=189$$

一般地，我们有

$$D_n=\begin{vmatrix}a&b&b&\cdots&b\\b&a&b&\cdots&b\\\vdots&\vdots&\vdots&\cdots&\vdots\\b&b&b&\cdots&a\end{vmatrix}=[a+(n-1)b](a-b)^{n-1}$$

【例 3.1.8】 计算

$$D_4=\begin{vmatrix}1+a_1&1&1&1\\1&1+a_2&1&1\\1&1&1+a_3&1\\1&1&1&1+a_4\end{vmatrix},\quad 其中，a_i\neq0\quad(i=1,2,3,4)$$

解

$$D_4\xlongequal[r_3-r_1,\ r_4-r_1]{r_2-r_1}\begin{vmatrix}1+a_1&1&1&1\\-a_1&a_2&0&0\\-a_1&0&a_3&0\\-a_1&0&0&a_4\end{vmatrix}\xlongequal[C_1+\frac{a_1}{a_3}C_3,\ C_1+\frac{a_1}{a_4}C_4]{C_1+\frac{a_1}{a_2}C_2}\begin{vmatrix}1+a_1+\frac{a_1}{a_2}+\frac{a_1}{a_3}+\frac{a_1}{a_4}&1&1&1\\0&a_2&0&0\\0&0&a_3&0\\0&0&0&a_4\end{vmatrix}$$

$$=a_1a_2a_3a_4\left(1+\frac{1}{a_1}+\frac{1}{a_2}+\frac{1}{a_3}+\frac{1}{a_4}\right)$$

$$=\prod_{i=1}^{4}a_i\left(1+\sum_{i=1}^{4}a_i^{-1}\right)$$

一般地，我们有

$$D_n=\begin{vmatrix}1+a_1 & 1 & \cdots & 1\\ 1 & 1+a_2 & \cdots & 1\\ \vdots & \vdots & & \vdots\\ 1 & 1 & \cdots & 1+a_n\end{vmatrix}=\prod_{i=1}^{n}a_i\left(1+\sum_{i=1}^{n}a_i^{-1}\right)$$

其中，$a_i\neq 0$（$i=1,2,\cdots,n$）.

3.1.4 克莱姆(Cramer)法则

设含有 n 个方程，n 个未知数 $x_1,x_2,\cdots,x_n$ 的线性方程

$$\begin{cases}a_{11}x_1+a_{12}x_2+\cdots+a_{1n}x_n=b_1\\ a_{21}x_1+a_{22}x_2+\cdots+a_{2n}x_n=b_2\\ \cdots\\ a_{n1}x_1+a_{n2}x_2+\cdots+a_{nn}x_n=b_n\end{cases}\tag{3.1}$$

定理 1（克莱姆法则） 如果线性方程组（3.1）的系数行列式不等于零，即

$$D=\begin{vmatrix}a_{11} & a_{12} & \cdots & a_{1n}\\ a_{21} & a_{22} & \cdots & a_{2n}\\ \vdots & \vdots & & \vdots\\ a_{n1} & a_{n2} & \cdots & a_{nn}\end{vmatrix}\neq 0$$

那么线性方程组（3.1）一定有唯一解，其解为

$$x_j=\frac{D_j}{D}\quad (j=1,2,\cdots,n)$$

其中，D_j (j=1,2,⋯,n)是把系数行列式 D 中第 j 列用方程组的常数列 $b_1,b_2,\cdots,b_n$ 来代替，而其余各列不变所得到的 n 阶行列式，即

$$D_j=\begin{vmatrix}a_{11} & \cdots & a_{1\,j-1} & b_1 & a_{1\,j+1} & \cdots & a_{1n}\\ a_{21} & \cdots & a_{2\,j-1} & b_2 & a_{2\,j+1} & \cdots & a_{2n}\\ \vdots & & \vdots & \vdots & \vdots & & \vdots\\ a_{n1} & \cdots & a_{nj-1} & b_n & a_{nj+1} & \cdots & a_{nn}\end{vmatrix}$$

当线性方程组（3.1）的常数项 $b_1,b_2,\cdots,b_n$ 全为零时，即

$$\begin{cases}a_{11}x_1+a_{12}x_2+\cdots+a_{1n}x_n=0\\ a_{21}x_1+a_{22}x_2+\cdots+a_{2n}x_n=0\\ \cdots\\ a_{n1}x_1+a_{n2}x_2+\cdots+a_{nn}x_n=0\end{cases}\tag{3.2}$$

线性方程组（3.2）称为**齐次线性方程组**.

定理 2　如果齐次线性方程（3.2）有非零解，则它的系数行列式 $D=0$.

【例 3.1.9】利用克莱姆法则解方程组

$$\begin{cases} x_1+2x_2+3x_3=-3 \\ x_1+x_3=-1 \\ 3x_1-x_2-x_3=1 \end{cases}$$

解　因系数行列式

$$D=\begin{vmatrix} 1 & 2 & 3 \\ 1 & 0 & 1 \\ 3 & -1 & -1 \end{vmatrix}=6\neq 0$$

所以，由克莱姆法则知，方程组有唯一解．又因

$$D_1=\begin{vmatrix} -3 & 2 & 3 \\ -1 & 0 & 1 \\ 1 & -1 & -1 \end{vmatrix}=0,\qquad D_2=\begin{vmatrix} 1 & -3 & 3 \\ 1 & -1 & 1 \\ 3 & 1 & -1 \end{vmatrix}=0,\qquad D_3=\begin{vmatrix} 1 & 2 & -3 \\ 1 & 0 & -1 \\ 3 & -1 & 1 \end{vmatrix}=-6$$

所以该方程组的解为

$$x_1=\frac{D_1}{D}=\frac{0}{6}=0,\qquad x_2=\frac{D_2}{D}=\frac{0}{6}=0,\qquad x_3=\frac{D_3}{D}=\frac{-6}{6}=-1$$

【例 3.1.10】　试问λ取何值时，齐次线性方程组

$$\begin{cases} \lambda x_1+x_2+x_3=0 \\ x_1+\lambda x_2+x_3=0 \\ x_1+x_2+\lambda x_3=0 \end{cases}$$

有非零解？

解　由定理 2 知，该方程组的系数行列式必为零，而

$$D=\begin{vmatrix} \lambda & 1 & 1 \\ 1 & \lambda & 1 \\ 1 & 1 & \lambda \end{vmatrix}=(\lambda+2)(\lambda-1)^2$$

由 $D=0$ 得 $\lambda=-2$ 或 $\lambda=1$.

习　题　3.1

1．计算下列行列式.

(1) $\begin{vmatrix} 1 & 2 & 1 & -1 \\ 1 & 0 & -2 & 0 \\ 3 & 2 & 1 & -1 \\ 1 & 2 & 3 & 4 \end{vmatrix}$　　(2) $\begin{vmatrix} 1 & a & b & c+d \\ 1 & b & c & d+a \\ 1 & c & d & a+b \\ 1 & d & a & b+c \end{vmatrix}$

2．证明下列恒等式.

(1) $\begin{vmatrix} y & x & x \\ x & y & x \\ x & x & y \end{vmatrix} = (2x+y)(y-x)^2$

(2) $\begin{vmatrix} a_1+b_1x & a_1x+b_1 & c_1 \\ a_2+b_2x & a_2x+b_2 & c_2 \\ a_3+b_3x & a_3x+b_3 & c_3 \end{vmatrix} = (1-x^2)\begin{vmatrix} a_1 & b_1 & c_1 \\ a_2 & b_2 & c_2 \\ a_3 & b_3 & c_3 \end{vmatrix}$

(3) $\begin{vmatrix} x_1+y_1 & y_1+z_1 & z_1+x_1 \\ x_2+y_2 & y_2+z_2 & z_2+x_2 \\ x_3+y_3 & y_3+z_3 & z_3+x_3 \end{vmatrix} = 2\begin{vmatrix} x_1 & y_1 & z_1 \\ x_2 & y_2 & z_2 \\ x_3 & y_3 & z_3 \end{vmatrix}$

(4) $\begin{vmatrix} a & b & c & d \\ a & a+b & a+b+c & a+b+c+d \\ a & 2a+b & 3a+2b+c & 4a+3b+2c+d \\ a & 3a+b & 6a+3b+c & 10a+6b+3c+d \end{vmatrix} = a^4$

(5) $\begin{vmatrix} a^2 & (a+1)^2 & (a+2)^2 & (a+3)^2 \\ b^2 & (b+1)^2 & (b+2)^2 & (b+3)^2 \\ c^2 & (c+1)^2 & (c+2)^2 & (c+3)^2 \\ d^2 & (d+1)^2 & (d+2)^2 & (d+3)^2 \end{vmatrix} = 0$

3．用克莱姆法则解线性方程组.

$$\begin{cases} x_1 - x_2 + 2x_4 = -5 \\ 3x_1 + 2x_2 - x_3 - 2x_4 = 6 \\ 4x_1 + 3x_2 - x_3 - x_4 = 0 \\ 2x_1 - x_3 = 0 \end{cases}$$

4．设方程组

$$\begin{cases} x_1 - x_2 + x_3 = 0 \\ 2x_1 + \lambda x_2 + (2-\lambda)x_3 = 0 \\ x_1 + (\lambda+1)x_2 = 0 \end{cases}$$

有非零解，求λ.

3.2　矩阵的概念、运算及逆矩阵

3.2.1　矩阵的概念

定义 1　由 $m\times n$ 个数 $a_{ij}\ (i=1,2,\cdots,m;\ j=1,2,\cdots,n)$排成的 m 行 n 列矩形数表，称为 $m\times n$ 矩阵，矩形数表外用圆括号（或方括号）括起来，记作

$$\begin{pmatrix} a_{11} & a_{12} & \cdots & a_{1n} \\ a_{21} & a_{22} & \cdots & a_{2n} \\ \vdots & \vdots & & \vdots \\ a_{m1} & a_{m2} & \cdots & a_{mn} \end{pmatrix}$$

通常，我们用大写字母 $A,B,C,\cdots$表示矩阵，a_{ij}称为矩阵 A 的第 i 行第 j 列的元素，有时为了标明一个矩阵的行数和列数，用 $A_{m\times n}$ 或 $A=(a_{ij})_{m\times n}$ 表示一个 m 行 n 列的矩阵.

当 m=1 时，矩阵 A 称为**行矩阵**，此时

$$A=(a_{11},a_{12},\cdots,\ a_{1n})$$

当 n=1 时，矩阵 A 称为**列矩阵**，此时

$$A=\begin{pmatrix} a_{11} \\ a_{21} \\ \vdots \\ a_{m1} \end{pmatrix}$$

当 $a_{ij}=0\ (i=1，2，\cdots，m;\ j=1，2，\cdots，n)$时，称 A 为**零矩阵**，一般记为 $0_{m\times n}$ 或 0.

当 $m=n$ 时，矩阵 A 称为 ***n* 阶方阵**，记为 A_n.

方阵有对角线，从左上角到右下角的直线称为主对角线.

主对角线以外的元素全为零的方阵

$$A_n=\begin{pmatrix} \lambda_1 & 0 & \cdots & 0 \\ 0 & \lambda_2 & \cdots & 0 \\ \vdots & \vdots & & \vdots \\ 0 & 0 & \cdots & \lambda_n \end{pmatrix}$$

称为**对角矩阵**，它也可记作 $A_n=\text{diag}(\lambda_1,\ \lambda_2,\ \cdots,\ \lambda_n)$.

主对角线上的元素都为 1 的对角矩阵

$$E_n=\begin{pmatrix}1&0&\cdots&0\\0&1&\cdots&0\\\vdots&\vdots&&\vdots\\0&0&\cdots&1\end{pmatrix}$$

称为 n 阶**单位矩阵**.

若矩阵 $A=(a_{ij})_{m\times n}$ 与 $B=(b_{ij})_{m\times n}$ 满足它们的对应元素相等，即

$$a_{ij}=b_{ij}\quad (i=1,2,\cdots,m;\ j=1,2,\cdots,n)$$

则称**矩阵 A 与矩阵 B 相等**，记为 $A=B$.

3.2.2 矩阵的运算

3.2.2.1 矩阵的加法

定义 2 设有两个 $m\times n$ 矩阵 $A=(a_{ij})$，$B=(b_{ij})$，那么 A 与 B 的和记作 $A+B$，规定为 $A+B=(a_{ij}+b_{ij})$，矩阵的加法满足以下规则(设 A，B，C 都是 $m\times n$ 矩阵)：

(1) **交换律**：$A+B=B+A$.

(2) **结合律**：$(A+B)+C=A+(B+C)$.

(3) $0_{m\times n}+A=A+0_{m\times n}=A$.

定义 3 设 $A=(a_{ij})_{m\times n}$，则 $(-a_{ij})_{m\times n}$ 称为 A 的负矩阵，记为 $-A$.

定义 4 设 $A=(a_{ij})_{m\times n}$，$B=(b_{ij})_{m\times n}$，则

$$A-B=A+(-B)=(a_{ij}-b_{ij})_{m\times n}$$

显然

$$A-A=A+(-A)=0$$

3.2.2.2 数与矩阵的乘法（数乘）

定义 5 设有 $m\times n$ 矩阵

$$A=\begin{pmatrix}a_{11}&a_{12}&\cdots&a_{1n}\\a_{21}&a_{22}&\cdots&a_{2n}\\\vdots&\vdots&&\vdots\\a_{m1}&a_{m2}&\cdots&a_{mn}\end{pmatrix}$$

以数 λ 乘矩阵 A 的每一个元素所得到的矩阵 C，称为数 λ 与矩阵 A 的乘积，简称数乘，记为

$$C = \lambda A = \begin{pmatrix} \lambda a_{11} & \lambda a_{12} & \cdots & \lambda a_{1n} \\ \lambda a_{21} & \lambda a_{22} & \cdots & \lambda a_{2n} \\ \vdots & \vdots & & \vdots \\ \lambda a_{m1} & \lambda a_{m2} & \cdots & \lambda a_{mn} \end{pmatrix}$$

数乘矩阵满足以下规则（设 A，B 都是 $m\times n$ 矩阵，λ，μ 是任意常数）：

（1）**分配律**：　$\lambda(A+B)=\lambda A+\lambda B$

$(\lambda+\mu)A=\lambda A+\mu A$

（2）**结合律**：　$(\lambda\mu A)=\lambda(\mu A)=\mu(\lambda A)$

【例 3.2.1】　设

$$A=\begin{pmatrix} 1 & 5 & 1 \\ 1 & 2 & -3 \\ 9 & -5 & 3 \end{pmatrix},\quad B=\begin{pmatrix} 1 & x_1 & x_2 \\ x_1 & 2 & x_3 \\ x_2 & x_3 & 3 \end{pmatrix},\quad C=\begin{pmatrix} 0 & y_1 & y_2 \\ -y_1 & 0 & y_3 \\ -y_2 & -y_3 & 0 \end{pmatrix}$$

并且　$A=B+2C$，求矩阵 B 和 C.

解　由 $A=B+2C$，得

$$\begin{pmatrix} 1 & 5 & 1 \\ 1 & 2 & -3 \\ 9 & -5 & 3 \end{pmatrix}=\begin{pmatrix} 1 & x_1+2y_1 & x_2+2y_2 \\ x_1-2y_1 & 2 & x_3+2y_3 \\ x_2-2y_2 & x_3-2y_3 & 3 \end{pmatrix}$$

根据矩阵相等的含义，有

$$\begin{cases} x_1+2y_1=5 \\ x_1-2y_1=1 \end{cases},\qquad \begin{cases} x_2+2y_2=1 \\ x_2-2y_2=9 \end{cases},\qquad \begin{cases} x_3+2y_3=-3 \\ x_3-2y_3=-5 \end{cases}$$

解得

$$\begin{cases} x_1=3 \\ y_1=1 \end{cases},\qquad \begin{cases} x_2=5 \\ y_2=-2 \end{cases},\qquad \begin{cases} x_3=-4 \\ y_3=1/2 \end{cases}$$

于是，所求的矩阵为

$$B=\begin{pmatrix} 1 & 3 & 5 \\ 3 & 2 & -4 \\ 5 & -4 & 3 \end{pmatrix},\qquad C=\begin{pmatrix} 0 & 1 & -2 \\ -1 & 0 & 1/2 \\ 2 & -1/2 & 0 \end{pmatrix}$$

3.2.2.3　矩阵的乘法

定义 6　设 A 为 $m\times s$ 矩阵，B 为 $s\times n$ 矩阵，即

$$A=\begin{pmatrix} a_{11} & a_{12} & \cdots & a_{1s} \\ a_{21} & a_{22} & \cdots & a_{2s} \\ \vdots & \vdots & & \vdots \\ a_{m1} & a_{m2} & \cdots & a_{ms} \end{pmatrix},\qquad B=\begin{pmatrix} b_{11} & b_{12} & \cdots & b_{1n} \\ b_{21} & b_{22} & \cdots & b_{2n} \\ \vdots & \vdots & & \vdots \\ b_{s1} & b_{s2} & \cdots & b_{sn} \end{pmatrix}$$

由元素

$$C_{ij}=a_{i1}b_{1j}+a_{i2}b_{2j}+\cdots+a_{is}b_{sj}=\sum_{k=1}^{s}a_{ik}b_{kj}$$

构成的 m 行 n 列矩阵 C，称为矩阵 A 与矩阵 B 的乘积，记为 $C=AB$，其中

$$C=(C_{ij})_{m\times n}=(\sum_{k=1}^{s}a_{ik}b_{kj})_{m\times n}$$

【例 3.2.2】 求下列矩阵乘积 AB 与 BA:

（1）$A=\begin{pmatrix} 1 & 2 \\ 3 & -1 \\ 0 & 4 \end{pmatrix}$，$B=\begin{pmatrix} 2 & 3 \\ 4 & 1 \end{pmatrix}$

（2）$A=\begin{pmatrix} a_1 \\ a_2 \\ \vdots \\ a_n \end{pmatrix}$，$B=(b_1,b_2,\cdots,b_n)$

（3）$A=\begin{pmatrix} 1 & 1 \\ -1 & -1 \end{pmatrix}$，$B=\begin{pmatrix} 1 & -1 \\ -1 & 1 \end{pmatrix}$

解 （1）$AB=\begin{pmatrix} 1\times2+2\times4 & 1\times3+2\times1 \\ 3\times2+(-1)\times4 & 3\times3+(-1)\times1 \\ 0\times2+4\times4 & 0\times3+4\times1 \end{pmatrix}=\begin{pmatrix} 10 & 5 \\ 2 & 8 \\ 16 & 4 \end{pmatrix}$

但 BA 无意义，因为 B 有 2 列，而 A 有 3 行.

由于 BA 无意义，故 $AB\neq BA$.

（2）$AB=\begin{pmatrix} a_1 \\ a_2 \\ \vdots \\ a_n \end{pmatrix}(b_1,b_2,\cdots,b_n)=\begin{pmatrix} a_1b_1 & a_1b_2 & \cdots & a_1b_n \\ a_2b_1 & a_2b_2 & \cdots & a_2b_n \\ \vdots & \vdots & & \vdots \\ a_nb_1 & a_nb_2 & \cdots & a_nb_n \end{pmatrix}$

而

$$BA=(b_1,b_2,\cdots,b_n)\begin{pmatrix}a_1\\a_2\\\vdots\\a_n\end{pmatrix}=b_1a_1+b_2a_2+\cdots+b_na_n$$

与（1）相比，虽然 BA 有意义，但是它是一阶矩阵，不可能与 AB（是 n 阶方阵）相等，因此，仍有 $AB\neq BA$.

（3）$AB=\begin{pmatrix}1&1\\-1&-1\end{pmatrix}\begin{pmatrix}1&-1\\-1&1\end{pmatrix}=\begin{pmatrix}0&0\\0&0\end{pmatrix}$，$BA=\begin{pmatrix}1&-1\\-1&1\end{pmatrix}\begin{pmatrix}1&1\\-1&-1\end{pmatrix}=\begin{pmatrix}2&2\\-2&-2\end{pmatrix}$

【例 3.2.3】　设

$$A=\begin{pmatrix}1&0\\0&0\end{pmatrix},\qquad B=\begin{pmatrix}3&2\\4&6\end{pmatrix},\qquad C=\begin{pmatrix}3&2\\2&-1\end{pmatrix}$$

则

$$AB=AC=\begin{pmatrix}3&2\\0&0\end{pmatrix}$$

显然

$$B\neq C$$

由以上两例可见，矩阵的乘法不满足交换律、消去律，两个非零矩阵的乘积有可能是零矩阵.

虽然矩阵乘法不适合交换律及消去律，但是它也有一些与数的乘法相似的地方，它满足以下运算律（假设运算都是可行的）：

（1）**结合律：**　$(AB)C=A(BC)$

（2）**数乘结合律：**　$\lambda(AB)=(\lambda A)B=A(\lambda B)$　（λ 为数）

（3）**分配律：**　$A(B+C)=AB+AC$

$(B+C)A=BA+CA$

（4）　$E_mA_{m\times n}=A_{m\times n}$

$A_{m\times n}E_n=A_{m\times n}$

（5）若 A 为 n 阶方阵，则有

$$E_nA_n=A_nE_n=A_n$$

定义 7　设 A 为 n 阶方阵，m 为正整数，则规定

$$A^1=A,\quad A^2=A^1\cdot A^1,\quad A^m=A^{m-1}A^1$$

称 A^m 为方阵 A 的 m 次幂，并规定：$A^0=E$. 显然有

$$A^kA^l=A^{k+l}\quad ((A^k)^l=A^{kl})$$

其中，k，l 为任意非负整数.

由于矩阵乘法不满足交换，因此一般地

$$(AB)^k \neq A^k B^k \quad (k\text{ 为正整数})$$

只有当 $AB=BA$（称为 A 与 B 可交换）时，才能有

$$(AB)^k = A^k B^k$$

【例 3.2.4】 设 $A=\begin{pmatrix}1 & 0\\ \lambda & 1\end{pmatrix}$，计算 A^n.

解法 1

$$A^2=\begin{pmatrix}1 & 0\\ \lambda & 1\end{pmatrix}\begin{pmatrix}1 & 0\\ \lambda & 1\end{pmatrix}=\begin{pmatrix}1 & 0\\ 2\lambda & 1\end{pmatrix}$$

$$A^3=A^2A=\begin{pmatrix}1 & 0\\ 2\lambda & 1\end{pmatrix}\begin{pmatrix}1 & 0\\ \lambda & 1\end{pmatrix}=\begin{pmatrix}1 & 0\\ 3\lambda & 1\end{pmatrix}$$

依此类推

$$A^n=\begin{pmatrix}1 & 0\\ n\lambda & 1\end{pmatrix}$$

解法 2

$$A=\begin{pmatrix}1 & 0\\ \lambda & 1\end{pmatrix}=\begin{pmatrix}1 & 0\\ 0 & 1\end{pmatrix}+\begin{pmatrix}0 & 0\\ \lambda & 0\end{pmatrix}=E+B$$

其中

$$B=\begin{pmatrix}0 & 0\\ \lambda & 0\end{pmatrix}$$

显然

$$B^2=\begin{pmatrix}0 & 0\\ \lambda & 0\end{pmatrix}\begin{pmatrix}0 & 0\\ \lambda & 0\end{pmatrix}=\begin{pmatrix}0 & 0\\ 0 & 0\end{pmatrix}$$

由此可知，当 $n \geqslant 2$ 时

$$B^n=\begin{pmatrix}0 & 0\\ 0 & 0\end{pmatrix}$$

且 $EB=B=BE$，所以可以用二项式定理展开，得

$$A^n=(E+B)^n=E^n+nE^{n-1}B+\cdots+B^n=E+nB$$

$$=\begin{pmatrix}1 & 0\\ 0 & 1\end{pmatrix}+n\begin{pmatrix}0 & 0\\ \lambda & 0\end{pmatrix}=\begin{pmatrix}1 & 0\\ n\lambda & 1\end{pmatrix}$$

3.2.2.4　矩阵的转置

定义 8　把 $m \times n$ 矩阵

$$A=\begin{pmatrix} a_{11} & a_{12} & \cdots & a_{1n} \\ a_{21} & a_{22} & \cdots & a_{2n} \\ \vdots & \vdots & & \vdots \\ a_{m1} & a_{m2} & \cdots & a_{mn} \end{pmatrix}$$

的行、列互换得到的 $n \times m$ 矩阵，称为 A 的**转置矩阵**，记为 A^{T}，即

$$A^{\mathrm{T}}=\begin{pmatrix} a_{11} & a_{21} & \cdots & a_{m1} \\ a_{12} & a_{22} & \cdots & a_{m2} \\ \vdots & \vdots & & \vdots \\ a_{1n} & a_{2n} & \cdots & a_{mn} \end{pmatrix}$$

矩阵的转置满足下列运算规则：

（1）$(A^{\mathrm{T}})^{\mathrm{T}}=A$；

（2）$(A \pm B)^{\mathrm{T}}=A^{\mathrm{T}} \pm B^{\mathrm{T}}$；

（3）$(\lambda A)^{\mathrm{T}}=\lambda A^{\mathrm{T}}$　（λ 为常数）；

（4）$(AB)^{1}=B^{1}A^{1}$.

定义 9　对于矩阵 A，如果满足 $A^{\mathrm{T}}=A$，则称 A 是**对称矩阵**；如果满足 $A^{\mathrm{T}}=-A$，则称 A 为**反对称矩阵**.

3.2.2.5　方阵的行列式

定义 10　设 n 阶方阵

$$A=\begin{pmatrix} a_{11} & a_{12} & \cdots & a_{1n} \\ a_{21} & a_{22} & \cdots & a_{2n} \\ \vdots & \vdots & & \vdots \\ a_{n1} & a_{n2} & \cdots & a_{nn} \end{pmatrix}$$

则称对应的行列式

$$\det A=|A|=\begin{vmatrix} a_{11} & a_{12} & \cdots & a_{1n} \\ a_{21} & a_{22} & \cdots & a_{2n} \\ \vdots & \vdots & & \vdots \\ a_{n1} & a_{n2} & \cdots & a_{nn} \end{vmatrix}$$

为方阵 A 的行列式，记为 $\det A$ 或 $|A|$.

设A，B为n阶方阵，λ为数，则方阵的行列式有下列运算规律：

（1）$\det(A^{\mathrm{T}})=\det A$；

（2）$\det(\lambda A^{\mathrm{T}})=\lambda^n \det A$；

（3）$\det(AB)=\det A\det B=\det(BA)$.

3.2.3 逆矩阵

3.2.3.1 逆矩阵的概念

定义 11 设A为n阶方阵，若存在n阶方阵B，使得

$$AB=BA=E$$

则称**方阵A是可逆的**（**简称A可逆**），**并把B称为A的逆**，记作A^{-1}.

3.2.3.2 逆矩阵的性质

性质 1 若A可逆，则A的逆是唯一的.

性质 2 若A可逆，则A^{-1}也可逆，且$(A^{-1})^{-1}=A$.

性质 3 若n阶方阵A和B均可逆，则AB也可逆，且$(AB)^{-1}=B^{-1}A^{-1}$.

性质 4 若A可逆，则A^{T}也可逆，且$(A^{\mathrm{T}})^{-1}=(A^{-1})^{\mathrm{T}}$.

性质 5 若A可逆且$\lambda\neq 0$，则$(\lambda A)^{-1}=\dfrac{1}{\lambda}A^{-1}$.

性质 6 若A可逆，则$\det(A^{-1})=(\det A)^{-1}$.

3.2.3.3 逆矩阵的求法

定义 12 设有n阶方阵

$$A=\begin{pmatrix} a_{11} & a_{12} & \cdots & a_{1n} \\ a_{21} & a_{22} & \cdots & a_{2n} \\ \vdots & \vdots & & \vdots \\ a_{n1} & a_{n2} & \cdots & a_{nn} \end{pmatrix}$$

则由A的行列式$\det A$中a_{ij}的代数余子式A_{ij}所构成的n阶方阵

$$A^*=\begin{pmatrix} A_{11} & A_{21} & \cdots & A_{n1} \\ A_{12} & A_{22} & \cdots & A_{n2} \\ \vdots & \vdots & & \vdots \\ A_{1n} & A_{2n} & \cdots & A_{nn} \end{pmatrix}$$

称为A的**伴随矩阵**，记为A^*.

定理 1　矩阵 A 可逆的充分必要条件是：$\det A\neq 0$.

当可逆时，有

$$A^{-1}=\frac{1}{\det A}A^*$$

其中，A^*是 A 的伴随矩阵.

【例 3.2.5】　设：

$$A=\begin{pmatrix}2 & 3 & 3\\ 1 & -1 & 0\\ -1 & 2 & 1\end{pmatrix}$$

判别 A 是否可逆？若可逆，求 A^{-1}.

解　因为

$$\det A=\begin{vmatrix}2 & 3 & 3\\ 1 & -1 & 0\\ -1 & 2 & 1\end{vmatrix}=-2\neq 0$$

所以 A 可逆.

$$A_{11}=(-1)^{1+1}\begin{vmatrix}-1 & 0\\ 2 & 1\end{vmatrix}=-1, \qquad A_{12}=(-1)^{1+2}\begin{vmatrix}1 & 0\\ -1 & 1\end{vmatrix}=-1$$

$$A_{13}=(-1)^{1+3}\begin{vmatrix}1 & -1\\ -1 & 2\end{vmatrix}=1 \qquad A_{21}=(-1)^{2+1}\begin{vmatrix}3 & 3\\ 2 & 1\end{vmatrix}=3$$

$$A_{22}=(-1)^{2+2}\begin{vmatrix}2 & 3\\ -1 & 1\end{vmatrix}=5 \qquad A_{23}=(-1)^{2+3}\begin{vmatrix}2 & 3\\ -1 & 2\end{vmatrix}=-7$$

$$A_{31}=(-1)^{3+1}\begin{vmatrix}3 & 3\\ -1 & 0\end{vmatrix}=3 \qquad A_{32}=(-1)^{3+2}\begin{vmatrix}2 & 3\\ 1 & 0\end{vmatrix}=3$$

$$A_{33}=(-1)^{3+3}\begin{vmatrix}2 & 3\\ 1 & -1\end{vmatrix}=-5$$

所以

$$A^{-1}=\frac{1}{\det A}A^*=-\frac{1}{2}\begin{pmatrix}-1 & 3 & 3\\ -1 & 5 & 3\\ 1 & -7 & -5\end{pmatrix}=\begin{pmatrix}1/2 & -3/2 & -3/2\\ 1/2 & -5/2 & -3/2\\ -1/2 & 7/2 & 5/2\end{pmatrix}$$

【例 3.2.6】　求解矩阵方程

$$AXB=C$$

其中

$$A=\begin{pmatrix}2&1\\3&2\end{pmatrix},\quad B=\begin{pmatrix}1&-4&-3\\1&-5&-3\\-1&6&4\end{pmatrix},\quad C=\begin{pmatrix}1&2&3\\1&0&1\end{pmatrix}$$

解 由于

$$\det A=\begin{vmatrix}2&1\\3&2\end{vmatrix}=1\neq 0,\quad \det B=\begin{vmatrix}1&-4&-3\\1&-5&-3\\-1&6&4\end{vmatrix}=-1\neq 0$$

故 A，B 可逆，分别用 A^{-1} 与 B^{-1} 左乘、右乘所给方程的两端，得

$$A^{-1}(AXB)B^{-1}=A^{-1}CB^{-1}$$
$$(A^{-1}A)X(BB^{-1})=A^{-1}CB^{-1}$$

即

$$X=A^{-1}CB^{-1}$$

用求逆矩阵的公式，经计算得到

$$A^{-1}=\begin{pmatrix}2&-1\\-3&2\end{pmatrix},\quad B^{-1}=\begin{pmatrix}2&2&3\\1&-1&0\\-1&2&1\end{pmatrix}$$

于是

$$X=\begin{pmatrix}2&-1\\-3&2\end{pmatrix}\begin{pmatrix}1&2&3\\1&0&1\end{pmatrix}\begin{pmatrix}2&2&3\\1&-1&0\\-1&2&1\end{pmatrix}=\begin{pmatrix}1&8&8\\-1&-10&-10\end{pmatrix}$$

【例 3.2.7】 用逆矩阵求线性方程组的解

$$\begin{cases}x_1-x_2-x_3=2\\2x_1-x_2-3x_3=1\\3x_1+2x_2-5x_3=0\end{cases}$$

解 记

$$A=\begin{pmatrix}1&-1&-1\\2&-1&-3\\3&2&-5\end{pmatrix},\quad X=\begin{pmatrix}x_1\\x_2\\x_3\end{pmatrix},\quad B=\begin{pmatrix}2\\1\\0\end{pmatrix}$$

此线性方程组可写为矩阵方程

$$AX=B$$

因为

$$\det A=\begin{vmatrix}1 & -1 & -1\\ 2 & -1 & -3\\ 3 & 2 & -5\end{vmatrix}=3\neq 0$$

所以 A^{-1} 存在，且经过计算得

$$A^{-1}=\frac{1}{3}\begin{pmatrix}11 & -7 & 2\\ 1 & -2 & 1\\ 7 & -5 & 1\end{pmatrix}$$

从而

$$X=A^{-1}B=\frac{1}{3}\begin{pmatrix}11 & -7 & 2\\ 1 & -2 & 1\\ 7 & -5 & 1\end{pmatrix}\begin{pmatrix}2\\ 1\\ 0\end{pmatrix}=\begin{pmatrix}5\\ 0\\ 3\end{pmatrix}$$

即

$$x_1=5\text{，}\quad x_2=0\text{，}\quad x_3=3$$

习　题　3.2

1．已知

$$A=\begin{pmatrix}0 & 2 & 1\\ 1 & 1 & -1\\ 3 & -2 & 2\end{pmatrix},\quad B=\begin{pmatrix}0 & x_1 & x_2\\ x_1 & 2 & x_3\\ x_2 & x_3 & 4\end{pmatrix},\quad C=\begin{pmatrix}0 & y_1 & y_2\\ -y_1 & 0 & y_3\\ -y_2 & -y_3 & 0\end{pmatrix}$$

且 $2A=B+\frac{1}{2}C$，求矩阵 B 和 C.

2．已知 $\begin{cases}3X+2Y=A\\ X-2Y=B\end{cases}$，其中，$A=\begin{pmatrix}7 & 10 & -2\\ 1 & -5 & -10\end{pmatrix}$，$B=\begin{pmatrix}5 & -2 & -6\\ -5 & -15 & -14\end{pmatrix}$

求未知矩阵 X 与 Y.

3．计算：

（1）$\begin{pmatrix}1 & 1 & 1\\ 1 & 1 & -1\\ 1 & -1 & 1\end{pmatrix}^3$，　　（2）$\begin{pmatrix}1 & 2 & 0\\ 0 & 1 & 2\\ 0 & 0 & 1\end{pmatrix}^n$　$(n\in\mathbf{N})$

4．设 $A=\begin{pmatrix}a & b\\ c & d\end{pmatrix}$，问：满足什么条件时，A 可逆？并且求 A^{-1}.

5．用逆矩阵解下列方程组：

$$\begin{cases} x_1+2x_2+3x_3=-7 \\ 2x_1-x_2+2x_3=-8 \\ x_1+3x_2=7 \end{cases}$$

6．设 $A=\begin{pmatrix} 2 & 0 \\ -1 & 2 \end{pmatrix}$ 满足 $AX=A+X$，求矩阵 X.

7.（1）设 n 为正整数，求证：

$$\begin{pmatrix} \cos\theta & -\sin\theta \\ \sin\theta & \cos\theta \end{pmatrix}^n = \begin{pmatrix} \cos n\theta & -\sin n\theta \\ \sin n\theta & \cos n\theta \end{pmatrix}$$

（2）利用（1）的结果计算.

$$\begin{pmatrix} \sqrt{3}/2 & -1/2 \\ 1/2 & \sqrt{3}/2 \end{pmatrix}^{12}$$

8．若方阵 A 满足 $A^2-2A-4E=0$ 证明：$A+E$ 与 $A-3E$ 都可逆，且互为逆矩阵.

3.3 矩阵的秩及矩阵的初等变换

3.3.1 矩阵秩的概念

为了建立矩阵秩的概念，首先给出矩阵的子式的定义.

定义 1 设 A 为 $m\times n$ 矩阵，在 A 中任取 k 行，k 列（$k\leqslant\min\{m,n\}$）,位于这些行和列相交处的元素，按他们原来的次序组成一个 k 阶行列式，称为**矩阵 A 的一个 k 阶子式**.

定义 2 若矩阵 A 中的非零子式的最高阶数为 r，则称 **r 为矩阵 A 的秩，记作 $R(A)=r$**. 规定零矩阵的秩为 0.

R（A）$=r$ 也即是存在一个 r 阶子式不等于 0，而所有的 $r+1$ 阶子式都等于 0.

【例 3.3.1】 求矩阵

$$A=\begin{pmatrix} 1 & -2 & 3 & 5 \\ 0 & 1 & 2 & 1 \\ 1 & -1 & 5 & 6 \end{pmatrix}$$

的秩.

解 因为$\begin{vmatrix} 1 & -2 \\ 0 & 1 \end{vmatrix}=1\neq 0$，而 A 的所有 3 阶子式：

$$\begin{vmatrix} 1 & -2 & 3 \\ 0 & 1 & 2 \\ 1 & -1 & 5 \end{vmatrix}=0, \quad \begin{vmatrix} 1 & -2 & 5 \\ 0 & 1 & 1 \\ 1 & -1 & 6 \end{vmatrix}=0, \quad \begin{vmatrix} 1 & 3 & 5 \\ 0 & 2 & 1 \\ 1 & 5 & 6 \end{vmatrix}=0, \quad \begin{vmatrix} -2 & 3 & 5 \\ 1 & 2 & 1 \\ -1 & 5 & 6 \end{vmatrix}=0$$

故

$$R(A)=2$$

用定义 2 求矩阵的秩，对于低阶矩阵是方便的，但对于高阶矩阵，计算量较大，下面介绍求矩阵的另一种方法——用矩阵的初等变换求矩阵的秩.

3.3.2 矩阵的初等变换

定义 3 下面三种变换称为矩阵的初等行变换：

（1）对调两行（对调 i，j 两行，记作 $r_i \leftrightarrow r_j$）.

（2）以数 $\lambda \neq 0$ 乘某一行中的所有元素（λ 乘第 i 行，记作 λr_i）.

（3）把某一行所有元素的 λ 倍加到另一行的对应元素上（第 j 行的 λ 倍加到第 i 行上，记作 $r_i+\lambda r_j$）.

把定义中的“行”换成“列”即得到矩阵的初等列变换的定义（所用的记号是把“r”换成“c”）.

3.3.3 用矩阵的初等行变换求矩阵的秩

定义 4 满足下列两个条件的矩阵为**阶梯形矩阵**：

（1）首非零元（非零行的第 1 个不为零的元素）的列标随着行标的递增而严格增大.

（2）矩阵的零行位于矩阵的最下方（或无零行）.

例如：矩阵

$$A=\begin{pmatrix} 2 & 0 & -2 & -1 & 5 \\ 0 & -3 & 2 & 0 & 2 \\ 0 & 0 & 0 & 0 & 0 \\ 0 & 0 & 0 & 0 & 0 \end{pmatrix}, \quad B=\begin{pmatrix} -2 & 1 & 0 & 0 \\ 0 & 1 & 2 & 3 \\ 0 & 0 & 1 & 0 \end{pmatrix},$$

$$C=\begin{pmatrix} 1 & 3 & 5 & 0 \\ 0 & 2 & -1 & 4 \\ 0 & 3 & 2 & 0 \\ 0 & 0 & 0 & 0 \end{pmatrix}, \quad D=\begin{pmatrix} 2 & 4 & 0 \\ 0 & 0 & 0 \\ 0 & 5 & 0 \end{pmatrix}$$

A，B 都是阶梯形矩阵，而 C，D 都不是阶梯形矩阵.

关于阶梯形矩阵有以下性质：

性质 1 阶梯形矩阵的秩等于它的非零行的行数.

性质 2 任意一个矩阵 $A=(a_{ij})_{m\times n}$，经过若干次初等行变换可以化成阶梯形矩阵.

性质 3 矩阵初等行变换不改变矩阵的秩.

由此，我们得到一个求矩阵秩的方法：

只要对矩阵进行初等行变换，使其化为阶梯形矩阵，这个阶梯形矩阵的非零行的行数即为该矩阵的秩.

【例 3.3.2】 设

$$A=\begin{pmatrix}2&1&0&1&2\\2&3&4&2&0\\1&-1&-3&0&3\\3&1&-1&1&3\end{pmatrix}$$

求矩阵 A 的秩.

解 先把 A 化为阶梯形矩阵.

$$A\xrightarrow{r_1\leftrightarrow r_3}\begin{pmatrix}1&-1&-3&0&3\\2&3&4&2&0\\2&1&0&1&2\\3&1&-1&1&3\end{pmatrix}\xrightarrow[\substack{r_3-2r_1\\ r_4-3r_1}]{r_2-2r_1}\begin{pmatrix}1&-1&-3&0&3\\0&5&10&2&-6\\0&3&6&1&-4\\0&4&8&1&-6\end{pmatrix}$$

$$\xrightarrow{r_2-r_4}\begin{pmatrix}1&-1&-3&0&3\\0&1&2&1&0\\0&3&6&1&-4\\0&4&8&1&-6\end{pmatrix}\xrightarrow[r_4-4r_2]{r_3-3r_2}\begin{pmatrix}1&-1&-3&0&3\\0&1&2&1&0\\0&0&0&-2&-4\\0&0&0&-3&-6\end{pmatrix}$$

$$\xrightarrow[\substack{(-1/3)r_4\\ r_4-r_3}]{(-1/2)r_3}\begin{pmatrix}1&-1&-3&0&3\\0&1&2&1&0\\0&0&0&1&2\\0&0&0&0&0\end{pmatrix}$$

因此

$$R\text{（}A\text{）}=3$$

3.3.4 用矩阵的初等行变换求逆矩阵

设 A 为 n 阶方阵，在 A 的右边同时写出与 A 同阶的单位矩阵 E，构成一个 $n\times 2n$ 矩阵 $(A|E)$，然后对 $(A|E)$ 进行初等行变换，当它的左边化为单位矩阵时，

它的右边就是 A^{-1}，即

$$(A|E)\xrightarrow{\text{初等行变换}}(E|A^{-1})$$

【例 3.3.3】 设

$$A=\begin{pmatrix}1 & -4 & -3\\ 1 & -5 & -3\\ -1 & 6 & 4\end{pmatrix}$$

求 A^{-1}.

解

$$(A|E)=\left(\begin{array}{ccc|ccc}1 & -4 & -3 & 1 & 0 & 0\\ 1 & -5 & -3 & 0 & 1 & 0\\ -1 & 6 & 4 & 0 & 0 & 1\end{array}\right)\xrightarrow[r_3+r_1]{r_2-r_1}\left(\begin{array}{ccc|ccc}1 & -4 & -3 & 1 & 0 & 0\\ 0 & -1 & 0 & -1 & 1 & 0\\ 0 & 2 & 1 & 1 & 0 & 1\end{array}\right)$$

$$\xrightarrow{(-1)r_2}\left(\begin{array}{ccc|ccc}1 & -4 & -3 & 1 & 0 & 0\\ 0 & 1 & 0 & 1 & -1 & 0\\ 0 & 2 & 1 & 1 & 0 & 1\end{array}\right)\xrightarrow[r_3-2r_2]{r_1+4r_2}\left(\begin{array}{ccc|ccc}1 & 0 & -3 & 5 & -4 & 0\\ 0 & 1 & 0 & 1 & -1 & 0\\ 0 & 0 & 1 & -1 & 2 & 1\end{array}\right)$$

$$\xrightarrow{r_1+3r_3}\left(\begin{array}{ccc|ccc}1 & 0 & 0 & 2 & 2 & 3\\ 0 & 1 & 0 & 1 & -1 & 0\\ 0 & 0 & 1 & -1 & 2 & 1\end{array}\right)$$

所以

$$A^{-1}=\begin{pmatrix}2 & 2 & 3\\ 1 & -1 & 0\\ -1 & 2 & 1\end{pmatrix}$$

【例 3.3.4】 用初等行变换解矩阵方程

$$\begin{pmatrix}2 & 1 & -3\\ 1 & 2 & -2\\ -1 & 3 & 2\end{pmatrix}X=\begin{pmatrix}1 & -1\\ 2 & 0\\ -2 & 5\end{pmatrix}.$$

解
$$\left(\begin{array}{ccc|cc}2 & 1 & -3 & 1 & -1\\ 1 & 2 & -2 & 2 & 0\\ -1 & 3 & 2 & -2 & 5\end{array}\right)\xrightarrow{r_1\leftrightarrow r_2}\begin{pmatrix}1 & 2 & -2 & 2 & 0\\ 2 & 1 & -3 & 1 & -1\\ -1 & 3 & 2 & -2 & 5\end{pmatrix}$$

$$\xrightarrow[r_3+r_1]{r_2-2r_1}\begin{pmatrix}1&2&-2&2&0\\0&-3&1&-3&-1\\0&5&0&0&5\end{pmatrix}\xrightarrow[r_3\leftrightarrow r_2]{(1/5)r_3}\begin{pmatrix}1&2&-2&2&0\\0&1&0&0&1\\0&-3&1&-3&-1\end{pmatrix}$$

$$\xrightarrow[r_3+3r_2]{r_1-2r_2}\begin{pmatrix}1&0&-2&2&-2\\0&1&0&0&1\\0&0&1&-3&2\end{pmatrix}\xrightarrow{r_1+2r_3}\begin{pmatrix}1&0&0&-4&2\\0&1&0&0&1\\0&0&1&-3&2\end{pmatrix}$$

因此

$$X=\begin{pmatrix}-4&2\\0&1\\-3&2\end{pmatrix}$$

习　题　3.3

1．求下列矩阵的秩.

（1）$\begin{pmatrix}2&0&3&1&4\\3&-5&4&2&7\\1&5&2&0&1\end{pmatrix}$　　（2）$\begin{pmatrix}1&-1&-1&1\\1&1&-2&0\\2&0&-3&1\end{pmatrix}$

（3）$\begin{pmatrix}1&1&1&1\\1&1&-1&-1\\1&-1&1&-1\\1&-1&-1&1\end{pmatrix}$　　（4）$\begin{pmatrix}1&-1&0&-2&-1\\-3&2&1&3&-3\\2&3&-5&0&6\\0&1&-1&2&4\end{pmatrix}$

2．用初等行变换求下列矩阵的逆矩阵.

（1）$\begin{pmatrix}2&2&3\\1&-1&0\\-1&2&1\end{pmatrix}$　　（2）$\begin{pmatrix}3&-2&0&-1\\0&2&2&1\\1&-2&-3&-2\\0&1&2&1\end{pmatrix}$

3．用初等行变换求解矩阵方程.

$$\begin{pmatrix}1&3&2\\2&2&-1\\-3&-4&0\end{pmatrix}X=\begin{pmatrix}1&2&2\\-3&2&6\\0&4&3\end{pmatrix}$$

3.4　高斯消元法及相容性定理

3.4.1　高斯消元法

我们考虑线性方程组的一般形式：

$$\begin{cases} a_{11}x_1 + a_{12}x_2 + \cdots + a_{1n}x_n = b_1 \\ a_{21}x_1 + a_{22}x_2 + \cdots + a_{2n}x_n = b_2 \\ \qquad\qquad \cdots \\ a_{m1}x_1 + a_{m2}x_2 + \cdots + a_{mn}x_n = b_m \end{cases} \tag{3.3}$$

式中，系数 $a_{ij}(i=1, 2, \cdots, m; j=1, 2, \cdots, n)$，常数项 $b_i(i=1, 2, \cdots, m)$都是已知数，x_j（$j=1, 2, \cdots, n$）是未知元．当 $b_i(i=1, 2, \cdots, m)$不全为零时，称方程组（3.3）为**非齐次线性方程组**；当 b_i（$i=1, 2, \cdots, m$）全为零时，即

$$\begin{cases} a_{11}x_1 + a_{12}x_2 + \cdots + a_{1n}x_n = 0 \\ a_{21}x_1 + a_{22}x_2 + \cdots + a_{2n}x_n = 0 \\ \qquad\qquad \cdots \\ a_{m1}x_1 + a_{m2}x_2 + \cdots + a_{mn}x_n = 0 \end{cases} \tag{3.4}$$

称方程组（3.4）为**齐次线性方程组**.

线性方程组（3.3）的矩阵表达式为：

$$AX = B$$

式中，$A = \begin{pmatrix} a_{11} & a_{12} & \cdots & a_{1n} \\ a_{21} & a_{22} & \cdots & a_{2n} \\ \vdots & \vdots & & \vdots \\ a_{m1} & a_{m2} & \cdots & a_{mn} \end{pmatrix}$为系数矩阵，$X = \begin{pmatrix} x_1 \\ x_2 \\ \vdots \\ x_n \end{pmatrix}$为未知矩阵，$B = \begin{pmatrix} b_1 \\ b_2 \\ \vdots \\ b_m \end{pmatrix}$为常数矩阵.

我们把 $\widetilde{A} = (A|B)$，即

$$\widetilde{A} = \begin{pmatrix} a_{11} & a_{12} & \cdots & a_{1n} & b_1 \\ a_{21} & a_{22} & \cdots & a_{2n} & b_1 \\ \vdots & \vdots & & \vdots & \vdots \\ a_{m1} & a_{m2} & \cdots & a_{mn} & b_m \end{pmatrix}$$

称为线性方程组（3.3）的**增广矩阵**，显然，线性方程（3.3）完全由它的增广矩阵所决定.

定理 1　将增广矩阵 $(A|B)$ 用初等行变换化为 $(U|V)$，则 $AX=B$ 与 $UX=V$ 是同

解方程组.

由定理 1，我们用初等行变换把增广矩阵 $(A|B)$ 化为阶梯形矩阵，求此阶梯形矩阵所表达的方程组的解，由于两者是同解方程组，所以也就得到原方程组（3.3）的解．这个方法称为**高斯**（Gauss）**消元法**.

【例 3.4.1】 解线性方程组：

$$\begin{cases} x_1 - x_2 + x_3 - x_4 = 0 \\ 2x_1 - x_2 + 3x_3 - 2x_4 = -1 \\ 3x_1 - 2x_2 - x_3 + 2x_4 = 4 \end{cases}$$

解 首先写出增广矩阵，然后作初等行变换，将增广矩阵化为阶梯矩阵，有

$$\widetilde{A} = (A|B) = \begin{pmatrix} 1 & -1 & 1 & -1 & 0 \\ 2 & -1 & 3 & -2 & -1 \\ 3 & -2 & -1 & 2 & 4 \end{pmatrix} \xrightarrow[r_3 - 3r_1]{r_2 - 2r_1} \begin{pmatrix} 1 & -1 & 1 & -1 & 0 \\ 0 & 1 & 1 & 0 & -1 \\ 0 & 1 & -4 & 5 & 4 \end{pmatrix}$$

$$\xrightarrow[r_1 + r_2]{r_3 + (-1)r_2} \begin{pmatrix} 1 & 0 & 2 & -1 & -1 \\ 0 & 1 & 1 & 0 & -1 \\ 0 & 0 & -5 & 5 & 5 \end{pmatrix} \xrightarrow{(-1/5)r_3} \begin{pmatrix} 1 & 0 & 2 & -1 & -1 \\ 0 & 1 & 1 & 0 & -1 \\ 0 & 0 & 1 & -1 & -1 \end{pmatrix}$$

$$\xrightarrow[r_1 - 2r_3]{r_2 - r_3} \begin{pmatrix} 1 & 0 & 0 & 1 & 1 \\ 0 & 1 & 0 & 1 & 0 \\ 0 & 0 & 1 & -1 & -1 \end{pmatrix}$$

所对应的线性方程组

$$\begin{cases} x_1 + x_4 = 1 \\ x_2 + x_4 = 0 \\ x_3 - x_4 = -1 \end{cases}$$

即

$$\begin{cases} x_1 = 1 - x_4 \\ x_2 = -x_4 \\ x_3 = -1 + x_4 \end{cases}$$

其中，x_4 为任意数.

【例 3.4.2】 解线性方程组

$$\begin{cases} 4x_1 + 2x_2 - x_3 = 2 \\ 3x_1 - x_2 + 2x_3 = 3 \\ 11x_1 + 3x_2 = -6 \end{cases}$$

解

$$\widetilde{A}=(A|B)=\begin{pmatrix}4&2&-1&2\\3&-1&2&3\\11&3&0&-6\end{pmatrix}\xrightarrow{r_1-r_2}\begin{pmatrix}1&3&-3&-1\\3&-1&2&3\\11&3&0&-6\end{pmatrix}$$

$$\xrightarrow[r_3-11r_1]{r_2-3r_1}\begin{pmatrix}1&3&-3&-1\\0&-10&11&6\\0&-30&33&5\end{pmatrix}\xrightarrow{r_3-3r_2}\begin{pmatrix}1&3&-3&-1\\0&-10&11&6\\0&0&0&-13\end{pmatrix}$$

所对应的线性方程组为

$$\begin{cases}x_1+3x_2-3x_3=-1\\-10x_2+11x_3=6\\0=-13\end{cases}$$

显然，方程组无解.

3.4.2　线性方程组的相容性定理

定义 1　若线性方程组有解，称线性方程组为相容的，否则称此线性方程组为不相容的.

定理 2　非齐次线性方程组（3.3）相容的充要条件是 $R(A)=R(\widetilde{A})=r$.

（1）当 $R(A)=R(\widetilde{A})=r=n$ 时，则非齐次方程组（3.3）有唯一一组解.

（2）当 $R(A)=R(\widetilde{A})=r<n$ 时，非齐次方程组（3.3）有无穷多组解.

（3）当 $R(A)\neq R(\widetilde{A})$ 时，则非齐次方程组（3.3）无解.

因齐次方程组（3.4）是非齐次方程组（3.3）的特例，所以易知：

定理 3　设齐次线性方程组（3.4）系数矩阵的秩 $R(A)=r$，则

（1）如果 $r=n$，那么齐次线性方程组（3.4）只有零解；

（2）如果 $r<n$，那么齐次线性方程组（3.4）有非零解.

【例 3.4.3】　判定下列方程组的相容性以及相容时解的个数：

（1）$\begin{cases}x_1-x_2+2x_3=3\\2x_1+3x_2-4x_3=2\\4x_1+x_2=8\\5x_1+2x_3=11\end{cases}$　　（2）$\begin{cases}x_1-x_2+2x_3=3\\2x_1+3x_2-4x_3=2\\4x_1+x_2=8\\5x_1+2x_3=9\end{cases}$

（3）$\begin{cases}x_1-x_2+2x_3=3\\2x_1+3x_2-4x_3=2\\4x_1+x_2=8\\5x_1-2x_3=11\end{cases}$

解 利用初等行变换将三个方程组的增广矩阵化为阶梯形矩阵，有

(1) $\begin{pmatrix} 1 & -1 & 2 & 3 \\ 2 & 3 & -4 & 2 \\ 4 & 1 & 0 & 8 \\ 5 & 0 & 2 & 11 \end{pmatrix} \xrightarrow[\substack{r_3-4r_1 \\ r_3-5r_1}]{r_2-2r_1} \begin{pmatrix} 1 & -1 & 2 & 3 \\ 0 & 5 & -8 & -4 \\ 0 & 5 & -8 & -4 \\ 0 & 5 & -8 & -4 \end{pmatrix} \xrightarrow[r_4-r_2]{r_3-r_2} \begin{pmatrix} 1 & -1 & 2 & 3 \\ 0 & 5 & -8 & -4 \\ 0 & 0 & 0 & 0 \\ 0 & 0 & 0 & 0 \end{pmatrix}$

(2) $\begin{pmatrix} 1 & -1 & 2 & 3 \\ 2 & 3 & -4 & 2 \\ 4 & 1 & 0 & 8 \\ 5 & 0 & 2 & 9 \end{pmatrix} \xrightarrow[\substack{r_3-4r_1 \\ r_4-5r_1}]{r_2-2r_1} \begin{pmatrix} 1 & -1 & 2 & 3 \\ 0 & 5 & -8 & -4 \\ 0 & 5 & -8 & -4 \\ 0 & 5 & -8 & -6 \end{pmatrix}$

$\xrightarrow[r_4-r_2]{r_3-r_2} \begin{pmatrix} 1 & -1 & 2 & 3 \\ 0 & 5 & -8 & -4 \\ 0 & 0 & 0 & 0 \\ 0 & 0 & 0 & -2 \end{pmatrix} \xrightarrow{r_3 \leftrightarrow r_4} \begin{pmatrix} 1 & -1 & 2 & 3 \\ 0 & 5 & -8 & -4 \\ 0 & 0 & 0 & -2 \\ 0 & 0 & 0 & 0 \end{pmatrix}$

(3) $\begin{pmatrix} 1 & -1 & 2 & 3 \\ 2 & 3 & -4 & 2 \\ 4 & 1 & 0 & 8 \\ 5 & 0 & -2 & 11 \end{pmatrix} \xrightarrow[\substack{r_3-4r_1 \\ r_4-5r_1}]{r_2-2r_1} \begin{pmatrix} 1 & -1 & 2 & 3 \\ 0 & 5 & -8 & -4 \\ 0 & 5 & -8 & -4 \\ 0 & 5 & -12 & -4 \end{pmatrix}$

$\xrightarrow[r_4-r_2]{r_3-r_2} \begin{pmatrix} 1 & -1 & 2 & 3 \\ 0 & 5 & -8 & -4 \\ 0 & 0 & 0 & 0 \\ 0 & 0 & -4 & 0 \end{pmatrix} \xrightarrow{r_3 \leftrightarrow r_4} \begin{pmatrix} 1 & -1 & 2 & 3 \\ 0 & 5 & -8 & -4 \\ 0 & 0 & -4 & 0 \\ 0 & 0 & 0 & 0 \end{pmatrix}$

由此可知

（1）$R(\mathrm{A})=R(\widetilde{A})=2<n\,(=3)$，所以方程组有无穷多组解.

（2）$R(A)=2\neq R(\widetilde{A})=3$，所以方程组无解.

（3）$R(A)=R(\widetilde{A})=3=n\,(=3)$，所以方程组有唯一解.

【例 3.4.4】 问λ，μ为何值时，方程组

$$\begin{cases} x_1+2x_2+3x_3=6 \\ x_1-x_2+6x_3=0 \\ 3x_1-2x_2+\lambda x_3=\mu \end{cases}$$

无解？有唯一解？有无穷多组解？

解

$$\widetilde{A}=\begin{pmatrix}1&2&3&6\\1&-1&6&0\\3&-2&\lambda&\mu\end{pmatrix}\xrightarrow[r_3-3r_1]{r_2-r_1}\begin{pmatrix}1&2&3&6\\0&-3&3&-6\\0&-8&\lambda-9&\mu-18\end{pmatrix}$$

$$\xrightarrow{\left(-\frac{1}{3}\right)r_2}\begin{pmatrix}1&2&3&6\\0&1&-1&2\\0&-8&\lambda-9&\mu-18\end{pmatrix}\xrightarrow{r_3+8r_2}\begin{pmatrix}1&2&3&6\\0&1&-1&2\\0&0&\lambda-17&\mu-2\end{pmatrix}$$

（1）无解　　　　$\Rightarrow R(\widetilde{A})\neq R(A)\Rightarrow\lambda=17$ 且 $\mu\neq2$.

（2）唯一解　　　$\Rightarrow R(\widetilde{A})=R(A)=3\Rightarrow\lambda\neq17$.

（3）无穷多组解　$\Rightarrow R(\widetilde{A})=R(A)<3\Rightarrow\lambda=17$ 且 $\mu=2$.

【例 3.4.5】　设含有参数 λ 的线性方程组

$$\begin{cases}(1+\lambda)x_1+x_2+x_3=0\\x_1+(1+\lambda)x_2+x_3=3\\x_1+x_2+(1+\lambda)x_3=\lambda\end{cases}$$

问 λ 取何值时此方程组：（1）有唯一解；（2）无解；（3）有无穷多组解.

解　$$\widetilde{A}=\begin{pmatrix}1+\lambda&1&1&0\\1&1+\lambda&1&3\\1&1&1+\lambda&\lambda\end{pmatrix}\xrightarrow{r_1\leftrightarrow r_3}\begin{pmatrix}1&1&1+\lambda&\lambda\\1&1+\lambda&1&3\\1+\lambda&1&1&0\end{pmatrix}$$

$$\xrightarrow[r_3-(1+\lambda)r_1]{r_2-r_1}\begin{pmatrix}1&1&1+\lambda&\lambda\\0&\lambda&-\lambda&3-\lambda\\0&-\lambda&-\lambda(\lambda+2)&-\lambda(\lambda+1)\end{pmatrix}$$

$$\xrightarrow{r_3+r_2}\begin{pmatrix}1&1&1+\lambda&\lambda\\0&\lambda&-\lambda&3-\lambda\\0&0&-\lambda(\lambda+3)&(\lambda+3)(1-\lambda)\end{pmatrix}$$

（1）无解　　　　$\Rightarrow R(\widetilde{A})\neq R(A)\Rightarrow R(\widetilde{A})=2$ 而 $R(A)=1\Rightarrow\lambda=0$.

（2）唯一解　　　$\Rightarrow R(\widetilde{A})=R(A)=3\Rightarrow\lambda\neq0$ 且 $\lambda\neq-3$.

（3）无穷多组解　$\Rightarrow R(\widetilde{A})=R(A)<3\Rightarrow\lambda=-3$.

习 题 3.4

1．求解下列线性方程组：

（1）$\begin{cases}2x_1+x_2-x_3+x_4=1\\3x_1-2x_2+x_3-3x_4=4\\x_1+4x_2-3x_3+5x_4=-2\end{cases}$ （2）$\begin{cases}2x_1+3x_2+x_3=4\\x_1-2x_2+4x_3=-5\\3x_1+8x_2-2x_3=13\\4x_1-x_2+9x_3=-16\end{cases}$

2．不解方程组，判定下列线性方程组的相容性．

（1）$\begin{cases}x_1-x_2+3x_3-x_4=1\\2x_1-x_2+x_3+4x_4=2\\-4x_3+5x_4=-2\end{cases}$ （2）$\begin{cases}2x_1+x_2-x_3+x_4=1\\3x_1-2x_2+2x_3-3x_4=2\\5x_1+x_2-x_3+2x_4=-1\\2x_1-x_2+x_3-3x_4=4\end{cases}$

3．设线性方程组

$$\begin{cases}\lambda x_1+x_2+x_3=1\\x_1+\lambda x_2+x_3=\lambda\\x_1+x_2+\lambda x_3=\lambda^2\end{cases}$$

问 λ 为何值时，方程组有唯一解？有无穷多组解？

3.5 向量组的线性相关性

3.5.1 *n* 维向量的概念

定义 1 由 n 个数 $a_1, a_2, \cdots, a_n$ 组成一个有序数组称为一个 n 维向量．记作

$$\boldsymbol{x}=\begin{pmatrix}a_1\\a_2\\\vdots\\a_n\end{pmatrix}$$

其中，$a_i\ (i=1，2，\cdots，n)$称为 n 维向量 $\boldsymbol{x}$ 的第 i 个分量（或坐标）.

根据讨论问题的需要，向量 $\boldsymbol{x}$ 也可写成

$$\boldsymbol{x}=（a_1，a_2，\cdots，a_n）$$

为了区别，前者称为**列向量**，后者称为**行向量**．二者**互为转置**.

n 维向量是解析几何中向量的推广，当 n=3 时，它是三维空间中的向量，当 $n>3$ 时，它没有直观的几何意义，只是沿用了几何上向量的术语．

我们规定：n 维向量相等、相加、数乘与列矩阵相等、相加、数乘都对应相同.

因此，n 维向量和 $n\times 1$ 的矩阵（即列矩阵）是本质相同的两个概念，只是换了个说法.

【例 3.5.1】 将线性方程组

$$\begin{cases} a_{11}x_1+a_{12}x_2+\cdots+a_{1n}x_n=b_1 \\ a_{21}x_1+a_{22}x_2+\cdots+a_{2n}x_n=b_2 \\ \cdots \\ a_{m1}x_1+a_{m2}x_2+\cdots+a_{mn}x_n=b_m \end{cases}$$

写成向量方程的形式.

解 $\boldsymbol{\alpha}_1=\begin{pmatrix} a_{11} \\ a_{21} \\ \vdots \\ a_{m1} \end{pmatrix}$ $\boldsymbol{\alpha}_2=\begin{pmatrix} a_{12} \\ a_{22} \\ \vdots \\ a_{m2} \end{pmatrix}$ $\cdots$ $\boldsymbol{\alpha}_n=\begin{pmatrix} a_{1n} \\ a_{2n} \\ \vdots \\ a_{mn} \end{pmatrix}$ $\boldsymbol{\beta}=\begin{pmatrix} b_1 \\ b_2 \\ \vdots \\ b_m \end{pmatrix}$

则线性方程组的向量形式为

$$\boldsymbol{x}_1\begin{pmatrix} a_{11} \\ a_{21} \\ \vdots \\ a_{m1} \end{pmatrix}+\boldsymbol{x}_2\begin{pmatrix} a_{12} \\ a_{22} \\ \vdots \\ a_{m2} \end{pmatrix}+\cdots+\boldsymbol{x}_n\begin{pmatrix} a_{1n} \\ a_{2n} \\ \vdots \\ a_{mn} \end{pmatrix}=\begin{pmatrix} b_1 \\ b_2 \\ \vdots \\ b_m \end{pmatrix}$$

即

$$x_1\boldsymbol{\alpha}_1+x_2\boldsymbol{\alpha}_2+\cdots+x_n\boldsymbol{\alpha}_n=\boldsymbol{\beta}$$

本例给出了线性方程组和向量方程之间的一一对应关系，如果给定了一个线性方程组，应能立即把它改成向量方程；反过来，如果给定了一个向量方程，也应能立即把它改写成线性方程组. 而且线性方程组是否有解、等价于向量$\boldsymbol{\beta}$能否用向量组$\boldsymbol{\alpha}_1$，$\boldsymbol{\alpha}_2$，…，$\boldsymbol{\alpha}_n$表示出来，若$\boldsymbol{\beta}$能用$\boldsymbol{\alpha}_1$，$\boldsymbol{\alpha}_2$，…，$\boldsymbol{\alpha}_n$唯一地表示出来，则方程组有唯一解；若$\boldsymbol{\beta}$能由$\boldsymbol{\alpha}_1$，$\boldsymbol{\alpha}_2$，…，$\boldsymbol{\alpha}_n$用多种形式表示出来，则方程组有多组解.

3.5.2 线性相关性判别

3.5.2.1 线性表示及其判定

定义 2 对于向量$\boldsymbol{\alpha}_1$，$\boldsymbol{\alpha}_2$，…，$\boldsymbol{\alpha}_m$，$\boldsymbol{\beta}$，如果有一组数，k_1，k_2，…，k_m，使得

$$\boldsymbol{\beta}=k_1\boldsymbol{\alpha}_1+k_2\boldsymbol{\alpha}_2+\cdots+k_m\boldsymbol{\alpha}_m$$

则称$\boldsymbol{\beta}$是$\boldsymbol{\alpha}_1$，$\boldsymbol{\alpha}_2$，…，$\boldsymbol{\alpha}_m$的线性组合，或称$\boldsymbol{\beta}$由$\boldsymbol{\alpha}_1$，$\boldsymbol{\alpha}_2$，…，$\boldsymbol{\alpha}_m$线性表示，且

称这组数 k_1，k_2，…，k_m 为该线性组合的组合系数.

定理 1 n 维向量 $\boldsymbol{\beta}$ 可由向量组 $\boldsymbol{\alpha}_1$，$\boldsymbol{\alpha}_2$，…，$\boldsymbol{\alpha}_m$ 线性表示的充分必要条件是 $n\times m$ 矩阵 $A=(\boldsymbol{\alpha}_1, \boldsymbol{\alpha}_2, \cdots, \boldsymbol{\alpha}_m)$ 的秩等于 $n\times(m+1)$ 矩阵 $\widetilde{A}=(\boldsymbol{\alpha}_1, \boldsymbol{\alpha}_2, \cdots, \boldsymbol{\alpha}_m, \boldsymbol{\beta})$ 的秩.

【例 3.5.2】 判断向量 $\boldsymbol{\beta}$ 能否由向量组 $\boldsymbol{\alpha}_1$，$\boldsymbol{\alpha}_2$，$\boldsymbol{\alpha}_3$，$\boldsymbol{\alpha}_4$ 线性表示，若能，求出一组组合系数，其中

$$\boldsymbol{\beta}=\begin{pmatrix}1\\0\\0\\1\end{pmatrix},\quad \boldsymbol{\alpha}_1=\begin{pmatrix}1\\0\\1\\1\end{pmatrix},\quad \boldsymbol{\alpha}_2=\begin{pmatrix}1\\2\\3\\1\end{pmatrix},\quad \boldsymbol{\alpha}_3=\begin{pmatrix}0\\1\\2\\0\end{pmatrix},\quad \boldsymbol{\alpha}_4=\begin{pmatrix}2\\-1\\0\\1\end{pmatrix}$$

解

$$(\boldsymbol{\alpha}_1,\boldsymbol{\alpha}_2,\boldsymbol{\alpha}_3,\boldsymbol{\alpha}_4,\boldsymbol{\beta})=\begin{pmatrix}1&1&0&2&1\\0&2&1&-1&0\\1&3&2&0&0\\1&1&0&1&1\end{pmatrix}$$

$$\xrightarrow[r_4-r_1]{r_3-r_1}\begin{pmatrix}1&1&0&2&1\\0&2&1&-1&0\\0&2&2&-2&-1\\0&0&0&-1&0\end{pmatrix}\xrightarrow{r_3-r_2}\begin{pmatrix}1&1&0&2&1\\0&2&1&-1&0\\0&0&1&-1&-1\\0&0&0&-1&0\end{pmatrix}$$

$$\xrightarrow{(-1)r_4}\begin{pmatrix}1&1&0&2&1\\0&2&1&-1&0\\0&0&1&-1&1\\0&0&0&1&0\end{pmatrix}\xrightarrow[\substack{r_2-r_4\\ r_1-2r_4}]{r_3+r_4}\begin{pmatrix}1&1&0&0&1\\0&2&1&0&0\\0&0&1&0&-1\\0&0&0&1&0\end{pmatrix}$$

$$\xrightarrow{r_2-r_3}\begin{pmatrix}1&1&0&0&1\\0&2&0&0&1\\0&0&1&0&-1\\0&0&0&1&0\end{pmatrix}\xrightarrow{\frac{1}{2}r_2}\begin{pmatrix}1&1&0&0&1\\0&1&0&0&1/2\\0&0&1&0&-1\\0&0&0&1&0\end{pmatrix}$$

$$\xrightarrow{r_1-r_2}\begin{pmatrix}1&0&0&0&1/2\\0&1&0&0&1/2\\0&0&1&0&-1\\0&0&0&1&0\end{pmatrix}$$

由此得

$$R(\boldsymbol{\alpha}_1, \boldsymbol{\alpha}_2, \boldsymbol{\alpha}_3, \boldsymbol{\alpha}_4, \boldsymbol{\beta})=R(\boldsymbol{\alpha}_1, \boldsymbol{\alpha}_2, \boldsymbol{\alpha}_3, \boldsymbol{\alpha}_4)=4$$

所以$\boldsymbol{\beta}$可由$\boldsymbol{\alpha}_1$，$\boldsymbol{\alpha}_2$，$\boldsymbol{\alpha}_3$，$\boldsymbol{\alpha}_4$线性表出，且$\boldsymbol{\beta}=\frac{1}{2}\boldsymbol{\alpha}_1+\frac{1}{2}\boldsymbol{\alpha}_2-\boldsymbol{\alpha}_3+0\cdot\boldsymbol{\alpha}_4$表示法唯一.

3.5.2.2　线性相关与线性无关

定义 3　给定 m 个向量$\boldsymbol{\alpha}_1$，$\boldsymbol{\alpha}_2$，…，$\boldsymbol{\alpha}_m$，若存一组不全为零的数 k_1，k_2，…，k_m，使

$$k_1\boldsymbol{\alpha}_1+k_2\boldsymbol{\alpha}_2+\cdots+k_m\boldsymbol{\alpha}_m=\mathbf{0}$$

则称向量组$\boldsymbol{\alpha}_1$，$\boldsymbol{\alpha}_2$，…，$\boldsymbol{\alpha}_m$线性相关；否则就称向量组$\boldsymbol{\alpha}_1$，$\boldsymbol{\alpha}_2$，…，$\boldsymbol{\alpha}_m$线性无关.

定理 2　关于向量组$\boldsymbol{\alpha}_1$，$\boldsymbol{\alpha}_2$，…，$\boldsymbol{\alpha}_m$，设矩阵 $A=(\boldsymbol{\alpha}_1, \boldsymbol{\alpha}_2, \cdots, \boldsymbol{\alpha}_m)$，若 $R(A)=m$，则向量组$\boldsymbol{\alpha}_1$，$\boldsymbol{\alpha}_2$，…，$\boldsymbol{\alpha}_m$线性无关；若 $R(A)<m$，则向量组$\boldsymbol{\alpha}_1$，$\boldsymbol{\alpha}_2$，…，$\boldsymbol{\alpha}_m$线性相关.

定理 3　若 n 维向量的向量组中向量的个数超过 n，该向量组一定线性相关.

【例 3.5.3】　判断下列向量组是线性相关还是线性无关.

（1）$\boldsymbol{\alpha}_1=(2, 3, 4, 1)^{\mathrm{T}}$，$\boldsymbol{\alpha}_2=(-2, 1, -1, 4)^{\mathrm{T}}$，$\boldsymbol{\alpha}_3=(4, -6, 1, 2)^{\mathrm{T}}$，$\boldsymbol{\alpha}_4=(9, 7, -2, 1)^{\mathrm{T}}$，$\boldsymbol{\alpha}_5=(-5, -4, -2, 0)^{\mathrm{T}}$.

（2）$\boldsymbol{\alpha}_1=(1, -3, 2, 0)^{\mathrm{T}}$，$\boldsymbol{\alpha}_2=(2, 3, 4, -1)^{\mathrm{T}}$，$\boldsymbol{\alpha}_3=(4, 2, 5, -2)^{\mathrm{T}}$.

（3）$\boldsymbol{\alpha}_1=(1, -1, 2, 4)^{\mathrm{T}}$，$\boldsymbol{\alpha}_2=(0, 3, 1, 2)^{\mathrm{T}}$，$\boldsymbol{\alpha}_3=(3, 0, 7, 14)^{\mathrm{T}}$，$\boldsymbol{\alpha}_4=(1, 2, 3, -4)^{\mathrm{T}}$.

解　（1）由定理 3，若 n 维向量的向量组中向量的个数超过 n，该向量组一定线性相关. 所以，这 5 个四维向量一定是线性相关的.

（2）

$$A=\begin{pmatrix}1&2&4\\-3&3&2\\2&4&5\\0&-1&-2\end{pmatrix}\xrightarrow[r_3-2r_1]{r_2+3r_1}\begin{pmatrix}1&2&4\\0&9&14\\0&0&-3\\0&1&2\end{pmatrix}\xrightarrow{r_2\leftrightarrow r_4}\begin{pmatrix}1&2&9\\0&1&2\\0&0&-3\\0&9&14\end{pmatrix}$$

$$\xrightarrow{r_4-9r_2}\begin{pmatrix}1&2&4\\0&1&2\\0&0&-3\\0&0&-4\end{pmatrix}\xrightarrow{r_4+(-4/3)r_3}\begin{pmatrix}1&2&4\\0&1&2\\0&0&-3\\0&0&0\end{pmatrix}$$

因为 $R(A)=3$，所以$\boldsymbol{\alpha}_1$，$\boldsymbol{\alpha}_2$，$\boldsymbol{\alpha}_3$线性无关.

（3）

$$A=\begin{pmatrix}1&0&3&1\\-1&3&0&2\\2&1&7&3\\4&2&14&-4\end{pmatrix}\xrightarrow[\substack{r_3-2r_1\\r_4-4r_1}]{r_2+r_1}\begin{pmatrix}1&0&3&1\\0&3&3&3\\0&1&1&1\\0&2&2&-8\end{pmatrix}\xrightarrow{r_2\leftrightarrow r_3}\begin{pmatrix}1&0&3&1\\0&1&1&1\\0&3&3&3\\0&2&2&-8\end{pmatrix}$$

$$\xrightarrow[r_4-2r_2]{r_3-3r_2}\begin{pmatrix}1&0&3&1\\0&1&1&1\\0&0&0&0\\0&0&0&-10\end{pmatrix}\xrightarrow{r_3\leftrightarrow r_4}\begin{pmatrix}1&0&3&1\\0&1&1&1\\0&0&0&-10\\0&0&0&0\end{pmatrix}$$

因为 $R(A)=3<4$，所以$\boldsymbol{\alpha}_1$，$\boldsymbol{\alpha}_2$，$\boldsymbol{\alpha}_3$，$\boldsymbol{\alpha}_4$线性相关.

【例 3.5.4】 设四维向量组$\boldsymbol{\alpha}_1=(a_1，a_2，a_3，a_4)^{\mathrm{T}}$，$\boldsymbol{\alpha}_2=(b_1，b_2，b_3，b_4)^{\mathrm{T}}$，$\boldsymbol{\alpha}_3=(c_1，c_2，c_3，c_4)^T$线性无关，试证明：在每个向量中添加一个分量，得到的五维向量组

$$\boldsymbol{\beta}_1=(a_1，a_2，a_3，a_4，a_5)^{\mathrm{T}}$$

$$\boldsymbol{\beta}_2=(b_1，b_2，b_3，b_4，b_5)^{\mathrm{T}}$$

$$\boldsymbol{\beta}_3=(c_1，c_2，c_3，c_4，c_5)^{\mathrm{T}}$$

也线性无关.

证 由 $k_1\boldsymbol{\beta}_1+k_2\boldsymbol{\beta}_1+k_3\boldsymbol{\beta}_3=\mathbf{0}$ 得

$$\begin{cases}k_1a_1+k_2b_1+k_3c_1=0\\k_1a_2+k_2b_2+k_3c_2=0\\k_1a_3+k_2b_3+k_3c_3=0\\k_1a_4+k_2b_4+k_3c_4=0\\k_1a_5+k_2b_5+k_3c_5=0\end{cases}$$

由前 4 个方程得

$$k_1\boldsymbol{\alpha}_1+k_2\boldsymbol{\alpha}_2+k_3\boldsymbol{\alpha}_3=0$$

因$\boldsymbol{\alpha}_1$，$\boldsymbol{\alpha}_2$，$\boldsymbol{\alpha}_3$线性无关，所以 $k_1=k_2=k_3=0$，故$\boldsymbol{\beta}_1$，$\boldsymbol{\beta}_2$，$\boldsymbol{\beta}_3$线性无关.

用同样的方法可以把此结论推广到一般情形，即有：

定理 4 若 n 维向量组$\boldsymbol{\alpha}_1$，$\boldsymbol{\alpha}_2$，…，$\boldsymbol{\alpha}_s$线性无关，则在每个向量中添加 m 个分量，得到的 $n+m$ 维向量组$\boldsymbol{\beta}_1$，$\boldsymbol{\beta}_2$，…，$\boldsymbol{\beta}_s$也线性无关.

定理 5 若一个向量组的部分向量线性相关，则这个向量组也线性相关.

证 设有向量$\boldsymbol{\alpha}_1$，$\boldsymbol{\alpha}_2$，…，$\boldsymbol{\alpha}_s$，无妨设$\boldsymbol{\alpha}_1$，$\boldsymbol{\alpha}_2$，…，$\boldsymbol{\alpha}_t$ $(t<s)$线性相关，由定义 3 知，有一组不全为零的数 k_1，k_2，…，k_t，使得

$$k_1\boldsymbol{\alpha}_1+k_2\boldsymbol{\alpha}_2+\cdots+k_t\boldsymbol{\alpha}_t=0$$

从而有

$$k_1\boldsymbol{\alpha}_1+k_2\boldsymbol{\alpha}_2+\cdots+k_t\boldsymbol{\alpha}_t+0\cdot\boldsymbol{\alpha}_{t+1}+\cdots+0\cdot\boldsymbol{\alpha}_s=0$$

因为 k_1，k_2，…，k_t 不全为零，所以 k_1，k_2，…，k_t，0，…，0 也不全为零，所以 $\boldsymbol{\alpha}_1$，$\boldsymbol{\alpha}_2$，…，$\boldsymbol{\alpha}_s$ 线性相关.

定理 6 若向量组 $\boldsymbol{\alpha}_1$，$\boldsymbol{\alpha}_2$，…，$\boldsymbol{\alpha}_s$ 中每一个向量都可由向量组 $\boldsymbol{\beta}_1$，$\boldsymbol{\beta}_2$，…，$\boldsymbol{\beta}_t$ 线性表出，且 $t<s$，则向量组 $\boldsymbol{\alpha}_1$，$\boldsymbol{\alpha}_2$，…，$\boldsymbol{\alpha}_s$ 一定线性相关.

证明 由条件设

$$\boldsymbol{\alpha}_{\mathrm{i}}=a_{1i}\boldsymbol{\beta}_1+a_{2i}\boldsymbol{\beta}_i+\cdots+a_{ti}\boldsymbol{\beta}_t \quad (i=1，2，\cdots，s)$$

于是

$$k_1\boldsymbol{\alpha}_1+k_2\boldsymbol{\alpha}_2+\cdots+k_t\boldsymbol{\alpha}_s=k_1(a_{11}\boldsymbol{\beta}_1+a_{21}\boldsymbol{\beta}_2+\cdots+a_{t\mathrm{i}}\boldsymbol{\beta}_t)+k_2(a_{12}\boldsymbol{\beta}_1+a_{22}\boldsymbol{\beta}_2+\cdots+a_{t2}\boldsymbol{\beta}_t)$$
$$+\cdots+k_s(a_{1s}\boldsymbol{\beta}_1+a_{2s}\boldsymbol{\beta}_2+\cdots+a_{ts}\boldsymbol{\beta}_t)$$

只要 k_1，k_2，…，k_s 满足齐次线性方程组

$$\begin{cases} a_{11}k_1+a_{12}k_2+\cdots+a_{1s}k_s=0 \\ a_{21}k_1+a_{22}k_2+\cdots+a_{2s}k_s=0 \\ \qquad\qquad\cdots \\ a_{t1}k_1+a_{t2}k_2+\cdots+a_{ts}k_s=0 \end{cases}$$

就有

$$k_1\boldsymbol{\alpha}_1+k_2\boldsymbol{\alpha}_2+\cdots+k_{\mathrm{s}}\boldsymbol{\alpha}_s=0$$

而上面齐次线性方程组只有 t 个方程，故系数矩阵的秩必不超过 t（$t<s$），即上面齐次线性方程组一定有非零解，所以 $\boldsymbol{\alpha}_1$，$\boldsymbol{\alpha}_2$，…，$\boldsymbol{\alpha}_s$ 一定线性相关.

习 题 3.5

1．判断向量 $\boldsymbol{\beta}$ 能否由向量组 $\boldsymbol{\alpha}_1$，$\boldsymbol{\alpha}_2$，$\boldsymbol{\alpha}_3$ 线性表出，若能，写出一种表出方式.

（1）$\boldsymbol{\beta}=(8，3，-1，-25)^{\mathrm{T}}$，　$\boldsymbol{\alpha}_1=(-1，3，0，-5)^{\mathrm{T}}$，
$\boldsymbol{\alpha}_2=(2，0，7，-3)^{\mathrm{T}}$，　$\boldsymbol{\alpha}_3=(-4，1，-2，6)^{\mathrm{T}}$.

（2）$\boldsymbol{\beta}=(-8，-3，7，-10)^{\mathrm{T}}$，　$\boldsymbol{\alpha}_1=(-2，7，1，3)^{\mathrm{T}}$，
$\boldsymbol{\alpha}_2=(3，-5，0，-2)^{\mathrm{T}}$，　$\boldsymbol{\alpha}_3=(-5，-6，3，-1)^{\mathrm{T}}$.

（3）$\boldsymbol{\beta}=(2，-30，13，-26)^{\mathrm{T}}$，　$\boldsymbol{\alpha}_1=(3，-5，2，-4)^{\mathrm{T}}$，
$\boldsymbol{\alpha}_2=(-1，7，-3，6)^{\mathrm{T}}$，　$\boldsymbol{\alpha}_3=(3，11，-5，10)^{\mathrm{T}}$.

2．试证明：任一四维向量 $\boldsymbol{\beta}=(a_1，a_2，a_3，a_4)^{\mathrm{T}}$ 都可以由向量组
$\boldsymbol{\alpha}_1=(1，0，0，0)^{\mathrm{T}}$，　$\boldsymbol{\alpha}_2=(1，1，0，0)^{\mathrm{T}}$，　$\boldsymbol{\alpha}_3=(1，1，1，0)^{\mathrm{T}}$，
$\boldsymbol{\alpha}_4=(1，1，1，1)^{\mathrm{T}}$ 线性表出，并且表出方式只有一种，写出这种表出方式.

3．判断下列向量组是否线性相关：

（1）$\boldsymbol{\alpha}_1=(1,\ 2,\ -1,\ 4)^{\mathrm{T}}$，$\boldsymbol{\alpha}_2=(9,\ 10,\ 10,\ 4)^{\mathrm{T}}$，$\boldsymbol{\alpha}_3=(-2,\ -4,\ 2,\ -8)^{\mathrm{T}}$；

（2）$\boldsymbol{\alpha}_1=(1,\ 1,\ 0)^{\mathrm{T}}$，$\boldsymbol{\alpha}_2=(0,\ 2,\ 0)^{\mathrm{T}}$，$\boldsymbol{\alpha}_3=(0,\ 0,\ 3)^{\mathrm{T}}$；

（3）$\boldsymbol{\alpha}_1=(1,\ 2,\ 1,\ 3)^{\mathrm{T}}$，$\boldsymbol{\alpha}_2=(4,\ -1,\ -5,\ 6)^{\mathrm{T}}$，

$\boldsymbol{\alpha}_3=(1,\ -3,\ -4,\ -7)^{\mathrm{T}}$，$\boldsymbol{\alpha}_4=(2,\ 1,\ -1,\ 0)^{\mathrm{T}}$.

4. 设$\boldsymbol{\beta}_1=\boldsymbol{\alpha}_1$，$\boldsymbol{\beta}_2=\boldsymbol{\alpha}_1+\boldsymbol{\alpha}_2$，…，$\boldsymbol{\beta}_r=\boldsymbol{\alpha}_1+\boldsymbol{\alpha}_2+\cdots+\boldsymbol{\alpha}_r$，且向量组$\boldsymbol{\alpha}_1$，$\boldsymbol{\alpha}_2$，…，$\boldsymbol{\alpha}_r$线性无关，试证明向量组$\boldsymbol{\beta}_1$，$\boldsymbol{\beta}_2$，…，$\boldsymbol{\beta}_r$线性无关.

5. 证明$\boldsymbol{\alpha}_1+\boldsymbol{\alpha}_2$，$\boldsymbol{\alpha}_2+\boldsymbol{\alpha}_3$，$\boldsymbol{\alpha}_3+\boldsymbol{\alpha}_1$线性无关的充分必要条件是$\boldsymbol{\alpha}_1$，$\boldsymbol{\alpha}_2$，$\boldsymbol{\alpha}_3$线性无关.

3.6 线性方程组解的结构

3.6.1 极大线性无关组

3.6.1.1 向量组的等价关系

定义 1 设有两个向量组：

$$A=\{\boldsymbol{\alpha}_1,\ \boldsymbol{\alpha}_2,\ \cdots,\ \boldsymbol{\alpha}_r\},\qquad B=\{\boldsymbol{\beta}_1,\ \boldsymbol{\beta}_2,\ \cdots,\ \boldsymbol{\beta}_s\}$$

如果向量组A中的每个向量都能由向量组B中的向量线性表出，则称**向量组A能由向量组B线性表示**. 如果向量组A能由向量组B线性表示，且向量组B也能由向量组A线性表示，则称**向量组A与向量组B等价**.

向量组之间的等价关系具有下面三条性质：

（1）**反身性**：向量组A与向量组A等价.

（2）**对称性**：若向量组A与向量组B等价，则B与A等价.

（3）**传递性**：若向量组A与向量组B等价，向量组B与向量组C等价，则向量组A与向量组C等价.

3.6.1.2 极大线性无关组

定义 2 若向量组S中的每一个向量都能被部分向量组$\boldsymbol{\alpha}_1$，$\boldsymbol{\alpha}_2$，…，$\boldsymbol{\alpha}_r$线性表出，且$\boldsymbol{\alpha}_1$，$\boldsymbol{\alpha}_2$，…，$\boldsymbol{\alpha}_r$是线性无关向量组，则称$\boldsymbol{\alpha}_1$，$\boldsymbol{\alpha}_2$，…，$\boldsymbol{\alpha}_r$为向量组S的一个极大线性无关组.

由定义和等价关系性质可知：

（1）向量组S与它的极大线性无关组$\boldsymbol{\alpha}_1$，$\boldsymbol{\alpha}_2$，…，$\boldsymbol{\alpha}_r$等价；

（2）向量组S中的任意两个极大线性无关组等价.

定理 1 对于一个向量组，其所有极大线性无关组所含向量的个数相同.

证明　设$\{\boldsymbol{\alpha}_1, \boldsymbol{\alpha}_2, \cdots, \boldsymbol{\alpha}_s\}$和$\{\boldsymbol{\beta}_1, \boldsymbol{\beta}_2, \cdots, \boldsymbol{\beta}_t\}$都是向量组 S 的极大线性无关组，假设 $S\neq t$，无妨设 $S<t$，因$\{\boldsymbol{\alpha}_1, \boldsymbol{\alpha}_2, \cdots, \boldsymbol{\alpha}_s\}$为向量组 S 的极大线性无关组，所以每一个 $\boldsymbol{\beta}_i\,(i=1, 2, \cdots, t)$都可由 $\boldsymbol{\alpha}_1, \boldsymbol{\alpha}_2, \cdots, \boldsymbol{\alpha}_s$ 线性表出，由 3.5 节定理 6 知 $\boldsymbol{\beta}_1, \boldsymbol{\beta}_2, \cdots, \boldsymbol{\beta}_t$ 线性无关组相矛盾，所以 $S=t$.

定义 3　对于向量组 S，其极大线性无关组所含向量个数称为向量组 S 的秩.

【例 3.6.1】　设向量组 S 为所有 n 维向量组成的集合．容易验证

$$\boldsymbol{e}_1=\begin{pmatrix}1 & 0 & \cdots & 0\end{pmatrix}^{\mathrm{T}},\ \boldsymbol{e}_2=\begin{pmatrix}0 & 1 & \cdots & 0\end{pmatrix}^{\mathrm{T}},\cdots,\boldsymbol{e}_n=\begin{pmatrix}0 & 0 & \cdots & 1\end{pmatrix}^{\mathrm{T}}$$

为向量组 S 的一个极大线性无关组，向量组 S 的秩为 n.

对于只有含有限个向量的向量组 S：$\boldsymbol{\alpha}_1, \boldsymbol{\alpha}_2, \cdots, \boldsymbol{\alpha}_m$，它可以构成矩阵 $A=(\boldsymbol{\alpha}_1, \boldsymbol{\alpha}_2, \cdots, \boldsymbol{\alpha}_m)$，容易想到向量组 S 的秩就等于矩阵 A 的秩.

定理 2　矩阵 A 的秩 ＝ 矩阵 A 的列向量组的秩 ＝ 矩阵 A 的行向量组的秩.

因此，求一个含有有限个向量的向量组的秩与极大线性无关组的具体步骤如下：

（1）将这些向量作为矩阵的列构成一个矩阵；

（2）用初等行变换方法，将其化为阶梯形矩阵，则阶梯形矩阵中非零行的数目即为向量组的秩；

（3）首非零元所在列对应的原来的向量组即为极大线性无关组.

【例 3.6.2】　设向量组

$$\boldsymbol{\alpha}_1=\begin{pmatrix}1\\-1\\2\\4\end{pmatrix},\quad \boldsymbol{\alpha}_2=\begin{pmatrix}0\\3\\1\\2\end{pmatrix},\quad \boldsymbol{\alpha}_3=\begin{pmatrix}3\\0\\7\\14\end{pmatrix},\quad \boldsymbol{\alpha}_4=\begin{pmatrix}2\\1\\5\\6\end{pmatrix},\quad \boldsymbol{\alpha}_5=\begin{pmatrix}1\\-1\\2\\0\end{pmatrix}$$

求向量组的秩及其一个极大线性无关组，并将其余向量用极大无关组线性表出.

解　矩阵

$$A=(\boldsymbol{\alpha}_1, \boldsymbol{\alpha}_2, \boldsymbol{\alpha}_3, \boldsymbol{\alpha}_4, \boldsymbol{\alpha}_5)=\begin{pmatrix}1 & 0 & 3 & 2 & 1\\-1 & 3 & 0 & 1 & -1\\2 & 1 & 7 & 5 & 2\\4 & 2 & 14 & 6 & 0\end{pmatrix}$$

$$\xrightarrow[\substack{r_3-2r_1\\ r_4-4r_1}]{r_2+r_2}\begin{pmatrix}1 & 0 & 3 & 2 & 1\\0 & 3 & 3 & 3 & 0\\0 & 1 & 1 & 1 & 0\\0 & 2 & 2 & -2 & -4\end{pmatrix}\xrightarrow{r_2\leftrightarrow r_3}\begin{pmatrix}1 & 0 & 3 & 2 & 1\\0 & 1 & 1 & 1 & 0\\0 & 3 & 3 & 3 & 0\\0 & 2 & 2 & -2 & -4\end{pmatrix}$$

$$\xrightarrow[r_4-2r_2]{r_3-3r_2}\begin{pmatrix}1&0&3&2&1\\0&1&1&1&0\\0&0&0&0&0\\0&0&0&-4&-4\end{pmatrix}\xrightarrow{r_3\leftrightarrow r_4}\begin{pmatrix}1&0&3&2&1\\0&1&1&1&0\\0&0&0&-4&-4\\0&0&0&0&0\end{pmatrix}$$

$$\xrightarrow{r_3\cdot(-\frac{1}{4})}\begin{pmatrix}1&0&3&2&1\\0&1&1&1&0\\0&0&0&1&1\\0&0&0&0&0\end{pmatrix}\xrightarrow[r_3\cdot(-2)+r_1]{r_3\cdot(-1)+r_2}\begin{pmatrix}1&0&3&0&-1\\0&1&1&0&-1\\0&0&0&1&1\\0&0&0&0&0\end{pmatrix}$$

所以$\{\boldsymbol{\alpha}_1, \boldsymbol{\alpha}_2, \boldsymbol{\alpha}_3, \boldsymbol{\alpha}_4, \boldsymbol{\alpha}_5\}$的秩为3，且$\boldsymbol{\alpha}_1$，$\boldsymbol{\alpha}_2$，$\boldsymbol{\alpha}_4$为其中一个极大线性无关组．且有

$$\boldsymbol{\alpha}_3=3\boldsymbol{\alpha}_1+\boldsymbol{\alpha}_2$$

$$\boldsymbol{\alpha}_5=-\boldsymbol{\alpha}_1-\boldsymbol{\alpha}_2+\boldsymbol{\alpha}_4$$

注意：$\boldsymbol{\alpha}_1$，$\boldsymbol{\alpha}_2$，$\boldsymbol{\alpha}_4$只是其中一个极大无关组，本题也可选$\boldsymbol{\alpha}_1$，$\boldsymbol{\alpha}_2$，$\boldsymbol{\alpha}_5$，$\boldsymbol{\alpha}_1$，$\boldsymbol{\alpha}_3$，$\boldsymbol{\alpha}_4$，$\boldsymbol{\alpha}_1$，$\boldsymbol{\alpha}_3$，$\boldsymbol{\alpha}_5$作为极大无关组．

3.6.2 线性方程组解的结构

3.6.2.1 齐次线性方程组解的结构

齐次线性方程组

$$\begin{cases}a_{11}x_1+a_{12}x_2+\cdots+a_{1n}x_n=0\\a_{21}x_1+a_{22}x_2+\cdots+a_{2n}x_n=0\\\qquad\cdots\\a_{m1}x_1+a_{m2}x_2+\cdots+a_{mn}x_n=0\end{cases}$$

写成矩阵方程为

$$\boldsymbol{AX}=\boldsymbol{0}$$

性质1 $\boldsymbol{X}_1$和$\boldsymbol{X}_2$为$\boldsymbol{AX}=\boldsymbol{0}$的解，则$X_1+\boldsymbol{X}_2$也为$\boldsymbol{AX}=\boldsymbol{0}$的解．

性质2 若$\boldsymbol{X}_1$为$\boldsymbol{AX}=\boldsymbol{0}$的解，则对于任意实数$k$，$k\boldsymbol{X}_1$也为$\boldsymbol{AX}=\boldsymbol{0}$的解．

性质3 若$\boldsymbol{X}_1$，$\boldsymbol{X}_2$，…，$\boldsymbol{X}_s$都是$\boldsymbol{AX}=\boldsymbol{0}$的解，$C_1,C_2,\cdots,C_s$为任意常数，则这些线性组合$C_1\boldsymbol{X}_1+C_2\boldsymbol{X}_2+\cdots+C_s\boldsymbol{X}_s$也是$\boldsymbol{AX}=\boldsymbol{0}$的解．

性质2表明，如果$\boldsymbol{AX}=\boldsymbol{0}$有非零解，则非零解一定有无穷多个．因方程组的一个解可看作是一个解向量，所以，对$\boldsymbol{AX}=\boldsymbol{0}$的无穷多个解来说，它们构成了一个$n$维解向量组．这个解向量组中，一定存在一个极大无关的解向量组，实际上就是求解向量组的极大无关组．

定义 4　设ξ_1，ξ_2，…，ξ_{n-r}是齐次线性方程组 $\boldsymbol{AX}=\boldsymbol{0}$ 的一组解向量，且满足：

（1）ξ_1，ξ_2，…，ξ_{n-r}线性无关；

（2）齐次线性方程组 $\boldsymbol{AX}=\boldsymbol{0}$ 的任何一个解都可由ξ_1，ξ_2，…，ξ_{n-r}线性表出. 则称ξ_1，ξ_2，…，ξ_{n-r}为齐次方程组 $\boldsymbol{AX}=\boldsymbol{0}$ 的**基础解系**. 而 $C_1\xi_1+C_2\xi_2+\cdots+C_{n-r}\xi_{n-r}$ 为 $\boldsymbol{AX}=\boldsymbol{0}$ 的**通解**，其中 C_1，C_2，…，C_{n-r}为任意实数.

定理 3　如果齐次方程组 $\boldsymbol{AX}=\boldsymbol{0}$ 的未知元个数为 n，系数矩阵 A 的秩 $R(A)=r<n$，那么它一定有基础解系，并且一个基础解系包括$(n-r)$个解向量.

综上所述，得到求齐次线性方程组 $\boldsymbol{AX}=\boldsymbol{0}$ 的解的一般步骤：

（1）把齐次方程组的系数写成矩阵 A；

（2）把 A 通过行初等变换化为阶梯形矩阵；

（3）把阶梯形矩阵中不是首非零元所在列对应的变量作为自由元，共有$(n-r)$个，分别令自由元为 1，其余为 0，求得$(n-r)$个解向量，这$(n-r)$个解向量即构成 $\boldsymbol{AX}=\boldsymbol{0}$ 的基础解系，即ξ_1，ξ_2，…，ξ_{n-r}. 所以 $\boldsymbol{AX}=\boldsymbol{0}$ 的通解为

$$C_1\xi_1+C_2\xi_2+\cdots+C_{n-r}\xi_{n-r}$$

【例 3.6.3】　求齐次线性方程组

$$\begin{cases}x_1-3x_2+x_3-2x_4=0\\-5x_1+x_2-2x_3+3x_4-0\\-x_1-11x_2+2x_3-5x_4=0\\3x_1+5x_2+x_4=0\end{cases}$$

的基础解系和通解.

解

$$A=\begin{pmatrix}1&-3&1&-2\\-5&1&-2&3\\-1&-11&2&-5\\3&5&0&1\end{pmatrix}\xrightarrow[\substack{r_3+r_1\\r_4-3r_1}]{r_2+5r_1}\begin{pmatrix}1&-3&1&-2\\0&-14&3&-7\\0&-14&3&-7\\0&14&-3&7\end{pmatrix}$$

$$\xrightarrow[r_4+r_2]{r_3-r_2}\begin{pmatrix}1&-3&1&-2\\0&-14&3&-7\\0&0&0&0\\0&0&0&0\end{pmatrix}\xrightarrow{(-1/14)r_2}\begin{pmatrix}1&-3&1&-2\\0&1&-3/14&1/2\\0&0&0&0\\0&0&0&0\end{pmatrix}$$

$$\xrightarrow{r_1+3r_2}\begin{pmatrix}1&0&5/14&-1/2\\0&1&-3/14&1/2\\0&0&0&0\\0&0&0&0\end{pmatrix}$$

$$\Rightarrow\begin{cases}x_1+5/14x_3-1/2x_4=0\\x_2-3/14x_3+1/2x_4=0\end{cases}\quad\Rightarrow\begin{cases}x_1=-5/14\,x_3+1/2x_4\\x_2=3/14x_3-1/2x_4\end{cases}$$

取

$$\boldsymbol{\xi}_1=\begin{pmatrix}-5/14\\3/14\\1\\0\end{pmatrix},\qquad\boldsymbol{\xi}_2=\begin{pmatrix}1/2\\-1/2\\0\\1\end{pmatrix}$$

为方程组的基础解系，其通解为

$$x=C_1\boldsymbol{\xi}_1+C_2\boldsymbol{\xi}_2\quad(\text{其中，}C_1\text{，}C_2\text{为任意常数})$$

3.6.2.2 非齐次线性方程组解的结构

对于非齐次线性方程组

$$\begin{cases}a_{11}x_1+a_{12}x_2+\cdots+a_{1n}x_n=b_1\\a_{21}x_1+a_{22}x_2+\cdots+a_{2n}x_n=b_2\\\qquad\cdots\\a_{m1}x_1+a_{m2}x_2+\cdots+a_{mn}x_n=b_m\end{cases}$$

写成矩阵方程的形式为：

$$\boldsymbol{AX}=\boldsymbol{B}$$

对应的齐次线性方程组：

$$\boldsymbol{AX}=\boldsymbol{0}$$

可得出非齐次线方程组 $\boldsymbol{AX}=\boldsymbol{B}$ 解的结构.

性质 4 若 $\boldsymbol{X}_1$，$\boldsymbol{X}_2$ 为 $\boldsymbol{AX}=\boldsymbol{B}$ 的解，则 $\boldsymbol{X}_1-\boldsymbol{X}_2$ 必为 $\boldsymbol{AX}=\boldsymbol{0}$ 的解.

性质 5 若 $\boldsymbol{X}_0$ 为 $\boldsymbol{AX}=\boldsymbol{B}$ 的解，$\overline{X}$ 为 $\boldsymbol{AX}=\boldsymbol{0}$ 的解，则 $\boldsymbol{X}_0+\overline{X}$，必为 $\boldsymbol{AX}=\boldsymbol{B}$ 的解.

定理 4 设有非齐次线性方程组 $\boldsymbol{AX}=\boldsymbol{B}$，满足 $R(A)=R(\widetilde{A})=r<n$，$\boldsymbol{X}_0$ 为 $\boldsymbol{AX}=\boldsymbol{B}$ 的一个特解，$\boldsymbol{\xi}_1$，$\boldsymbol{\xi}_2$，…，$\boldsymbol{\xi}_{n-r}$ 为 $\boldsymbol{AX}=\boldsymbol{0}$ 的基础解系，则线性方程组 $\boldsymbol{AX}=\boldsymbol{B}$ 的所有解都可以表示为下列形式：

$$\boldsymbol{X}=\boldsymbol{X}_0+C_1\boldsymbol{\xi}_1+C_2\boldsymbol{\xi}_2+\cdots+C_{n-r}\,\boldsymbol{\xi}_{n-r}$$

其中，C_1，C_2，…，C_{n-r} 为任意数.

在实际求解时，我们可以用初等行变换的方法同时把特解和齐次线性方程组的基础解系都求出来.

求非齐次方程组 $\boldsymbol{AX}=\boldsymbol{B}$（其中 A 为 $m\times n$ 矩阵）通解如下：

（1）将增广矩阵 $\widetilde{A}$ 施行行初等变换，化为阶梯形矩阵；

（2）当 $R(A)=R(\widetilde{A})=r<n$ 时，把不是首非零元所在列对应的 $n-r$ 个变量作为自由元；

（3）令所有自由元为零，求得 $\boldsymbol{AX}=\boldsymbol{B}$ 的一个特解 $\boldsymbol{X}_0$；

（4）不计最后一列，分别令一个自由元为 1，其余自由元为 0，得到 $\boldsymbol{AX}=\boldsymbol{0}$ 的基础解系 ξ_1，ξ_2，…，ξ_{n-r}，写出非齐次线性方程组 $\boldsymbol{AX}=\boldsymbol{B}$ 的通解：

$$\boldsymbol{X}=\boldsymbol{X}_0+C_1\xi_1+C_2\xi_2+\cdots+C_{n-r}\xi_{n-r}$$

其中，C_1，C_2，…，C_{n-r} 为任意数.

【例 3.6.4】 求下列线性方程组的通解.

$$\begin{cases} x_1+x_2+x_3+x_4+x_5=7 \\ 3x_1+2x_2+x_3+x_4-3x_5=-2 \\ x_2+2x_3+2x_4+6x_5=23 \\ 5x_1+4x_2+3x_3+3x_4-5x_5=12 \end{cases}$$

解

$$\widetilde{A}=(A|B)=\begin{pmatrix} 1 & 1 & 1 & 1 & 1 & 7 \\ 3 & 2 & 1 & 1 & -3 & -2 \\ 0 & 1 & 2 & 2 & 6 & 23 \\ 5 & 4 & 3 & 3 & -5 & 12 \end{pmatrix} \xrightarrow[r_4-5r_1]{r_2-3r_1} \begin{pmatrix} 1 & 1 & 1 & 1 & 1 & 7 \\ 0 & -1 & -2 & -2 & -6 & -23 \\ 0 & 1 & 2 & 2 & 6 & 23 \\ 0 & -1 & -2 & -2 & -10 & -23 \end{pmatrix}$$

$$\xrightarrow[\substack{r_3+r_2 \\ r_4-r_2}]{r_1+r_2} \begin{pmatrix} 1 & 0 & -1 & -1 & -5 & -16 \\ 0 & -1 & -2 & -2 & -6 & -23 \\ 0 & 0 & 0 & 0 & 0 & 0 \\ 0 & 0 & 0 & 0 & -4 & 0 \end{pmatrix} \xrightarrow[\substack{(-1/4)r_4 \\ r_3\leftrightarrow r_4}]{(-1)r_2} \begin{pmatrix} 1 & 0 & -1 & -1 & -5 & -16 \\ 0 & 1 & 2 & 2 & 6 & 23 \\ 0 & 0 & 0 & 0 & 1 & 0 \\ 0 & 0 & 0 & 0 & 0 & 0 \end{pmatrix}$$

$$\xrightarrow[r_1-5r_3]{r_2-6r_3} \begin{pmatrix} 1 & 0 & -1 & -1 & 0 & -16 \\ 0 & 1 & 2 & 2 & 0 & 23 \\ 0 & 0 & 0 & 0 & 1 & 0 \\ 0 & 0 & 0 & 0 & 0 & 0 \end{pmatrix} \Rightarrow \begin{cases} x_1=-16+x_3+x_4 \\ x_2=23-2x_3-2x_4 \\ x_5=0 \end{cases}$$

取

$$\boldsymbol{X}_0=\begin{pmatrix} -16 \\ 23 \\ 0 \\ 0 \\ 0 \end{pmatrix}, \quad \xi_1=\begin{pmatrix} 1 \\ -2 \\ 1 \\ 0 \\ 0 \end{pmatrix}, \quad \xi_2=\begin{pmatrix} 1 \\ -2 \\ 0 \\ 1 \\ 0 \end{pmatrix}$$

故所求通解为

$$X=X_0+C_1\xi_1+C_2\xi_2 \quad （其中，C_1，C_2 为任意常数）$$

习　题　3.6

1．求下列向量组的秩及其一个极大线性无关组，并将其余向量用极大线性无关组线性表出.

（1）$\boldsymbol{\alpha}_1=\begin{pmatrix}6\\4\\1\\-1\\2\end{pmatrix}$，$\boldsymbol{\alpha}_2=\begin{pmatrix}1\\0\\2\\3\\-4\end{pmatrix}$，$\boldsymbol{\alpha}_3=\begin{pmatrix}1\\4\\-9\\-16\\22\end{pmatrix}$，$\boldsymbol{\alpha}_4=\begin{pmatrix}7\\1\\0\\-1\\3\end{pmatrix}$.

（2）$\boldsymbol{\alpha}_1=\begin{pmatrix}1\\1\\1\end{pmatrix}$，$\boldsymbol{\alpha}_2=\begin{pmatrix}1\\1\\0\end{pmatrix}$，$\boldsymbol{\alpha}_3=\begin{pmatrix}1\\0\\0\end{pmatrix}$，$\boldsymbol{\alpha}_4=\begin{pmatrix}1\\-2\\-3\end{pmatrix}$.

2．求下列齐次线性方程的一个基础解系和通解.

$$\begin{cases}x_1+2x_2+3x_3+3x_4+7x_5=0\\3x_1+2x_2+x_3+x_4-3x_5=0\\x_2+2x_3+2x_4+6x_5=0\\5x_1+4x_2+3x_3+3x_4-x_5=0\end{cases}$$

3．求下列非齐次线性方程组的通解.

（1）$\begin{cases}2x_1-3x_2+6x_3-5x_4=3\\4x_1-5x_2-4x_3+x_4=7\\3x_1-4x_2+x_3-2x_4=5\end{cases}$

（2）$\begin{cases}3x_1+x_2-x_3+x_4=-1\\6x_1+2x_2+x_4=1\\9x_1+3x_2+5x_3-x_4=9\end{cases}$

4．设四元非齐次线性方程组的系数矩阵的秩为 3，已知：ξ_1，ξ_2，ξ_3是它的三个解向量，且

$$\xi_1=(2\quad 3\quad 4\quad 5)^{\mathrm{T}},\qquad \xi_2+\xi_3=(1\quad 2\quad 3\quad 4)^{\mathrm{T}}$$

求该方程组的通解.

5．若$\boldsymbol{\alpha}_0$为$A\boldsymbol{X}=\boldsymbol{B}$的解，$\boldsymbol{\alpha}_1$，$\boldsymbol{\alpha}_2$，…，$\boldsymbol{\alpha}_t$为$A\boldsymbol{X}=\boldsymbol{O}$的基础解系，令

$$\boldsymbol{\beta}_1=\boldsymbol{\alpha}_0+\boldsymbol{\alpha}_1，\ \boldsymbol{\beta}_2=\boldsymbol{\alpha}_0+\boldsymbol{\alpha}_2，\ \cdots，\ \boldsymbol{\beta}_t=\boldsymbol{\alpha}_0+\boldsymbol{\alpha}_t$$

证明 $\boldsymbol{AX}=\boldsymbol{B}$ 的任意一个解 $\boldsymbol{X}$ 均可表示为

$$\boldsymbol{X}=\mu_1\boldsymbol{\beta}_1+\mu_2\boldsymbol{\beta}_2+\cdots+\mu_t\boldsymbol{\beta}_t+\mu_0\boldsymbol{\alpha}_0$$

其中，$\mu_0+\mu_1+\mu_2+\cdots+\mu_t=1$.

本章内容精要

1．本章主要内容：行列式的概念与性质，矩阵的概念与运算：加、减，数乘，矩阵与矩阵的乘法，矩阵的行初等变换，求逆矩阵及矩阵的秩；向量的相关性概念及判别，克莱姆法则与高斯消元法解线性方程组，线性方程组解的结构.

2．正确理解余子式和代数余子式的概念，熟练掌握行列式的性质及行列式的计算方法：化成上（下）三角行列式法；按某行（列）降阶展开法；递推法；加边法等.

3．矩阵的加法、乘法、数乘、转置的定义及运算规律．注意矩阵的运算与数的运算的不同之处．正确理解和掌握可逆矩阵：逆矩阵的定义，可逆矩阵的性质与求法（伴随矩阵法、行初等变换法）；熟练掌握矩阵的行初等变换，并会求矩阵的秩和逆矩阵.

4．正确理解线性方程组的相容性定理，熟练掌握高斯消元法解线性方程组；理解 n 维向量的定义及线性表出的定义及判断，掌握向量组的线性相关与线性无关的定义及判定，会求极大线性无关组并会用极大无关组将其余向量线性表出.

5．求解线性方程组解：

（1）求齐次线性方程组 $\boldsymbol{AX}=\boldsymbol{0}$ 的解的一般步骤：

① 把齐次方程组的系数写成矩阵 A；

② 把 A 通过行初等变换化为阶梯形矩阵；

③ 把阶梯形矩阵中不是首非零元所在列对应的变量作为自由元，共有$(n-r)$个，分别令自由元为 1，其余为 0，求得$(n-r)$个解向量，这$(n-r)$个解向量即构成 $\boldsymbol{AX}=\boldsymbol{0}$ 的基础解系，即ξ_1，ξ_2，…，ξ_{n-r}.

$\boldsymbol{AX}=\boldsymbol{0}$ 的通解为 $C_1\xi_1+C_2\xi_2+\cdots+C_{n-r}\xi_{n-r}$.

（2）求非齐次方程组 $\boldsymbol{AX}=\boldsymbol{B}$（其中 A 为 $m\times n$ 矩阵）通解如下：

① 将增广矩阵 $\widetilde{A}$ 施行行初等变换，化为阶梯形矩阵；

② 当 $R(A)=R(\widetilde{A})=r<n$ 时，把不是首非零元所在列对应的 $n-r$ 个变量作为自由元；

③ 令所有自由元为 0，求得 $\boldsymbol{AX}=\boldsymbol{B}$ 的一个特解 $\boldsymbol{X}_0$；

④ 不计最后一列，分别令一个自由元为 1，其余自由元为 0，得到 $\boldsymbol{AX}=\boldsymbol{0}$ 的基础解系，即ξ_1，ξ_2，…，ξ_{n-r}，写出非齐次线性方程组 $\boldsymbol{AX}=\boldsymbol{B}$ 的通解：

$$\boldsymbol{X}=\boldsymbol{X}_0+C_1\xi_1+C_2\xi_2+\cdots+C_{n-r}\xi_{n-r}\quad（C_1，C_2，\cdots，C_{n-r}\text{ 为任意常数}）$$

自我测试题

一、单项选择题

1．设 A，B 均为 n 阶方阵，则必有（　　）.

（A）$\det(A+B)=\det A+\det B$　（B）$\det(AB)=\det(BA)$

（C）$(A+B)^{\mathrm{T}}=A+B$　（D）$(AB)^{\mathrm{T}}=A^{\mathrm{T}}B^{\mathrm{T}}$

2．设 A，B，C 均为 n 阶方阵，且 A 可逆，则（　　）必成立.

（A）若 $AC=BC$，　则 $A=B$

（B）若 $BC=0$，　则 $B=0$，　或 $C=0$

（C）若 $AB=AC$，　则 $B=C$

（D）若 $AB=CA$，　则 $B=C$

3．设有矩阵 $A_{m\times n}$，$B_{m\times s}$，$C_{s\times \mathrm{m}}$，则下列运算有意义的是（　　）.

（A）ABC　（B）$(A+B)\ C$

（C）$A^{\mathrm{T}}\ (B+C^{\mathrm{T}})$　（D）BCA^{T}

4. 设$\boldsymbol{\alpha}_1$, $\boldsymbol{\alpha}_2$, $\boldsymbol{\alpha}_3$, $\boldsymbol{\alpha}_4$是一组 n 维向量，其中，$\boldsymbol{\alpha}_1$, $\boldsymbol{\alpha}_2$, $\boldsymbol{\alpha}_3$线性相关，则（　　）.

（A）$\boldsymbol{\alpha}_1$，$\boldsymbol{\alpha}_2$，$\boldsymbol{\alpha}_3$中必有零向量

（B）$\boldsymbol{\alpha}_1$，$\boldsymbol{\alpha}_2$必线性相关

（C）$\boldsymbol{\alpha}_2$，$\boldsymbol{\alpha}_3$必线性无关

（D）$\boldsymbol{\alpha}_1$，$\boldsymbol{\alpha}_2$，$\boldsymbol{\alpha}_3$，$\boldsymbol{\alpha}_4$必线性相关

5．若 n 维向量组$\boldsymbol{\alpha}_1$，$\boldsymbol{\alpha}_2$，…，$\boldsymbol{\alpha}_m$线性无关，则（　　）.

（A）组中增加一个向量后也线性无关

（B）组中去掉一个向量后仍线性无关

（C）组中只有一个分量后仍线性无关

（D）$m>n$

6．若 $m\times n$ 矩阵 A 的秩 $r<n$，则方程组 $\boldsymbol{AX}=\boldsymbol{0}$ 的基础解系所含向量个数等于（　　）.

（A）r　（B）$m-r$　（C）$n-r$　（D）$r-n$

7．说 A 为 n 阶可逆方阵，则$(A^*)^{-1}=$（　　）.

（A）$\dfrac{1}{\det A}A^*$　（B）$\dfrac{1}{\det A}A$　（C）$\det(A^{-1})A^{-1}$　（D）$\dfrac{1}{\det(A^*)}A$

二、填空题

1．$\begin{pmatrix} a_1 & a_2 & a_3 \\ b_1 & b_2 & b_3 \end{pmatrix}\begin{pmatrix} 0 & 2 & 3 \\ 4 & 0 & -1 \\ 5 & -2 & 0 \end{pmatrix}=$__________.

2．设 A 为 3 阶方阵．$\det A=-3$，则 $\det(-2A)=$ ____________．

3．设 A,B 均为 3 阶方阵 $\det A=3$，$\det B=-2$，则 $\det(-2A^TB^{-1})=$____________．

4．$\begin{pmatrix} 0 & 2 & 0 \\ 0 & 0 & 3 \\ 4 & 0 & 0 \end{pmatrix}^{-1}=$____________．

5．矩阵 $A=\begin{pmatrix} 2 & 3 & 0 & -1 & 0 \\ 3 & 1 & 5 & -4 & 2 \\ 0 & 7 & -10 & 5 & -4 \end{pmatrix}$ 的秩等于_________．

6．n 元齐次线性方程组 $AX=0$ 存在非零解的充要条件是_________．

7．x_1，x_2 都是齐次线性方程 $AX=0$ 的解向量，则 $A（3x_1-4x_2）=$_______．

8．若向量组$\alpha_1=(1,0,0)^T$，$\alpha_2=(2,2,4)^T$，$\alpha_3=(1,3,t)^T$ 线性相关，则 $t=$_______．

9．若α_1，α_2 线性无关，而α_1，α_2，α_3 线性相关，则α_1，$2\alpha_2$，$3\alpha_3$ 的极大线性无关组为_______．

10．如果 n 阶方阵 A 的行列式不等于零，则 A 的列向量组_________．

三、计算题

1．已知矩阵 A 满足：$A\begin{pmatrix} 2 & 5 \\ 1 & 3 \end{pmatrix}=\begin{pmatrix} -1 & 0 \\ 0 & 8 \end{pmatrix}$，求矩阵 A．

2．计算 $\det\begin{pmatrix} a & 1 & 1 & 1 \\ 1 & a & 1 & 1 \\ 1 & 1 & a & 1 \\ 1 & 1 & 1 & a \end{pmatrix}$．

3．若向量组$\alpha_1=(1，1，2，-2)^T$，$\alpha_2=(1，-1，6，0)^T$，$\alpha_3=(1，3，-x，-2x)^T$ 的秩为 2，求 x 的值．

4．求下列向量组的一个极大线性无关组，并用极大线性无关组线性表示出其余向量．

$$\alpha_1=(2，1，3，1)^T,\qquad \alpha_2=(1，2，0，1)^T,$$
$$\alpha_3=(-1，1，-3，0)^T,\qquad \alpha_4=(1，1，1，1)^T.$$

5．求下列方程组的通解．

$$\begin{cases} x_1-x_2+2x_4=0 \\ 3x_1+2x_2-x_3+x_4=1 \\ 2x_1+3x_2-x_3-x_4=1 \\ x_1+4x_2-x_3-3x_4=1 \end{cases}$$

四、证明

1．设向量组 α_1，α_2，α_3 线性无关，证明向量组 $\beta_1=\alpha_1+2\alpha_2+3\alpha_3$，

$\boldsymbol{\beta}_2 = 2\boldsymbol{\alpha}_1 + 3\boldsymbol{\alpha}_2 + 4\boldsymbol{\alpha}_3$，$\boldsymbol{\beta}_3 = 4\boldsymbol{\alpha}_3$ 也线性无关.

2. 设 $\boldsymbol{\alpha}_1$，$\boldsymbol{\alpha}_2$，$\boldsymbol{\alpha}_3$ 是齐次线性方程组 $\boldsymbol{AX}=\boldsymbol{0}$ 的基础解系，证明 $\boldsymbol{\beta}_1 = \boldsymbol{\alpha}_1 + \boldsymbol{\alpha}_2$，$\boldsymbol{\beta}_2 = \boldsymbol{\alpha}_2 + \boldsymbol{\alpha}_3$，$\boldsymbol{\beta}_3 = \boldsymbol{\alpha}_3 + \boldsymbol{\alpha}_1$ 也是 $\boldsymbol{AX}=\boldsymbol{0}$ 的基础解系.

数学王子高斯

卡尔·弗里德里希·高斯（Carl Friedrich Gauß 1777—1855），德国数学家、物理学家和天文学家. 他和牛顿、阿基米德被誉为有史以来的三大数学家. 高斯是近代数学奠基者之一，在历史上影响之大，可以和阿基米德、牛顿、欧拉并列，有“数学王子”之称.

高斯幼年时就表现出超人的数学天才. 最出名的故事就是他 10 岁时，小学老师出了一道算术难题：“计算 1＋2＋3…＋100＝？”. 这可难为了初学算术的学生，但是高斯却在几秒后给出正确答案. 高斯 1795 年进入格丁根大学学习，第二年他就发现正十七边形的尺规作图法，并给出可用尺规作出的正多边形的条件，解决了欧几里得以来悬而未决的问题.

高斯的数学研究几乎遍及所有领域，在数论、代数学、非欧几何、复变函数和微分几何等方面都做出了开创性的贡献. 他还把数学应用于天文学、大地测量学和磁学的研究，发明了最小二乘法原理. 高斯的数论研究，总结在《算术研究》(1801）中，这本书奠定了近代数论的基础，它不仅是数论方面的划时代之作，也是数学史上不可多得的经典著作之一. 高斯对代数学的重要贡献是证明了代数基本定理，他的存在性证明开创了数学研究的新途径. 高斯在 1816 年左右就得到非欧几何的原理. 他还深入研究复变函数，建立了一些基本概念，发现了著名的柯西积分定理. 他还发现椭圆函数的双周期性，但这些工作在他生前都没发表出来. 1828 年，高斯出版了《关于曲面的一般研究》，全面系统地阐述了空间曲面的微分几何学，并提出内蕴曲面理论. 高斯的曲面理论后来由黎曼发展. 高斯一生共发表 155 篇论文，他对待学问十分严谨，只是把他自己认为是十分成熟的作品发表出来. 其著作还有《地磁概念》和《论与距离平方成反比的引力和斥力的普遍定律》等.

1801 年,高斯有机会戏剧性地施展他的优势——计算技巧. 那年的元旦，有一个后来被认定为小行星，并被命名为谷神星的天体，被发现时，它好像在向太阳靠近，天文学家虽然有 40 天的时间可以观察它，但是还不能计算出它的轨道. 高斯只作了 3 次观测就提出了一种计算轨道参数的方法，而且达到的精确度使得天文学家在 1801 年末和 1802 年初能够毫无困难地再确定谷神星的位置. 高斯在这一计算方法中用到了他大约在 1794 年创造的最小二乘法（一种可以从特定计算得到最小的方差和中求出最佳估值的方法），在天文学中这一成就立即得到公

认．他在《天体运动理论》中叙述的方法今天仍在使用，只要稍作修改就能适应现代计算机的要求．高斯在小行星“智神星”方面也获得类似的成功．

由于高斯在数学、天文学、大地测量学和物理学中的杰出研究成果，他被选为许多科学院和学术团体的成员．“数学王子”的称号是对他一生恰如其分的赞颂．

数学实验 3　用 MATLAB 解线性代数

【实验目的】

熟悉 MATLAB 软件在线性代数方面的应用方法．

【实验内容】

线性代数是高职数学教学的重要内容，利用 MATLAB 学会求解线性代数的若干应用．

1. 线性代数运算常用的命令格式

利用 MATLAB 求解线性方程常用命令格式如表 M3.1 所示．

表 M3.1

命令格式	含　义
triu(A)	提取矩阵 A 的上三角部分
tril(A)	提取矩阵 A 的下三角部分
zeros(m,n)	生成一个 m 行 n 列的零矩阵
ones(m,n)	生成一个 m 行 n 列元素都是 1 的矩阵
eye(n)	生成一个 n 阶单位矩阵
rand(n)	生成一个 n 阶随机矩阵
inv(A)	求 A^{-1}
A\B	求 $A^{-1}B$
B/A	求 BA^{-1}
A'	A 的转置
A^x	A 的 x 次方
det(A)	A 的行列式
rank(A)	矩阵 A 的秩
rref(A)	将矩阵 A 化为阶梯形
rrefmovie(A)	将矩阵 A 逐步化为阶梯形
trace(A)	矩阵 A 的迹
[v,d]=eig(A)	返回矩阵 A 的特征向量 v 和特征值 d

2. 线性代数运算举例

MATLAB 是以矩阵为基本变量单元的，因此矩阵的输入非常方便. 输入时，矩阵的元素用方括号括起来，行内元素用逗号或空格分隔，各行之间用分号分隔或直接回车.

【例 M3.1】 输入矩阵 $A=\begin{pmatrix}1&2&3&4\\5&6&7&8\end{pmatrix}$.

解 方式一

```
>> A=[1,2,3,4;5,6,7,8]
A =
  1     2     3     4
  5     6     7     8
```

方式二

```
>> A=[1,2,3,4
5,6,7,8]
A =
 1     2     3     4
 5     6     7     8
```

【例 M3.2】 解矩阵方程 $AX=B$，其中 $A=\begin{pmatrix}2&2&3\\1&-1&0\\-1&2&1\end{pmatrix}$，$B=\begin{pmatrix}1&1\\3&-2\\-4&2\end{pmatrix}$.

解

```
>> A=[2,2,3;1,-1,0;-1,2,1];B=[1,1;3,-2;-4,2];
>> X=A\B
X =
   1.0000     3.0000
  -2.0000     5.0000
   1.0000    -5.0000
```

【例 M3.3】 求解齐次线性方程组

$$\begin{cases}x_1+2x_2+x_4-2x_5=0\\2x_1+4x_2+2x_3+2x_4+5x_5=0\\-x_1-2x_2+x_3+3x_4+8x_5=0\\3x_1+6x_2+x_4-2x_5=0\end{cases}.$$

解

```
>> A=[1,2,0,1,-2;2,4,2,2,5;-1,-2,1,3,8;3,6,0,1,-2];
>> rref(A)
ans =
        1     2     0     0     0
```

```
0    0    1    0    0
0    0    0    1    0
0    0    0    0    1
```

所以，原方程组等价于方程组

$$\begin{cases} x_1 + 2x_2 = 0 \\ x_3 = 0 \\ x_4 = 0 \\ x_5 = 0 \end{cases}，即得方程组的解为\begin{cases} x_1 = -2\lambda \\ x_2 = \lambda \\ x_3 = 0 \\ x_4 = 0 \\ x_5 = 0 \end{cases}\quad（\lambda 为任意常数）$$

【例 M3.4】　求非齐次线性方程组

$$\begin{cases} x_1 + x_2 + x_3 + x_4 + x_5 = 7 \\ 3x_1 + 2x_2 + x_3 + x_4 - 3x_5 = -2 \\ x_2 + 2x_3 + 2x_4 + 6x_5 = 23 \\ 5x_1 + 4x_2 + 3x_3 + 3x_4 - 5x_5 = 12 \end{cases}$$

的通解.

解

```
>> A=[1,1,1,1,1,7;3,2,1,1,-3,-2;0,1,2,2,6,23;5,4,3,3,-5,12];
>> r=rref(A);
>> R=sym(r)
```

（注：将矩阵 r 化为符号矩阵）

```
R =
[ 1, 0, -1, -1, 0, -16]
[ 0, 1, 2, 2, 0, 23]
[ 0, 0, 0, 0, 1, 0]
[ 0, 0, 0, 0, 0, 0]
```

于是得方程组的通解为

$$X = C_1\begin{pmatrix} 1 \\ -2 \\ 0 \\ 1 \\ 0 \end{pmatrix} + C_2\begin{pmatrix} 1 \\ -2 \\ 1 \\ 0 \\ 0 \end{pmatrix} + \begin{pmatrix} -16 \\ 23 \\ 0 \\ 0 \\ 0 \end{pmatrix}$$

3. 上机实验

（1）用 help 命令查询 det, inv, rref 等用法.

（2）验算上述例题结果.

（3）自选某些线性代数习题上机练习.

第4章 概率与数理统计初步

知识是珍宝，而实践才是它的钥匙.

——托·富勒

【导读】 概率论与数理统计是研究随机现象统计规律性的数学学科，它是工程数学的重要分支．随机事件及其概率的概念是概率统计的基本概念，把对随机事件及其概率的研究转变为对随机变量及其分布的研究；数理统计是以概率为理论基础，根据观察或实验得到的数据，对研究对象的客观规律性作出各种合理的估计或推断，它有广泛的应用．本章主要介绍随机事件及其概率、随机变量及其常见的概率分布、随机变量的数字特征、数理统计的基本概念、参数估计和假设检验.

【目标】 理解概率的定义，会用古典概率公式、加法公式、乘法公式及事件的独立性计算概率，了解全概率公式及贝叶斯公式；理解随机变量概念，会求分布列、概率密度、分布函数，熟悉几种常见的分布；掌握数字特征的计算，理解统计概念，了解参数估计与假设检验.

4.1 随机事件与概率的定义

4.1.1 随机事件

4.1.1.1 随机事件的概念

自然界中出现的现象，可以分为两大类，一类为**确定性现象**，另一类为**随机现象**．所谓确定性现象，是指在一定条件下必然发生的现象；所谓随机现象，即通常所称的偶然现象，是指在一定条件下可能发生也可能不发生的现象.

就一次实验而言，由于人们事先不能知道会出现哪一种结果，随机现象具有不确定性，但在相同条件下进行大量的重复实验（观测）时，随机现象就会呈现出某种规律性．例如，多次抛掷一枚硬币，就会发现正面朝上的次数与反面朝上的次数几乎相等；一门火炮对某个目标进行多次射击，虽然各次弹着点不完全相同，但是大量炮弹的弹着点表现出一定的规律性．把随机现象的这种规律性称为**统计规律性**.

如果一个试验具有下列三个特征：

（1）可以在相同的条件下重复进行；

（2）每次试验的所有结果都是明确可知的，并且不止一个；

（3）每次试验之前不能预知将会出现哪一个结果.

则称这种试验为**随机试验**（简称试验），通常用字母 E 或 E_1，E_2，…表示.

随机试验 E 中的每一个基本可能结果称为**基本事件或样本点**，记作 ω_1，ω_2，…，所有基本事件组成的集合称为 E 的样本空间，记作 Ω.

在随机试验中，可能发生，也可能不发生的事件称为**随机事件**，简称为事件，用 A，B，C，…表示，也可以用语言描述再加花括弧来表示事件．显然，任何试验的每一个基本事件都是随机事件，它们是最简单的随机事件，而一般的随机事件是由若干个基本事件组成的．在随机试验中，必然会发生的事件叫作**必然事件**，以记号 Ω 表示；必然不会发生的事件叫作**不可能事件**，以记号 ϕ 表示.

4.1.1.2　事件的包含与运算

在随机试验中，有许多事件发生，而这些事件之间又有联系．表 4.1 以两个事件为例列出其关系与运算.

表 4.1

关系与运算	记　法	含　　义
包　含	$B\supset A$ 或 $A\subset B$	事件 A 发生必导致事件 B 发生，称事件 B 包含事件 A
相　等	$A=B$	事件 A 与事件 B 在意义上表示同一事件，称 A 与 B 相等
和（并）事件	$A+B$ 或 $A\cup B$	事件 A 与事件 B 至少有其一发生的事件，称 A 与 B 的和
积（交）事件	AB 或 $A\cap B$	两个事件同时发生的事件，称 A 与 B 的积
差事件	$A-B$	事件 A 发生而事件 B 不发生的事件，称 A 与 B 的差
互不相容（互斥）	$AB=\phi$	事件 A 与事件 B 不能同时发生，称 A 与 B 是互不相容
对立事件(逆事件)	$\bar{A}$	事件 A 与事件 $\bar{A}$ 至少发生一个，又互不相容

说明：

（1）“n 个事件 $A_1,A_2,\cdots,A_n$ 中至少有一个事件发生”可表示为

$$A_1 \cup A_2 \cup \cdots \cup A_n \quad （简记为\bigcup_{i=1}^{n} A_i）$$

或

$$A_1 + A_2 + \cdots + A_n \quad （简记为\sum_{i=1}^{n} A_i）$$

（2）“n 个事件 $A_1, A_2, \cdots, A_n$ 同时发生”可表示为

$$A_1 A_2 \cdots A_n \quad （简记为\prod_{i=1}^{n} A_i）$$

或

$$A_1 \cap A_2 \cap \cdots \cap A_n \quad （简记为\bigcap_{i=1}^{n} A_i）$$

（3）“n 个事件 $A_1, A_2, \cdots, A_n$ 中任意两个事件不可能同时发生”即：$A_i A_j = \varPhi (1 \leqslant i \neq j \leqslant n)$，称这 n 个事件是互不相容，或称这 n 个事件两两互斥.

事件间的运算满足以下运算律（表 4.2）：

表 4.2

交换律	$A+B=B+A$，　$AB=BA$
结合律	$(A+B)+C=A+(B+C)$，　$(AB)C=A(BC)$
分配律	$(A+B)C=AC+BC$，$C(A+B)=CA+CB$
对偶律	$\overline{A+B}=\overline{A}\ \overline{B}$，$\overline{AB}=\overline{A}+\overline{B}$

【例 4.1.1】 甲、乙两人向一目标各射击一次，A={甲击中目标}，B={乙击中目标}，试说明下列各事件的意义：

（1）$A+B$；（2）AB；（3）$\overline{A}$；（4）$\overline{A}\ \overline{B}$；（5）$\overline{A}+\overline{B}$；（6）$\overline{A+B}$；（7）$\overline{AB}$.

解 （1）$A+B$ 表示甲乙两人至少有一人击中目标.

（2）AB 表示甲乙两人都击中目标.

（3）$\overline{A}$ 表示甲未击中目标.

（4）$\overline{A}\ \overline{B}$ 表示甲乙两人都未击中目标.

（5）$\overline{A}+\overline{B}$ 表示甲乙两人至少有一人没有击中目标.

（6）$\overline{A+B}$ 表示甲乙两人都未击中目标.

（7）$\overline{AB}$ 表示甲乙两人至少有一人没有击中目标.

这里可以看出对偶律成立.

【例 4.1.2】 从一批产品中每次取出一个产品进行检验（每次取出的产品不放回），事件 A_1, A_2, A_3 分别表示第一次、第二次、第三次取到合格品. 试用事件的运算表示下列各事件：

（1）三次都取到合格品.

（2）三次中至少有一次取到合格品.

（3）三次中恰有两次取到合格品．

（4）三次中最多有一次取到合格品．

解　（1）三次都取到了合格品：$A_1A_2A_3$．

（2）三次中至少有一次取到了合格品：$A_1+A_2+A_3$．

（3）三次中恰有两次取到合格品：$A_1A_2\overline{A_3}+A_1\overline{A_2}A_3+\overline{A_1}A_2A_3$．

（4）三次中最多有一次取到合格品：$\overline{A_1}\,\overline{A_2}A_3+\overline{A_1}A_2\overline{A_3}+A_1\overline{A_2}\,\overline{A_3}+\overline{A_1}\,\overline{A_2}\,\overline{A_3}$．

4.1.2　概率的定义和性质

4.1.2.1　概率的定义与性质

概率是概率论中最基本的概念．下面给出概率的定义．

定义 1　在一定条件下，设事件 A 在 n 次重复试验中发生 n_A 次，比值 $\dfrac{n_A}{n}$ 称为事件 A 在这 n 次试验中发生的**频率**，当试验次数 n 很大时，事件 A 发生的频率总会在某个确定的数值 p 附近作微小摆动，该数值 p 就称为事件 A 的概率，记为

$$P(A)=p.$$

该定义称为**概率的统计定义**．

具备下面两个特点的随机试验的数学模型称为**古典概型**．

（1）随机试验出现有限个基本事件；

（2）每一个基本事件发生的可能性相同，即每一个基本事件的概率相等．古典概型是概率论发展历史上首先被人们研究的概率模型．

定义 2　设随机试验出现的全部等可能基本事件有 N 个，其中有且仅有 M 个基本事件是包含于随机事件 A 的，则事件 A 所包含的基本事件数 M 与基本事件的总数 N 的比值 $\dfrac{M}{N}$ 称为随机事件 A 的概率，即

$$P(A)=\frac{M}{N}.$$

该定义称为**概率的古典概型定义**．

概率有下列基本性质：

（1）$0\leqslant P(A)\leqslant 1$；　$P(\Omega)=1$；　$P(\Phi)=0$.

（2）若 $AB=\phi$，则 $P(A+B)=P(A)+P(B)$.

特别地：当 n 个事件 $A_1,A_2,\cdots,A_n$ 两两互不相容时，有

$$P(A_1+A_2+\cdots+A_n)=P(A_1)+P(A_2)+\cdots+P(A_n)$$

这一性质称为概率的**有限可加性**．

对于对立事件有

$$P(\overline{A})=1-P(A)$$

4.1.2.2 古典概率计算举例

在古典概率的计算中，需要用到排列、组合的有关知识，望读者认真复习这方面的相关知识.

【例 4.1.3】 一次共发行 10 000 张社会福利奖券，其中有 1 张特等奖，2 张一等奖，10 张二等奖，100 张三等奖，其余的不得奖，问购买一张奖券能中奖的概率是多少?

解 显然，本题 N=10 000，抽到任何一张中奖奖券即为中奖（记为事件 A），有

$$M=1+2+10+100=113$$

于是，所求概率为

$$P(A)=\frac{113}{10\,000}=0.0113$$

【例 4.1.4】 在箱中装有 100 件产品，其中有 3 件次品. 从这箱产品任意抽取 5 件产品，求下列事件的概率：

（1）A={恰有 1 件次品}；

（2）B={没有次品}.

解 （1）从 100 件产品中任意抽取 5 件产品，共有 C_{100}^5 种抽取方法；即基本事件总数 $N=C_{100}^5$. 又

$$A=\{有 1 件次品，4 件正品\}$$

这一事件包含的基本事件可以这样计算：1 件次品从 3 件次品中取得，共有 C_3^1 种取法，有 4 件正品从 97 件正品中取得，共有 C_{97}^4 种取法. 因而，A 包含的基本事件数 $M=C_3^1\times C_{97}^4$. 这样

$$P(A)=\frac{C_3^1\times C_{97}^4}{C_{100}^5}\approx 0.138$$

（2）B={取到 5 件都是正品}.

这一事件包含的基本事件数 $M=C_{97}^5$，所以

$$P(A)=\frac{C_{97}^5}{C_{100}^5}\approx 0.856$$

【例 4.1.5】 一批产品共 100 件，其中次品有 3 件，今从这批产品中接连抽取两次，每次抽取一件，考虑两种情形：

（1）不放回抽取：第一次取 1 件不放回，第二次再抽一件.

（2）放回抽取：第一次取 1 件检查后放回，第二次再抽一件.

试分别就上述两种情况，求第一次抽到正品，第二次抽到次品的概率.

解　（1）采用不放回抽样，由于要考虑 2 件产品取出的顺序，接连两次抽取共有 P_{100}^2 种抽取方法，即 $N=P_{100}^2$．第一次抽到正品是从 97 个正品中取出，共有 97 中抽取方式；第二次取到次品是从 3 件次品中取出，共有 3 种抽取方式．这样，M=97×3．因此，所求概率

$$P_1=\frac{97\times 3}{P_{100}^2}\approx 0.0294$$

（2）采用放回抽样时，第一次抽样方式有 100 种；因抽后又放回，所以第二次抽样方式还是 100 种，这样，连续二次的抽样方式有100^2种，即 $N=100^2$．在这种情况下，M 仍是 97×3．因此，所求事件的概率

$$P_2=\frac{97\times 3}{100^2}\approx 0.0291$$

在概率论中，放回抽样与不放回抽样是两种不同的抽样方式. 在这个例子中，对两种抽样，所求事件的概率数值不同，但相差无几．原因是产品总数很大而且抽查产品很少.

【例 4.1.6】　续例 4.1.4，求；

（1）抽取的 5 件产品至少有 1 件次品的概率；

（2）抽取的 5 件产品至多有 1 件次品的概率.

解　（1）令 A={至少有 1 件次品}

$$A_i=\{恰有\ i\ 件次品\}\quad (i=1,\ 2,\ 3)$$

则 A=$A_1+A_2+A_3$，又 A_1,A_2,A_3 是两两互不相容的．所以

$$\begin{aligned}P(A)&=P(A_1)+P(A_2)+P(A_3)\\&=\frac{C_3^1\times C_{97}^4}{C_{100}^5}+\frac{C_3^2\times C_{97}^3}{C_{100}^5}+\frac{C_3^3\times C_{97}^2}{C_{100}^5}\approx 0.144\end{aligned}$$

由此可见，利用概率性质，将复杂事件分解为简单事件来处理，对复杂事件的概率运算是有益的.

本题更简捷的解法是利用 A 的对立事件 $\overline{A}$={没有次品}去做．因为

$$P(\overline{A})=\frac{C_{97}^5}{C_{100}^5}\approx 0.856$$

从而有

$$P(A)=1-P(\overline{A})\approx 0.144$$

假如在直接求 $P(A)$较困难时，而 $P(\overline{A})$却较容易求得，利用这一间接求法将非常有效.

（2）令 B={至多有 1 件次品}，B_1={没有次品}，B_2={恰有 1 件次品}，则 $B=B_1\cup B_2$，又 B_1,B_2 互不相容，所以

$$P(B)=P(B_1)+P(B_2)=\frac{C_{97}^5}{C_{100}^5}+\frac{C_3^1C_{97}^4}{C_{100}^5}\approx 0.994$$

习　题　4.1

1．设 A，B，C 表示三个随机事件，试以 A，B，C 的运算来表示下列事件：

（1）A，B，C 中恰好一个发生；

（2）A 不发生，而 B，C 中至少一个发生；

（3）A，B，C 中至少有两个发生；

（4）A，B，C 中不多于一个发生．

2．袋子中有十个球，分别编有 1 至 10 的号码．从中任取一球，设：

A={取得的球的号码是偶数}，

B={取得的球的号码是奇数}，

C={取得的球的号码小于 5}．

问下述运算分别表示什么事件：

（1）$A+B$；　（2）AB；　（3）AC；　（4）$\overline{AC}$；　（5）$\overline{B+C}$．

3．随机点 x 落在区间[a，b]上这一事件记作$\{x|: a\leqslant x\leqslant b\}$．设

$$\Omega=\{x|: -\infty<x<+\infty\},\ A=\{x|: 0\leqslant x<2\},\ B=\{x|: 1\leqslant x<3\}$$

问下述运算分别表示什么事件：

（1）$A+B$；　（2）AB；　（3）$\overline{A}$；　（4）$A\overline{B}$．

4．若要击落飞机必须同时击毁 2 个发动机或击毁驾驶舱，记：A_1={击毁第一个发机}；A_2={击毁第二个发动机}；B={击毁驾驶舱}．试用 A_1，A_2 和 B 表示{飞机被击落}的事件．

5．已知 $A\subset B$，$P(A)=0.2$，$P(B)=0.3$，求：

（1）$P(\overline{A})$，$P(\overline{B})$；　（2）$P(A+B)$；　（3）$P(AB)$；　（4）$P(B\overline{A})$；

（5）$P(A-B)$．

6．有 50 件产品，其中 45 件正品，5 件次品．今从中任取 3 件，求其中恰好有 1 件次品的概率．

7．从 1，2，3，4，5 五个数码中，任取 3 个不同数码排成三位数，求：

（1）所得三位数为偶数的概率；

（2）所得三位数为奇数的概率．

8．电话号码由 6 个数字组成，每个数字可以是 0，1，2，…，9 中任一个数（但第一个数字不能为 0），求电话号码是由完全不相同的数字组成的概率．

9．袋中有 5 个白球和 3 个黑球，从中任取 2 个球，求：

（1）取得的二球同色的概率；

（2）取得的二球至少有一个是白球的概率．

4.2 概 率 公 式

4.2.1 概率的加法公式

定理 1 对于任意两个事件 A 与 B 至少有其一发生的概率，有

$$P(A+B)=P(A)+P(B)-P(AB)$$

证明 如图 4.1 所示，有

$$A+B=A+(B-A)=A+(B-AB)$$

且 $A(B-A)=\Phi$，于是有

$$\begin{aligned}P(A+B)&=P(A)+P(B-AB)\\&=P(A)+P(B)-P(AB)\end{aligned}$$

即 $$P(A+B)=P(A)+P(B)-P(AB)$$

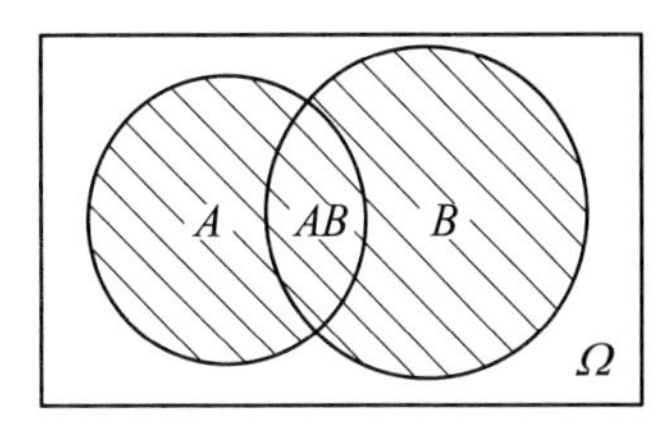

图 4.1

上述公式可推广到 n 个事件和情形．例如，对于三个事件的和我们有

$$\begin{aligned}P(A_1+A_2+A_3)=P(A_1)+P(A_2)+P(A_3)&-P(A_1A_2)\\-P(A_1A_3)-P(A_2A_3)&+P(A_1A_2A_3)\end{aligned}$$

【例 4.2.1】 设某地有甲，乙，丙三种报纸，据统计该地成年人中，有 20%读甲报，16%读乙报，14%读丙报，其中，有 8%兼读甲、乙报，5%兼读甲、丙报，4%兼读乙、丙报，2%兼读所有报，求该地区成年人至少读一种报的概率．

解 设 A={读甲报}, B={读乙报},C={读丙报},则由题设及加法公式得

$$\begin{aligned}P(A+B+C)&=P(A)+P(B)+P(C)-P(AB)-P(AC)-P(BC)+P(ABC)\\&=0.2+0.16+0.14-0.08-0.05-0.04+0.02=0.35\end{aligned}$$

4.2.2 条件概率与乘法公式

定义 1 如果 A，B 是同一试验下的两个随机事件，那么在事件 B 发生的条件下，事件 A 发生的概率称为事件 A 的**条件概率**，记为 $P(A|B)$.

一般地，条件概率有以下的计算公式：

$$P(A|B)=\frac{P(AB)}{P(B)},\quad (P(B)>0)$$

$$P(B|A)=\frac{P(AB)}{P(A)},\quad (P(A)>0)$$

【例 4.2.2】 一个盒子中有 6 只好晶体管，4 只坏晶体管．任取两次，每次取一只．第一次取后不放回．若已知第一只是好的，求第二只也是好的概率．

解 设 A_i={第 i 只是好的} (i=1，2)．由题意知要求出 $P(A_2\mid A_1)$.

因为

$$P(A_1)=\frac{6}{10}=\frac{3}{5}$$

$$P(A_1A_2)=\frac{6\times 5}{10\times 9}=\frac{1}{3}$$

所以

$$P(A_2\mid A_1)=\frac{P(A_1A_2)}{P(A_1)}=\frac{5}{9}$$

此题也可以按条件概率的含义直接求解．在取出的第一只是好的条件下，盒子里还剩下 9 只晶体管，其中 5 只是好的，因而

$$P(A_2\mid A_1)=\frac{5}{9}$$

【例 4.2.3】 设一批产品有 1 000 件，其中 100 件是不合格品，900 件是合格品，在合格品中有 300 件为一级品，600 件为二级品，从这批产品中任取 1 件，若已知取到的是合格品，求该产品是一级品的概率．

解 设 B={该产品是合格品}，A={该产品是一级品}，则

$$P(B)=0.9,\ P(A)=0.3,\ P(AB)=0.3$$

$$P(A|B)=\frac{P(AB)}{P(B)}=\frac{0.3}{0.9}\approx 0.33$$

注意：$P(A)=0.3$ 是整批产品的一级品率，而 0.33 是合格品中的一级品率．所以，它们是两个不同的概念，后者是条件概率，一级品必定是合格品．

条件概率公式揭示了条件概率 $P(A|B)$与事件概率 $P(B)$、$P(AB)$三者间的关系．

定理 2 设 A、B 为任意两个事件，则两事件积的概率等于其中一事件的概率与另一事件在前一事件已发生的条件下的条件概率之积，即

$$P(AB)=P(B)P(A|B),\qquad (P(B)>0)$$

$$P(AB)=P(A)P(B|A),\qquad (P(A)>0)$$

上述公式称为**乘法公式**．常用于求两个事件同时发生时的概率．

类似于两个事件的乘法公式，三个事件的乘法公式为

$$P(ABC)=P(A)P(B|A)P(C|AB)$$

一般地，有

$$P(A_1A_2\cdots A_n)=P(A_1)P(A_2\mid A_1)P(A_3\mid A_1A_2)\cdots P(A_n\mid A_1A_2\cdots A_{n-1})$$

【例 4.2.4】 老师提出一个问题，甲先答，答对的概率是 0.4；若甲答错由乙答，乙答对的概率是 0.5，求问题由乙解出的概率是多少?

解 设 A={甲答错}，B={乙答对}．

“问题由乙解出”相当于“甲答错”（A）与“乙答对”（B）两事件一起发生，

根据题意，甲答错的概率 $P(A)=1-0.4=0.6$．在甲答错的条件下，乙答对的概率 $P(B|A)=0.5$．

所以问题由乙解出的概率为

$$P(AB)=P(A)P(B|A)=0.6\times 0.5=0.3$$

【例 4.2.5】 袋中有 2 个白球，3 个黑球，从中依次取出 2 个，求取出的两个都是白球的概率．

解法 1 用古典概型方法．袋中有 5 个球，依次取出 2 个，包括 P_5^2 个基本事件．令 $A=\{2$ 次都取得白球$\}$，包括 2 个基本事件，因此

$$P(A)=\frac{2}{P_5^2}=\frac{1}{10}$$

解法 2 用概率乘法公式．令 $A_i=\{$第 i 次取得白球$\}$ $(i=1，2)$，则 $A=A_1A_2$．由乘法公式

$$P(A)=P(A_1A_2)=P(A_1)\ P(A_2\mid A_1)=\frac{2}{5}\times\frac{1}{4}=\frac{1}{10}$$

此例说明，在某些情况下，利用概率乘法公式去解古典概型问题是比较简便的．

*4.2.3 全概率公式与贝叶斯(Bayes)公式

定理 3 设事件组 $A_1,A_2,\cdots,A_n$ 满足：

（1）$A_1,A_2,\cdots,A_n$ 两两互不相容，且 $P(A_i)>0$ $(i=1，2，\cdots，n)$；

（2）$A_1+A_2+\cdots+A_n=\Omega$．

则对任一事件 B 有：

$$\begin{aligned}P(B)&=P(A_1)P(B\mid A_1)+P(A_2)P(B\mid A_2)+\cdots+P(A_n)P(B\mid A_n)\\&=\sum_{i=1}^{n}P(A_i)P(B\mid A_i)\end{aligned}$$

上述事件组称为完备事件组，公式称为**全概率公式**．

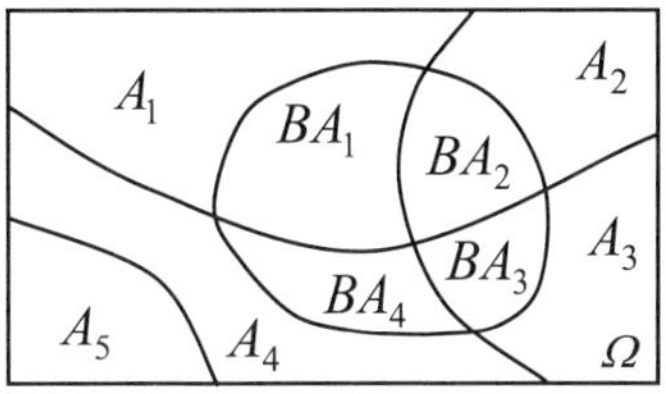

证明 显然

$$\begin{aligned}B&=\Omega B=(A_1+A_2+\cdots+A_n)B\\&=A_1B+A_2B+\cdots+A_nB\end{aligned}$$

由于 $A_1,A_2,\cdots,A_n$ 两两互不相容（图 4.2），所以 $A_1B+A_2B+\cdots+A_nB$ 也两两互不相容，故

图 4.2

$$\begin{aligned}P(B)&=P(A_1B+A_2B+\cdots+A_nB)\\&=P(A_1B)+P(A_2B)+\ldots+P(A_nB)\\&=P(A_1)P(B\mid A_1)+P(A_2)P(B\mid A_2)+\cdots+P(A_n)\ P(B\mid A_n)\end{aligned}$$

$$=\sum_{i=1}^{n}P(A_i)P(B\mid A_i)$$

特别地，当 $n=2$ 时，全概率公式为

$$P(B)=P(A)P(B|A)+P(\overline{A})P(B|\overline{A})$$

全概率公式的实质是把一个事件的概率化为若干事件的概率之和，因而它是概率计算中的一个有力工具.

【例 4.2.6】 一批晶体管元件，其中，一等品占 95%，二等品占 4%，三等品占 1%；它们能工作 5 000 小时的概率分别为 90%，80%，70%. 求任取一个元件能工作 5 000 小时以上的概率.

解 令 B_i ={取到元件为 i 等品}（i=1，2，3），A={取到的元件能工作 5 000 小时以上}，则

$$\begin{aligned}P(A)&=P(B_1)P(A|B_1)+P(B_2)P(A|B_2)+P(B_3)P(A|B_3)\\&=95\%\times 90\%+4\%\times 80\%+1\%\times 70\%\\&=0.894\end{aligned}$$

定理 4 设 $A_1,A_2,\cdots,A_n$ 为完备事件组，且 $P(A_i)>0$ (i=1，2，…，n)，则对任意事件 B（$P(B)>0$），有

$$P(A_i\mid B)=\frac{P(A_i)P(B\mid A_i)}{\sum_{j=1}^{n}P(A_j)P(B\mid A_j)}$$

上述公式称为**贝叶斯（Bayes）公式**. 利用该公式可求在事件 B 已发生的条件下，各原因出现的概率 $P(A_i\mid B)$.

【例 4.2.7】 市场供应的某商品中，甲厂、乙厂和丙厂的产品分别占市场总量的 40%，35%和 25%. 已知甲、乙、丙三厂产品的合格率分别为 95%，92%和 90%，求买到的一件合格品恰是甲厂生产的概率.

解 设事件 B 表示“买到的一件是合格品”，A_1=｛甲厂的产品｝，A_2=｛乙厂的产品｝，A_3=｛丙厂的产品｝，则 A_1，A_2，A_3 构成一个完备事件组. 依题意，有

$$P(A_1)=0.40,\qquad P(A_2)=0.35,\qquad P(A_3)=0.25,$$
$$P(B\mid A_1)=0.95,\quad P(B\mid A_2)=0.92,\quad P(B\mid A_3)=0.90.$$

由贝叶斯公式，得

$$P(A_1\mid B)=\frac{P(A_1)P(B\mid A_1)}{\sum_{j=1}^{3}P(A_j)P(B\mid A_j)}=\frac{0.40\times 0.95}{0.40\times 0.95+0.35\times 0.92+0.25\times 0.90}=0.41$$

4.2.4 事件的独立性公式

现实世界中，某些事件发生有相互影响，而又有某些事件发生并不相互影

响．如果两个事件 A 与 B，其中任何一个事件发生与否，都不影响另一个事件发生的可能性，于是给出以下定义：

定义 2　如果事件 A 的发生不影响事件 B 的发生，同样事件 B 的发生不影响事件 A 的发生，则称 A 与 B **相互独立**；简称 A、B 独立．

定理 5　两个事件 A 与 B 相互独立的充要条件是：

$$P(AB)=P(A)P(B)$$

可以证明，若 A 与 B 相互独立，则 A 与 $\overline{B}$，$\overline{A}$ 与 B，$\overline{A}$ 与 $\overline{B}$ 也相互独立．

独立性的概念可以推广到多个事件的情况，需要注意的是：三个事件 A、B、C 相互独立的充要条件，应同时满足以下四个等式：

$$P(AB)=P(A)P(B),\quad P(AC)=P(A)P(C),\quad P(BC)=P(B)P(C)$$
$$P(ABC)=P(A)P(B)P(C).$$

【例 4.2.8】　三门高射炮对一架敌机一齐各发一炮，它们的命中率分别为 10%，20%，30%，求：

（1）敌机至少中一弹的概率；

（2）敌机恰中一弹的概率．

解　（1）令 A_i={第 i 门炮击中敌机} (i=1，2，3)，A={敌机至少中一弹}．按实际意义分析，A_1,A_2,A_3 是相互独立的，于是有

$$\begin{aligned}P(A)&=P(A_1+A_2+A_3)=1-P(\overline{A_1A_2A_3})\\&=1-P(\overline{A_1})P(\overline{A_2})P(\overline{A_3})\\&=1-(1-10\%)(1-20\%)(1-30\%)=49.6\%\end{aligned}$$

（2）令 B={敌机恰巧中一弹}，则 $B=A_1\overline{A_2A_3}+\overline{A_1}A_2\overline{A_3}+\overline{A_1A_2}A_3$，又因 $A_1\overline{A_2A_3},\overline{A_1}A_2\overline{A_3},\overline{A_1A_2}A_3$ 两两互不相容，由概率加法公式及独立事件概率乘法公式，有

$$\begin{aligned}P(B)&=P(A_1\overline{A_2A_3})+P(\overline{A_1}A_2\overline{A_3})+P(\overline{A_1A_2}A_3)\\&=P(A_1)P(\overline{A_2})P(\overline{A_3})+P(\overline{A_1})P(A_2)P(\overline{A_3})+P(\overline{A_1})P(\overline{A_2})P(A_3)\\&=10\%\times80\%\times70\%+90\%\times20\%\times70\%+90\%\times80\%\times30\%\\&=5.6\%+12.6\%+21.6\%=39.8\%\end{aligned}$$

4.2.5　伯努利(Bernoulli)公式

在实际工作中，我们经常要将某个试验在相同条件下重复进行 n 次，如果这 n 次试验具有下列两个特征：

（1）每次试验只有两个互相对立的结果 A 与 $\overline{A}$，并且

$$P(A)=p,\ P(\overline{A})=q \quad (q=1-p)$$

（2）各次试验的结果互不影响，即每次试验结果出现的概率与其他各次试验的结果无关．则称这类随机试验的模型为 n **重伯努利试验**，简称**伯努利试验**或**伯努利概型**．

定理 6　设事件 A 在各次试验中发生的概率为 $P(A)=p(0<p<1)$，则在 n 重伯努利试验中，事件 A 恰好发生 k 次的概率为

$$P_n(k)=C_n^k p^k q^{n-k} \quad (k=0,\ 1,\ 2,\ \cdots,\ n;\ q=1-p)$$

上述公式称为**伯努利公式**，注意到公式的右端正好是二项式 $(p+q)^n$ 展开式中的第 $k+1$ 项．故上述公式也称为**二项概率公式**．

【例 4.2.9】　一个工人负责维修 10 台同类型的车床，在一段时间内每台机床发生故障需要维修的概率为 0.3．求：

（1）在这段时间内有 2 至 4 台机床需要维修的概率；

（2）在这段时间内至少有 1 台机床需要维修的概率．

解　各台机床是否需要维修是相互独立的，已知 $n=10$，$p=0.3$，$q=0.7$．

（1）　$$\begin{aligned}P(2\leqslant k\leqslant 4)&=P_{10}(2)+P_{10}(3)+P_{10}(4)\\&=C_{10}^2 0.3^2 0.7^8+C_{10}^3 0.3^3 0.7^7+C_{10}^4 0.3^4 0.7^6\\&\approx 0.7004\end{aligned}$$

（2）　$P(k\geqslant 1)=1-(0.7)^{10}\approx 0.9718$

习　题　4.2

1．一批零件共 100 个，次品率为 10%．每次从其中任取一个零件，共取 3 次，取出不放回，求第三次才取得合格品的概率．

2．10 个零件中有 3 个次品和 7 个合格品．每次从其中任取一个零件，共取 3 次，取出后不放回．求：

（1）这 3 次都抽不到合格品的概率；

（2）这 3 次中至少有一次抽到合格品的概率．

3．甲、乙两座城市都位于长江下游，根据一百年来的气象记录，知道甲、乙两座城市一年中雨天占的比例分别为 20%和 18%，两地同时下雨占的比例为 12%，问：

（1）乙市为雨天时，甲市也为雨天的概率是多少？

（2）甲市为雨天时，乙市也为雨天的概率是多少？

（3）甲乙两个城市至少有一个为雨天的概率是多少？

4．某车间有三台设备生产同一型号的零件，每台设备的产量分别占车间总产量的 25%，35%，40%．如果各台设备的废品率分别是 0.05，0.04，0.02，今从全车间生产的零件中任取一件，求此件是废品的概率是多少?

5．一个自动报警器由雷达和计算机两部分组成，两部分有任何一个失灵，这个报警器就失灵．若使用 100 小时后，雷达部分失灵的概率为 0.1，计算机失灵的概率为 0.3，若两部分失灵是相互独立的，求这个报警器使用 100 小时而不失灵的概率．

6．在某种考试中，设 A，B，C 三人考中的概率分别是 2/5，3/4，1/3，且各自考中的事件是相互独立的，求；

（1）3 人都考中的概率；

（2）只有 2 人考中的概率．

7．已知每枚地对空导弹击中敌机的概率为 0.96，问需要发射多少枚导弹才能保证至少有一枚导弹击中敌机的概率大于 0.999?

8．一批产品中有 30%的一级品，进行重复抽样调查，共取 5 个样品，求：

（1）取出的 5 个样品中恰有 2 个一级品的概率；

（2）取出的 5 个样品中至少有 2 个一级品的概率．

4.3　随机变量及其分布

4.3.1　随机变量的概念

作一次随机试验，随机试验的结果通常可以用一个数来表示．

【例 4.3.1】　10 件产品中有 5 件一等品，从中任取 3 件产品，如果用 X 表示 3 件产品中一等品的件数，显然 X 就是一个变量，它可能取 0，1，2，3 中的一个值，X 取不同的值就表示不同的随机事件．

【例 4.3.2】　在一批日光灯中任意抽取 1 只，测试其寿命，那么日光灯的寿命是一个变量．如果设 Z={日光灯的寿命}（单位：小时），则 Z 可能取$[0,+\infty)$上的任意实数．Z 取不同的值就表示不同的随机事件．例如：$\{Z=1000\}$表示{寿命为 1 000 小时}；$\{Z\leqslant 2\,000\}$表示{寿命不超过 2 000 小时}．

在有些试验中，试验的结果似乎与数值无关．例如，掷一枚均匀硬币，观察它出现的是正面还是反面，我们引进变量 Z，当出现正面时，令 $Z=1$；当出现反面时，令 $Z=0$，即

$$Z=\begin{cases}1, & \text{出现正面}\\ 0, & \text{出现反面}\end{cases}$$

可见，Z 取 0 或 1 是随机的，但它取每个值的概率是确定的：$P\{Z=0\}=0.5$，$P\{Z=1\}=0.5$．所以 Z 也是一个随机变量．

定义 1 若随机试验的各种结果可用一个变量的取值（或范围）来表示，则称这个变量为**随机变量**．随机变量通常用大写英文字母 X，Y，Z 等表示，在表示随机变量所取的值时，一般用小写英文字母 x，y，z 等表示．

通常可以把随机变量分为两类进行讨论，如果随机变量 X 所有可能取的值都可以逐个列举出来，则称 X 为**离散型随机变量**．如果随机变量 X 所有可能取的值不能逐个列举出来，则称 X 为**非离散型随机变量**．在非离散型随机变量中最重要的并且应用最广泛的是连续型随机变量．下面将分别介绍离散型随机变量和连续型随机变量．

4.3.2 离散型随机变量的概率分布

定义 2 设 X 为离散型随机变量，如果 X 所取的一切可能值为 $x_1,x_2,\cdots,x_k,\cdots$，与其相应的概率为

$$P\{X_k=x\}=p_k,\qquad (k=1，2，\cdots)$$

或写成表格形式：

X	x_1	x_2	x_3	$\cdots$	x_k	$\cdots$
P	p_1	p_2	p_3	$\cdots$	p_k	$\cdots$

称此式或此表为离散型随机变量 X 的**概率分布**或者**概率分布列**，简称**分布列**．它全面反映了随机变量 X 所刻画的随机试验的统计规律性．

分布列的性质：（1）$0\leqslant p_k\leqslant 1$；（2）$p_1+p_2+\cdots+p_k+\cdots=\sum p_k=1$．

【例 4.3.3】 设袋中有标号−1，2，2，3，3，3 的六个球，从中任取一个球，求所取得的球的标号 X 的概率分布，并求 $P\{X\leqslant 1/2\}$，$P\{3/2<X\leqslant 5/2\}$，$P\{2\leqslant X\leqslant 3\}$．

解 X 可能取的值是−1，2，3，于是 X 的概率分布为:

X	−1	2	3
P	1/6	1/3	1/2

那么

$$P\left\{X\leqslant\frac{1}{2}\right\}=P\{X=-1\}=\frac{1}{6}$$

$$P\left\{\frac{3}{2}<X\leqslant\frac{5}{2}\right\}=P\{X=2\}=\frac{1}{3}$$

$$P\{2\leqslant X\leqslant 3\}=P\{X=2\}+P\{X=3\}=\frac{1}{3}+\frac{1}{2}=\frac{5}{6}$$

4.3.3　连续型随机变量的概率密度

定义 3　对于随机变量 X，如果存在一个非负函数 $p(x)$，使 X 在某区间 $(a,b]$ 内取值的概率为

$$P(a<X\leqslant b)=\int_a^b p(x)\mathrm{d}x$$

则称 X 为连续型随机变量， $p(x)$ 称为 X 的**概率密度或密度函数**.

亦即连续型随机变量 X 落在区间 $(a,b]$ 内的概率等于它的概率密度 $p(x)$ 在该区间上的定积分.（见图 4.3）

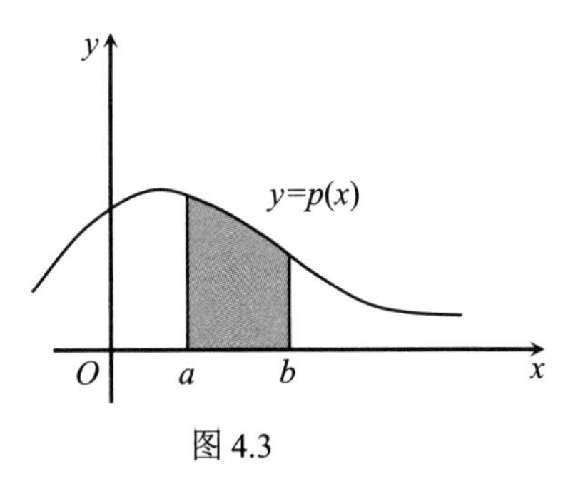

图 4.3

概率密度的性质：

（1）非负性，即 $p(x)\geqslant 0$；

（2）$\int_{-\infty}^{+\infty}p(x)\mathrm{d}x=1$.

注意：对于连续型随机变量 X，当它取任意个别值 a 时，可证明其概率 $P(X=a)=0$，于是有

$$P(a<X\leqslant b)=P(a\leqslant X\leqslant b)=P(a\leqslant X\leqslant X<b)=P(a<X<b)$$

【例 4.3.4】　设随机变量 X 的概率密度为

$$p(x)=\begin{cases}\sin x, & x\in D\\ 0, & \text{其他}\end{cases}$$

在下列指定区间 D 上，能否满足概率密度的两个性质？

（1）$\left[0,\frac{\pi}{2}\right]$，　　（2）$[0,\pi]$，　　（3）$\left[0,\frac{3\pi}{2}\right]$.

解　（1）因为在 $\left[0,\frac{\pi}{2}\right]$ 上，$p(x)=\sin x\geqslant 0$，且 $\int_{-\infty}^{+\infty}p(x)\mathrm{d}x=\int_0^{\frac{\pi}{2}}\sin x\mathrm{d}x=1$，所以，在 $\left[0,\frac{\pi}{2}\right]$ 上 $p(x)$ 满足概率密度的两个性质.

（2）因为在 $[0,\pi]$ 上，$p(x)=\sin x\geqslant 0$，又 $\int_{-\infty}^{+\infty}p(x)\mathrm{d}x=\int_0^{\pi}\sin x\mathrm{d}x=2$，所以，

在$[0,\pi]$上$p(x)$只满足概率密度的一个性质.

（3）因为在$\left[0,\dfrac{3\pi}{2}\right]$上，不能总有$p(x)=\sin x\geqslant 0$，又因为$\int_{-\infty}^{+\infty}p(x)\mathrm{d}x=\int_{0}^{\frac{3\pi}{2}}\sin x\mathrm{d}x=1$，所以，在$\left[0,\dfrac{3\pi}{2}\right]$上$p(x)$也只满足概率密度的一个性质.

【例 4.3.5】 设随机变量X的概率密度为

$$p(x)=\begin{cases}\dfrac{1}{2}\cos x, & |x|\leqslant\dfrac{\pi}{2}\\ 0, & |x|>\dfrac{\pi}{2}\end{cases}$$

求随机变量落在区间$\left(0,\dfrac{\pi}{4}\right]$内的概率.

解

$$P\left\{0<X\leqslant\frac{\pi}{4}\right\}=\int_{0}^{\frac{\pi}{4}}\frac{1}{2}\cos x\mathrm{d}x=\frac{1}{2}[\sin x]_{0}^{\frac{\pi}{4}}=\frac{\sqrt{2}}{4}$$

4.3.4 随机变量的分布函数

由于事件$\{X\leqslant b\}$可以看作是两个互不相容事件$\{X\leqslant a\}$与$\{a<X\leqslant b\}$的和，由概率加法公式得：

$$P\{X\leqslant b\}=P\{X\leqslant a\}+P\{a<X\leqslant b\}$$

所以

$$P\{a<X\leqslant b\}=P\{X\leqslant b\}-P\{X\leqslant a\}$$

$P\{X\leqslant x\}$实际上是普通变量x的函数，为此引进如下定义：

定义 4 设X是一个随机变量，x是任意实数，则称函数$P\{X\leqslant x\}$为X的**分布函数**．记作$F(x)$，即

$$F(x)=P\{X\leqslant x\}$$

一般地，离散型随机变量的分布函数可表示为：

$$F(x)=P\{X\leqslant x\}=\sum_{x_k\leqslant x}P(X=x_k)=\sum_{x_k\leqslant x}p_k$$

上式右端表明对所有小于或等于x的那些x_k的p_k求和．因而分布函数$F(x)$在x处的值等于随机变量X的取值不超过x的所有概率的累加.

同样，由随机变量分布函数的定义，可得连续型随机变量X的分布函数为：

$$F(x)=P\{X\leqslant x\}=\int_{-\infty}^{x}p(t)\mathrm{d}t$$

其中，对应的$p(x)$为随机变量X的概率密度.

分布函数性质：

（1）$0 \leqslant F(x) \leqslant 1$；

（2）单调非减性，即 $x_1 < x_2$ 时，$F(x_1) \leqslant F(x_2)$；

（3）$F(+\infty)=\lim\limits_{x\to+\infty}F(x)=1$，$F(-\infty)=\lim\limits_{x\to-\infty}F(x)=0$；

（4）$F(x)$ 右连续，即 $F(x)=F(x+0)$.

特别地，若 X 为连续型随机变量，其概率密度 $p(x)$ 在 x 处连续，则还有性质：

$$F'(x)=f(x)$$

注意：（1）分布函数能完整地描述随机变量的统计规律性；

（2）分布函数的定义域为 $(-\infty,+\infty)$；

（3）利用分布函数可求有关概率：

$$P\{X \leqslant b\}=F(b)；$$

$$P\{a < X \leqslant b\}=P\{X \leqslant b\}-P\{X \leqslant a\}=F(b)-F(a)；$$

$$P\{X > b\}=1-F(b).$$

【例 4.3.6】　设随机变量 X 的概率分布为：

X	-1	2	3
P	1/6	1/3	1/2

（1）求 X 的分布函数；

（2）求 $P\{X \leqslant 1/2\}$；$P\{3/2 < X \leqslant 5/2\}$；$P\{2 \leqslant X \leqslant 3\}$.

解　（1）当 $x < -1$ 时，$F(x)=P\{X \leqslant x\}=0$;

当 $-1 \leqslant x < 2$ 时，$F(x)=P\{X \leqslant x\}=P\{X=-1\}=1/6$

当 $2 \leqslant x < 3$ 时，$F(x)=P\{X \leqslant x\}=P\{X=-1\}+P\{X=2\}=1/6+1/3=1/2$

当 $x \geqslant 3$ 时，$F(x)=P\{X \leqslant x\}=P\{X=-1\}+P\{X=2\}+P\{X=3\}=1/6+1/3+1/2=1$ 即分布函数

$$F(x)=\begin{cases}0, & x < -1 \\ \dfrac{1}{6}, & -1 \leqslant x < 2 \\ \dfrac{1}{2}, & 2 \leqslant x < 3 \\ 1, & x \geqslant 3\end{cases}$$

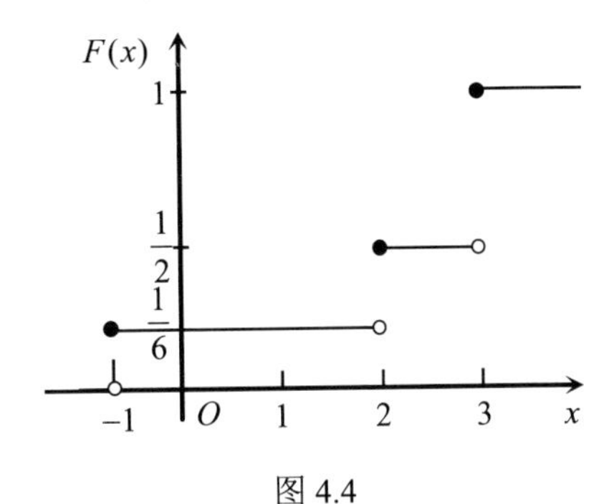

图 4.4

其图形如图 4.4 所示.

（2）$P\{X \leqslant 1/2\}=F(1/2)=1/6$;

$P\{3/2 < X \leqslant 5/2\}=F(5/2)-F(3/2)=1/2-1/6=1/3$;

$$P\{2\leqslant X\leqslant 3\}=P\{2<X\leqslant 3\}+P\{X=2\}$$
$$=F(3)-F(2)+P\{X=2\}=1-1/2+1/3=5/6$$

由该例可知，离散型随机变量 X 的分布函数 $F(x)$ 是一个单调不减的跳跃函数，其图形是一阶梯形曲线.

【例 4.3.7】 设连续型随机变量 X 的概率密度为

$$p(x)=\begin{cases} A\cos x, & |x|\leqslant\dfrac{\pi}{2} \\ 0, & \text{其他} \end{cases}$$

求：（1）常数 A；

（2）X 的分布函数 $F(x)$；

（3）作出密度函数、分布函数的图像；

（4）$P\left\{0<X<\dfrac{\pi}{4}\right\}$.

解 （1）利用概率密度的性质 $\int_{-\infty}^{+\infty}p(x)\,\mathrm{d}x=1$，求出 $p(x)$ 中所含的待定常数 A.

因为

$$\int_{-\infty}^{+\infty}p(x)\mathrm{d}x=\int_{-\frac{\pi}{2}}^{\frac{\pi}{2}}A\cos x\mathrm{d}x=A\sin x\Big|_{-\frac{\pi}{2}}^{\frac{\pi}{2}}=2A=1\text{，得 } A=\frac{1}{2}$$

于是

$$p(x)=\begin{cases} \dfrac{1}{2}\cos x, & |x|\leqslant\dfrac{\pi}{2} \\ 0, & \text{其他} \end{cases}$$

（2）当 $x<-\dfrac{\pi}{2}$ 时， $p(x)=0$，$F(x)=\int_{-\infty}^{x}0\,\mathrm{d}x=0$

当 $-\dfrac{\pi}{2}\leqslant x<\dfrac{\pi}{2}$ 时， $F(x)=\int_{-\infty}^{x}p(x)\,\mathrm{d}x=\int_{-\infty}^{-\frac{\pi}{2}}0\mathrm{d}x+\int_{-\frac{\pi}{2}}^{x}\frac{1}{2}\cos x\mathrm{d}x=\frac{1}{2}(\sin x+1)$

当 $x\geqslant\dfrac{\pi}{2}$ 时， $F(x)=\int_{-\infty}^{-\frac{\pi}{2}}0\mathrm{d}x+\int_{-\frac{\pi}{2}}^{\frac{\pi}{2}}\frac{1}{2}\cos x\mathrm{d}x+\int_{\frac{\pi}{2}}^{x}0\mathrm{d}x=1$

所以

$$F(x)=\begin{cases} 0, & x<-\dfrac{\pi}{2} \\ \dfrac{1}{2}(\sin x+1), & -\dfrac{\pi}{2}\leqslant x<\dfrac{\pi}{2} \\ 1, & x\geqslant\dfrac{\pi}{2} \end{cases}$$

（3）$p(x)$和 $F(x)$图形分别如图 4.5 和图 4.6 所示.

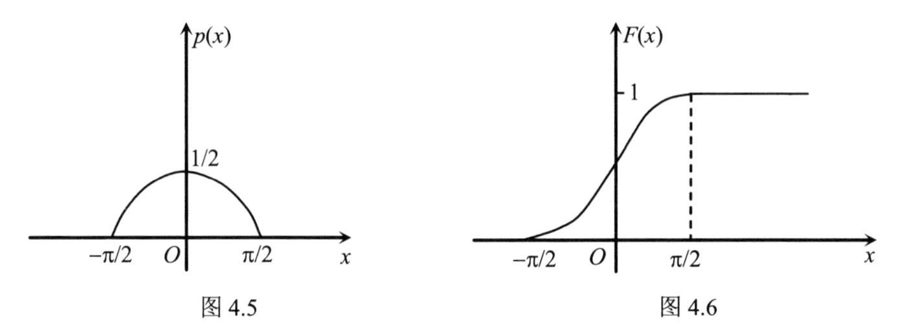

图 4.5　　图 4.6

（4）**解法一**　由 $P\{a<x\leqslant b\}=\int_a^b p(x)\mathrm{d}x$，得

$$P\left\{0<X<\frac{\pi}{4}\right\}=\int_0^{\frac{\pi}{4}}\frac{1}{2}\cos x\mathrm{d}x=\frac{1}{2}\sin x\Big|_0^{\frac{\pi}{4}}=\frac{\sqrt{2}}{4}$$

解法二　由公式 $P\{a<X\leqslant b\}=F(b)-F(a)$，得

$$P\left\{0<X<\frac{\pi}{4}\right\}=F\left(\frac{\pi}{4}\right)-F(0)=\frac{1}{2}\left(\sin\frac{\pi}{4}+1\right)-\frac{1}{2}(\sin 0+1)=\frac{\sqrt{2}}{4}$$

【例 4.3.8】　已知随机变量 X 的分布函数为：

$$F(x)=A+B\arctan x\quad(-\infty<x<+\infty)$$

求：（1）系数 A 及 B；

（2）随机变量 X 落在区间$[-1，1)$内的概率；

（3）随机变量 X 的密度函数.

解　（1）由 $F(-\infty)=0$ 及 $F(+\infty)=1$，得

$$\begin{cases}A+B\left(-\dfrac{\pi}{2}\right)=0\\[2ex]A+B\left(\dfrac{\pi}{2}\right)=1\end{cases}$$

解得

$$\begin{cases}A=\dfrac{1}{2}\\[2ex]B=\dfrac{1}{\pi}\end{cases}$$

所以

$$F(x)=\frac{1}{2}+\frac{1}{\pi}\arctan x$$

（2）$P\{-1\leqslant X<1\}=F(1)-F(-1)=\dfrac{1}{\pi}[\arctan 1-\arctan(-1)]=\dfrac{1}{2}$

（3）X 的密度函数为

$$p(x)=F'(x)=\frac{1}{\pi}\cdot\frac{1}{1+x^2}$$

4.3.5 几个常用的随机变量分布

4.3.5.1 离散型常用分布

1．两点分布

如果随机变量 X 只取两个值 0，1，且有概率分布

$$P\{X=1\}=p，P\{X=0\}=q=1-p$$

则称 X 服从**两点分布**.

两点分布是最简单的一种概率分布，任何只有两个可能结果的随机试验，都可以用一个服从两点分布的随机变量来描述．例如，射击打靶的“中”与“不中”；检验产品的“合格”与“不合格”；某项试验的“成功”与“失败”，等等.

2．二项分布

如果随机变量 X 可能取的值为 0，1，2，…，n，而取得这些值的概率为

$$P_k=P\{X=k\}=C_n^k p^k q^{n-k}\quad (k=0，1，2，\cdots，n)$$

其中，$0<p<1$，$p+q=1$，则称随机变量 X 服从参数为 n，p 的**二项分布**，简记为 $\boldsymbol{X\sim B(n，p)}$．显然，当 $n=1$ 时，X 服从两点分布，即 $X\sim B(1，p)$.

3．泊松（Poisson）分布

如果随机变量 X 可能取的值为 0，1，2，…，而取得这些值的概率为

$$P\{X=k\}=\frac{\lambda^k}{k!}\mathrm{e}^{-\lambda}\quad (k=0，1，2，\cdots，\lambda>0)$$

则称 X 服从参数为λ的泊松分布，记作 $X\sim P(\lambda)$.

在实际生活中，泊松分布的应用很广，例如，某交通路口在某段时间内的交通事故数、容器内的细菌数、铸件的瑕点数、电话交换机在某段时间内接到的呼唤次数、传染病流行时期每天死亡的人数、纺纱机在某段时间内的断头次数、一本书一页中印刷错误的个数等等，都可以用泊松分布来刻画．若一次试验中某事件发生的概率很小，则在大量的试验中事件 A 发生的次数都可近似地用泊松分布来描述．泊松分布的概率数值由泊松分布表查得.

可以证明，当 n 很大，p 很小时，二项分布近似于泊松分布，即

$$P_k=C_n^k p^k q^{n-k}\approx\frac{\lambda^k}{k!}\mathrm{e}^{-\lambda}，\quad 其中，\lambda=np$$

【例 4.3.9】 电话交换台每分钟接到的呼叫次数 X 为随机变量，设 $X \sim P(1)$，求 1 分钟内至少有 1 次呼叫的概率.

解 因为 $X \sim P(1)$，故

$$P\{X \geqslant 1\} = 1 - P\{X = 0\} = 1 - \mathrm{e}^{-1} \approx 0.6321$$

【例 4.3.10】 某汽车维修站有 4 名工人，负责 600 辆汽车维修，每辆汽车发生故障的概率为 0.005，求汽车发生故障后都能及时得到维修的概率（假设每辆汽车发生故障只需 1 名工人维修）.

解 用 X 表示 600 辆汽车中同时发生故障的辆数. 只要 $X \leqslant 4$，发生故障的汽车到站即可得到维修. 因此所求是

$$P\{0 \leqslant X \leqslant 4\}$$

显然，对每辆汽车要么不需要维修，要么需要维修，可知 X 服从 $n=600$，$p=0.005$ 的二项分布，即 $X \sim B(600,\ 0.005)$.

因为 $\lambda = np = 600 \times 0.005 = 3$，所以可认为 X 近似服从泊松分布 $P(3)$，即

$$P\{X = k\} \approx \frac{3^k}{k!}\mathrm{e}^{-3}$$

于是

$$P\{0 \leqslant X \leqslant 4\} \approx \frac{3^0}{0!}\mathrm{e}^{-3} + \frac{3^1}{1!}\mathrm{e}^{-3} + \frac{3^2}{2!} + \frac{3^3}{3!}\mathrm{e}^{-3} + \frac{3^4}{4!} \approx 0.8152$$

这个例子表明概率方法可以用来分析企业管理的某些问题，以便达到更有效地利用人力物力资源.

4.3.5.2 连续型常用分布

1. 均匀分布

如果随机变量 X 的概率密度为

$$p(x) = \begin{cases} \dfrac{1}{b-a}, & a \leqslant x \leqslant b \\ 0, & \text{其他} \end{cases}$$

则称 X 在区间 $[a,\ b]$ 上服从**均匀分布**. 记作 $\boldsymbol{X \sim U[a,\ b]}$，其中 a，b 是分布的参数. 由此可得 X 的分布函数为

$$F(x) = \begin{cases} 0, & x < a \\ \dfrac{x-a}{b-a}, & a \leqslant x < b \\ 1, & x \geqslant b \end{cases}$$

均匀分布的概率密度与分布函数的图形如图 4.7 及图 4.8 所示.

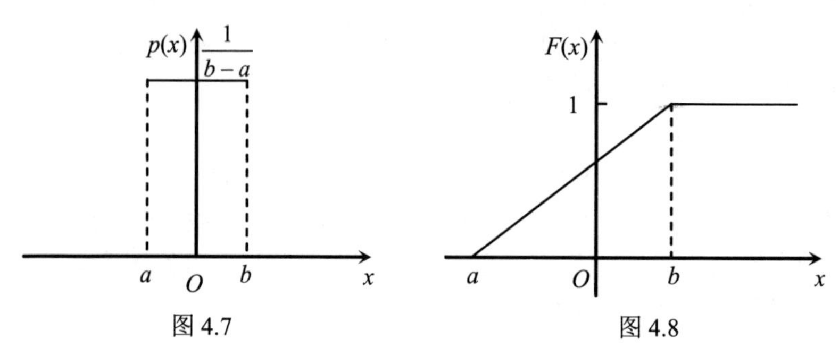

图 4.7　　　　图 4.8

2．正态分布

设随机变量 X 的概率密度为

$$p(x)=\frac{1}{\sqrt{2\pi}\sigma}\mathrm{e}^{-\frac{(x-\mu)^2}{2\sigma^2}}\quad(-\infty<x<+\infty)$$

其中，μ,σ 是常数，且 $\sigma>0$，则称随机变量 X 服从参数为 μ,σ 的正态分布，记作 $X\sim N(\mu,\sigma^2)$．正态分布 $N(\mu,\sigma^2)$的分布函数为

$$F(x)=\frac{1}{\sqrt{2\pi}\sigma}\int_{-\infty}^{x}\mathrm{e}^{-\frac{(t-\mu)^2}{2\sigma^2}}\mathrm{d}t$$

我们称服从正态分布的随机变量为正态变量，正态概率密度曲线为正态分布曲线．

正态分布曲线有下列基本特点：

（1）在 $x=\mu$ 处取得最大值

$$p(\mu)=\frac{1}{\sqrt{2\pi}\sigma}$$

（2）正态分布曲线关于 $x=\mu$ 对称(见图 4.9)，即μ 是正态分布的中心．固定σ 改变μ，正态曲线沿 x 轴左右平移，不改变其形状，即正态曲线的位置完全由参数μ 决定．

（3）固定μ，改变σ．σ 越小图形变得越尖；反之，σ 越大图形变得越平缓．即正态曲线中σ 的值刻画了正态变量取值的分散程度（见图 4.10）．

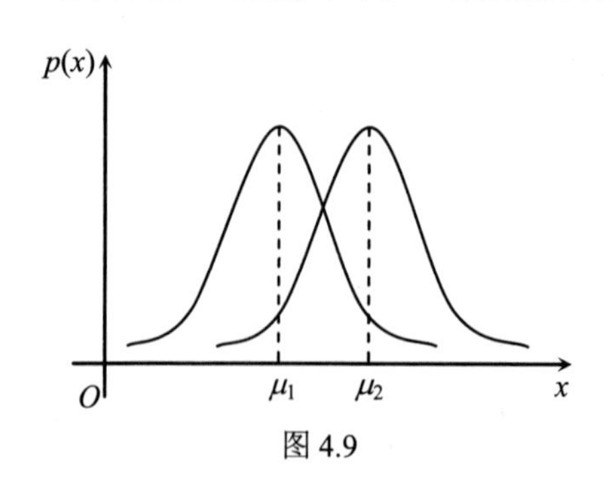

图 4.9

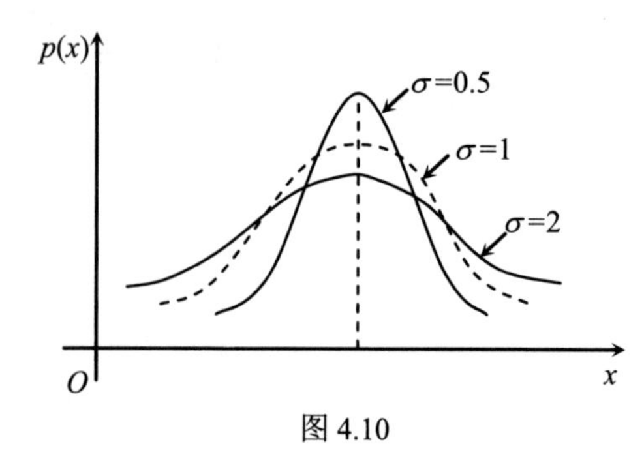

图 4.10

（4）正态分布曲线以 x 轴为渐进线，且曲线在 $x=\mu-\sigma$，$x=\mu+\sigma$ 处分别有拐点.

当$\mu=0$，$\sigma=1$ 时，称 X 服从**标准正态分布**，记作 $\boldsymbol{X\sim N(0，1)}$**，其概率密度记为**$\boldsymbol{\varphi(x)}$.

$$\varphi(x)=\frac{1}{\sqrt{2\pi}}\mathrm{e}^{-\frac{x^2}{2}}\qquad(-\infty<x<+\infty)$$

$\varphi(x)$ 的图形如 4.11 所示.

标准正态分布的分布函数用专门的记号$\Phi(x)$表示，即

$$\Phi(x)=\int_{-\infty}^{x}\frac{1}{\sqrt{2\pi}}\mathrm{e}^{-\frac{x^2}{2}}\mathrm{d}x$$

$\Phi(x)$的几何意义是图形 4.11 的阴影部分的面积.

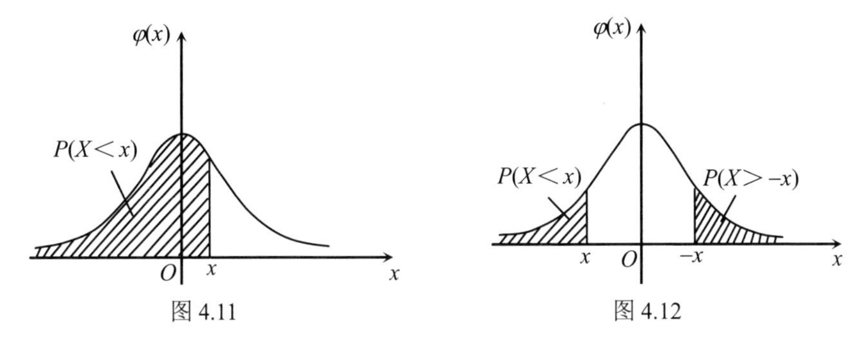

图 4.11　　　　图 4.12

标准正态分布函数$\Phi(x)$具有下列性质：

（1）$\Phi(0)=0.5$；

（2）$\Phi(+\infty)=1$；

（3）$\Phi(-x)=1-\Phi(x)\quad(x\geqslant0)$.

性质（1），（2）是显然的．性质（3）可以从图 4.12 直观地看出来.

为了计算方便，$\Phi(x)$的值可由标准正态分布表查出（见本书后附表 1）.

一般正态分布与标准正态分布有如下关系：

若 $X\sim N(\mu,\sigma^2)$，则

$$F(x)=\Phi\left(\frac{x-\mu}{\sigma}\right)$$

在实际计算中，常用下式：

$$P\{a<X\leqslant b\}=P\left\{\frac{a-\mu}{\sigma}<\frac{X-\mu}{\sigma}\leqslant\frac{b-\mu}{\sigma}\right\}=\Phi\left(\frac{b-\mu}{\sigma}\right)-\Phi\left(\frac{a-\mu}{\sigma}\right)$$

下面介绍标准正态分布表（见本书后附表 1）的基本用法：

（1）当 $0\leqslant x\leqslant4.9$ 时，可从表中直接查得；

（2）当 $x>5$ 时，可取$\Phi(x)\approx1$；

（3）当 x 为负数时，且 $-4.9 < x < 0$ 时，按公式

$$\Phi(-x)=1-\Phi(x)$$

先查表求出 $\Phi(-x)$，再求 $\Phi(x)$；

（4）当 $x > -5$ 时，$\Phi(x)\approx 0$.

当随机变量 X 服从标准正态分布，可利用正态分布表和下列公式计算事件的概率.

$$P\{X < b\}=P\{X\leqslant b\}=\Phi(b)$$
$$P\{X > a\}=P\{X\geqslant a\}=1-\Phi(a)$$
$$P\{a < X < b\}=\Phi(b)-\Phi(a)$$
$$P\{|X| < a\}=P\{-a < X < a\}=2\Phi(a)-1$$

其中，$\Phi(a)$，$\Phi(b)$ 可通过标准正态分布表求得.

【例 4.3.11】 设 $X\sim N(0,1)$，利用标准正态分布表，求下列概率.

（1）$P\{X\leqslant -1.96\}$； （2）$P\{0.5 < X\leqslant 1.5\}$；

（3）$P\{X\geqslant 2\}$； （4）$P\{|X|\leqslant 2.58\}$；

（5）$P\{|X| > 3\}$.

解 （1）
$$P\{X\leqslant -1.96\}=\Phi(-1.96)=1-\Phi(1.96)=1-0.975=0.025$$

（2）
$$P\{0.5 < X\leqslant 1.5\}=\Phi(1.5)-\Phi(0.5)=0.9332-0.6915=0.2417$$

（3）
$$P\{X\geqslant 2\}=1-P\{X < 2\}=1-\Phi(2)=1-0.9772=0.0228$$

（4）
$$P\{|X|\leqslant 2.58\}=P\{-2.58\leqslant X\leqslant 2.58\}=2\Phi(2.58)-1=2\times 0.9951-1=0.9902$$

（5）
$$P\{|X|\leqslant 3\}=P\{-3\leqslant X\leqslant 3\}=2\Phi(3)-1=0.9973$$
$$P\{|X| > 3\}=1-P\{|X|\leqslant 3\}=0.0027$$

【例 4.3.12】 一份报纸，排初版时出现错误的处数 X 服从正态分布 $N(200,400)$，求出现错误处数在 190 至 210 之间的概率.

解 设出现错误处数为 X，则

$$P\{190 < X < 210\}=P\left\{\frac{190-200}{20} < \frac{X-200}{20} < \frac{210-200}{20}\right\}=P\left\{-0.5 < \frac{X-200}{20} < 0.5\right\}=2\Phi(0.5)-1=0.3830$$

即出现错误处数在 190 至 210 之间的概率为 0.3830.

【例 4.3.13】　设随机变量 $X \sim N(\mu,\sigma^2)$，求 X 落在区间 $(\mu-3\sigma,\mu+3\sigma)$ 内的概率.

解　已知 $X \sim N(\mu,\sigma^2)$，则

$$P\{\mu-3\sigma < X < \mu+3\sigma\} = \Phi\left(\frac{\mu+3\sigma-\mu}{\sigma}\right) - \Phi\left(\frac{\mu-3\sigma-\mu}{\sigma}\right)$$
$$= \Phi(3) - \Phi(-3) = 2\Phi(3) - 1 = 0.9973$$

上述结果表明，从概率来看，当 $X \sim N(\mu,\sigma^2)$时，X 以 99.7%的概率落入 $(\mu-3\sigma,\mu+3\sigma)$ 内．也就是说，X 的可取值几乎全部在 $(\mu-3\sigma,\mu+3\sigma)$ 内，这就是统计中的3σ 原则.

习　题　4.3

1．盒中有 12 只晶体管，其中有 2 只次品，10 只正品．现从盒中任取 3 只．求取出的 3 只所含次品数 X 的分布列.

2．将一枚骰子连掷两次，设 X 表示两次所得点数之和，试求出 X 的分布列，并求 $P\{X \leqslant 3\}$.

3．某射手每次射击击中目标的概率为 0.8，他连续射击，直至第一次击中目标为止．求直至击中时射击次数 X 的分布列.

4．设一批产品共 2 000 个，其中有 40 个次品．随机抽取 100 个样品，求样品中次品数 X 的分布列，分别按下列抽样方式：

（1）不放回抽样；

（2）放回抽样.

5．设离散型随机变量 X 的分布列为

X	0	1	2
P	1/3	1/6	1/2

（1）求 X 的分布函数 $F(x)$；

（2）求 $P\left\{X \leqslant \frac{1}{2}\right\}$，$P\left\{1 < X \leqslant \frac{3}{2}\right\}$，$P\left\{1 \leqslant X \leqslant \frac{3}{2}\right\}$；

（3）作出 $F(x)$的图像.

6．设随机变量 X 的概率密度为

$$p(x) = \begin{cases} C(4x-2x^2), & 0 \leqslant x \leqslant 2 \\ 0, & \text{其他} \end{cases}$$

求：（1）常数 C；　（2）X 的分布函数 $F(x)$；　（3）$P\{X > 1\}$.

7．设随机变量 X 的分布函数为

$$F(x)=\begin{cases}0, & x\leqslant 0\\ 1-(1+x)e^{-x}, & x<0\end{cases}$$

求：（1）X 的概率密度函数；（2）$P\{X\leqslant 1\}$ 和 $P(X>2)$.

8．经常往来于某两地的火车晚点的时间 X（单位：min）是一个连续型随机变量，其密度函数为

$$p(x)=\begin{cases}\dfrac{3}{500}(25-x^2), & -5<x<5\\ 0, & 其他\end{cases}$$

X 为负值表示火车早到了．求火车至少晚点 2 分钟的概率．

9．公共汽车站每隔 5 分钟有一辆汽车通过，又设乘客在 5 分钟内任一时间到达汽车站是等可能的，求乘客候车时间不超过 3 分钟的概率．

10．设随机变量 X 服从正态分布 $N(0，1)$，求：

（1）$P\{X<-2.2\}$；（2）$P\{0.7<X\leqslant 1.36\}$；（3）$P\{|X|>2\}$.

11．某机器生产的螺栓长度 X（单位：cm）服从正态分布 $N(10.05，0.06^2)$，规定长度在范围 10.05±0.12 内为合格，求任取一个螺栓为不合格的概率．

4.4　随机变量的数字特征

数学期望和**方差**是最常用的随机变量的数字特征，前者表示随机变量的平均值（集中位置），后者表示随机变量相对于平均值的分散程度（或集中程度）．

4.4.1　随机变量的数学期望

4.4.1.1　离散型随机变量的数学期望

定义 1　设离散型随机变量 X 的概率分布为 $P\{X=x_k\}=p_k$，$(k=1,2,\cdots)$，即

X	x_1	x_2	…	x_k	…
P	p_1	p_2	…	p_k	…

则

$$x_1p_1+x_2p_2+\cdots+x_kp_k+\cdots=\sum_{k=1}^{\infty}x_kp_k$$

称为随机变量 X 的**数学期望**或**平均值**（简称**期望**或**均值**），记为 $E(X)$，即

$$E(X)=\sum_{k=1}^{\infty}x_kp_k$$

【例 4.4.1】　求二点分布的数学期望.

解　二点分布为：$P\{X=1\}=p$，$P\{X=0\}=q=1-q$. 于是

$$E(X)=1\times p+0\times q=p$$

如果 X 服从二项分布，$X\sim B(n,p)$，即

$$p_k=P\{X=k\}=C_n^k p^k(1-p)^{n-k}\quad (k=0,1,2,\cdots,n)$$

则

$$E(X)=np$$

如果随机变量 X 服从泊松，$X\sim P(\lambda)$，即

$$p=P\{X=k\}=\frac{\lambda^k}{k!}\mathrm{e}^{-\lambda}\quad (k=0,1,\cdots,\ \lambda>0)$$

则

$$E(X)=\lambda$$

【例 4.4.2】　甲、乙两台自动机床，生产同一种标准件，生产 1 000 只所出的残次品数分别用 X，Y 来表示. 经过一段时间的考察，X，Y 的概率分别列于下表：

X	0	1	2	3
p_k	0.7	0.1	0.1	0.1

Y	0	1	2	3
p_k	0.5	0.3	0.2	0

问哪一台加工的产品质量好一些?

解　质量好坏可以用随机变量 X 和 Y 的均值来进行比较.

$$E(X)=0\times 0.7+1\times 0.1+2\times 0.1+3\times 0.1=0.6$$

$$E(Y)=0\times 0.5+1\times 0.3+2\times 0.2+3\times 0=0.7$$

因 $E(X)<E(Y)$，即机床甲在 1 000 件产品中次品平均数小于机床乙，因此可以认为机床甲的产品质量较好.

4.4.1.2　连续型随机变量的数学期望

定义 2　设连续型随机变量 X 的概率密度为 $p(x)$，则称积分 $\int_{-\infty}^{+\infty}xp(x)\mathrm{d}x$ 为**随机变量 X 的数学期望**或**平均值**（简称**期望**或**均值**），记为 $E(X)$，即

$$E(X)=\int_{-\infty}^{+\infty}xp(x)\mathrm{d}x$$

【例 4.4.3】　设随机变量 X 在区间$[a,b]$上服从均匀分布，求 $E(X)$.

解　因 X 是连续型随机变量，由定义可得

$$E(X)=\int_{-\infty}^{+\infty}xp(x)\mathrm{d}x=\int_a^b\frac{1}{b-a}\mathrm{d}x=\frac{1}{b-a}\frac{x^2}{2}\Big|_a^b=\frac{b+a}{2}$$

$E(X)$正好是区间$[a,b]$的中点，这与 $E(X)$表示随机变量 X 取值的平均相符.

【例 4.4.4】　设随机变量 X 的概率密度为

$$p(x)=\begin{cases}x, & 0\leqslant x\leqslant 1\\ 2-x, & 1<x\leqslant 2\\ 0, & 其他\end{cases}$$

求：X的数学期望.

解

$$E(X)=\int_{-\infty}^{+\infty}xp(x)\mathrm{d}x=\int_0^1 xx\mathrm{d}x+\int_1^2 x(2-x)\mathrm{d}x$$

$$=\left[\frac{x^3}{3}\right]_0^1+\left[x^2-\frac{x^3}{3}\right]_1^2=\frac{1}{3}+\left(3-\frac{7}{3}\right)=1$$

【例 4.4.5】 设随机变量 $X\sim N(\mu,\sigma^2)$，求 $E(X)$.

解 X的概率密度为

$$p(x)=\frac{1}{\sqrt{2\pi}\sigma}\mathrm{e}^{-\frac{(x-\mu)^2}{2\sigma^2}}\qquad(-\infty<x<+\infty)$$

$$E(X)=\int_{-\infty}^{+\infty}x\frac{1}{\sqrt{2\pi}\sigma}\mathrm{e}^{-\frac{(x-\mu)^2}{\sigma^2}}\mathrm{d}x$$

令 $\dfrac{x-\mu}{\sigma}=t$，则

$$E(X)=\int_{-\infty}^{+\infty}(\mu+\sigma t)\frac{1}{\sqrt{2\pi}}\mathrm{e}^{-\frac{t^2}{2}}\mathrm{d}t=\int_{-\infty}^{+\infty}\mu\frac{1}{\sqrt{2\pi}}\mathrm{e}^{-\frac{t^2}{2}}\mathrm{d}t+\frac{\sigma}{\sqrt{2\pi}}\int_{-\infty}^{+\infty}t\mathrm{e}^{-\frac{t^2}{2}}\mathrm{d}t$$

上式右边第二项中积分的被积函数为奇函数，故有

$$\int_{-\infty}^{+\infty}t\mathrm{e}^{-\frac{t^2}{2}}\mathrm{d}t=0$$

又因为$\dfrac{1}{\sqrt{2\pi}}\displaystyle\int_{-\infty}^{+\infty}\mathrm{e}^{-\frac{t^2}{2}}\mathrm{d}t$ 是标准正态分布曲线下的面积值为 1，故上式第一项的值为μ. 从而得

$$E(X)=\mu$$

这正是预料之中的结果. μ是正态分布的中心，也即正态变量取值的集中位置；又因为正态分布是对称的，所以μ应该是期望.

4.4.1.3 随机变量函数的数学期望

定理 1 设随机变量 Y是随机变量 X的函数，$Y=f(X)$ (其中，$f(X)$是连续函数).

（1）若X为离散型随机变量，其概率分布为 $P\{X=x_k\}=p_k,(k=1,2,\cdots)$ 时，则

$$E(Y)=E[f(X)]=\sum_{k=1}^{\infty}f(x_k)p_k$$

（2）若 X 为连续型随机变量，其概率密度为 $p(x)$，则

$$E(Y)=E[f(X)]=\int_{-\infty}^{+\infty} f(x)p(x)\mathrm{d}x$$

这就是说，要求随机变量函数的数学期望 $E(Y)$，只需知道 X 的分布就可以了，不需要求 Y 的分布.

【例 4.4.6】 设随机变量 X 的概率分布为

X	-2	0	1	3
p_k	$\frac{1}{3}$	$\frac{1}{2}$	$\frac{1}{12}$	$\frac{1}{12}$

求：$E(-X+1)$，$E(X^2)$.

解 由随机变量函数的期望公式可得

$$E(-X+1)=\sum_{i=1}^{4}(-x_i+1)p_i$$

$$=[-(-2)+1]\cdot\frac{1}{3}+(0+1)\cdot\frac{1}{2}+(-1+1)\cdot\frac{1}{12}+(-3+1)\cdot\frac{1}{12}=\frac{4}{3}$$

$$E(X^2)=\sum_{i=1}^{4}(X_i^2)p_i=(-2)^2\cdot\frac{1}{3}+0\times\frac{1}{2}+1^2\cdot\frac{1}{12}+3^2\cdot\frac{1}{12}=\frac{13}{6}$$

【例 4.4.7】 对圆的直径作近似测量，设其值均匀分布在区间[a，b]内，求圆面积的数学期望.

解 设圆的直径的测量值为 X，面积为随机变量 Y，则

$$Y=f(X)=\frac{\pi X^2}{4}$$

其中，X 的概率密度为

$$P(x)=\begin{cases}\dfrac{1}{b-a}, & a\leqslant x\leqslant b \\ 0, & \text{其他}\end{cases}$$

所以

$$E(Y)=E[f(X)]=\int_{-\infty}^{+\infty} f(x)p(x)\mathrm{d}x$$

$$=\int_a^b \frac{\pi}{4(b-a)}x^2\mathrm{d}x=\frac{\pi}{4(b-a)}\left(\frac{x^3}{3}\right)\Bigg|_a^b=\frac{\pi}{12}(a^2+ab+b^2)$$

4.4.1.4 数学期望的性质

数学期望有如下性质：

性质 1 设 C 为常数，则有 $E(C)=C$.

性质 2 $E(CX)=CE(X)$.

性质 3 $E(X+Y)=E(X)+E(Y)$.

性质 3 还可作如下推广：

设 X，Y 是任意随机变量，C_1,C_2 为常数，则有

$$E(C_1X+C_2Y)=C_1E(X)+C_2E(Y)$$

$$E(\sum_{i=1}^{n}C_iX_i)=\sum_{i=1}^{n}C_iE(X_i)$$

性质 4 设 X，Y 是两个相互独立的随机变量，则

$$E(XY)=E(X)E(Y)$$

性质 4 可推广到有限情形.

【例 4.4.8】 设 X 代表某厂的日产量，Y 表示相应的生产成本，已知每件产品的造价 $b=4$ 元，每天固定设备费用 $a=200$ 元，则 $Y=a+bX$. 如果该厂平均每天生产 $E(X)=50$ 件，求每天产品的平均成本是多少?

解
$$E(Y)=200+4E(X)=200+4\times 50=400\ (\text{元})$$

【例 4.4.9】 设随机变量 X_1,X_2 相互独立，且 X_1 的概率密度为：

$$f(x)=\begin{cases}2\mathrm{e}^{-2x}, & x>0\\ 0, & x\leqslant 0\end{cases}$$

X_2 的概率密度为

$$g(x)=\begin{cases}4\mathrm{e}^{-4x}, & x>0\\ 0, & x\leqslant 0\end{cases}$$

求：(1) $E(X_1+X_2)$；

(2) $E(2X_1-3X_2{}^2)$；

(3) $E(X_1X_2)$.

解 (1)
$$\begin{aligned}E(X_1+X_2)&=E(X_1)+E(X_2)\\&=\int_{-\infty}^{+\infty}xf(x)\mathrm{d}x+\int_{-\infty}^{+\infty}xg(x)\mathrm{d}x\\&=\int_{0}^{+\infty}2x\mathrm{e}^{-2x}\mathrm{d}x+\int_{0}^{+\infty}4x\mathrm{e}^{-4x}\mathrm{d}x=\frac{1}{2}+\frac{1}{4}=\frac{3}{4}\end{aligned}$$

(2)
$$\begin{aligned}E(2X_1-3X_2^2)&=2E(X_1)-3E(X_2^2)\\&=2\times\frac{1}{2}-3\int_{0}^{+\infty}4x^2\mathrm{e}^{-4x}\mathrm{d}x=1-\frac{3}{8}=\frac{5}{8}\end{aligned}$$

(3)
$$E(X_1X_2)=E(X_1)\ E(X_2)=\frac{1}{2}\times\frac{1}{4}=\frac{1}{8}$$

4.4.2　方差

4.4.2.1　方差的概念

随机变量的数学期望是一个常数，在一定意义下表示随机变量的平均值，它反映了随机变量总是在 $E(X)$ 的周围取值，但不同的随机变量 X 在 $E(X)$ 的周围取值的情况也有不同．有的随机变量取的值密集在 $E(X)$ 的附近，有的则比较分散．因此需要考察随机变量取的值与平均值的偏离程度．

因偏差 $X-E(X)$ 可正可负，如果把它们直接相加，将会使符号相反的某些偏差相互抵消．因此我们改用偏差平方 $[X-E(X)]^2$ 的数学期望来描述．

定义 3　设 X 是一个随机变量，如果 $E[X-E(x)]^2$ 存在，则称 $E[X-E(x)]^2$ 为 **X 的方差**，记为 $D(X)$，即

$$D(X)=E[X-E(x)]^2$$

由定义可知，方差的大小可以推断随机变量的概率分布的分散程度．因为 $[X-E(X)]^2\geqslant 0$，总有 $D(X)\geqslant 0$．

从随机变量的函数之期望的角度看，随机变量 X 的方差 $D(X)$ 即是 X 的函数 $[X-E(X)]^2$ 的期望．因此有：

（1）设 X 是离散型随机变量，其分布列为

X	x_1	x_2	…	x_n	…
P	p_1	p_2	…	p_n	…

则

$$D(X)=\sum_{k=1}^{\infty}[X_k-E(x)]^2 p_k\ .$$

（2）设 X 是连续型随机变量，其概率密度为 $f(x)$，则

$$D(X)=\int_{-\infty}^{+\infty}[x-E(X)]^2 f(x)\mathrm{d}x$$

实际计算时，常用下面的计算公式：

$$D(X)=E(X^2)-[E(X)]^2$$

事实上，由数学期望的性质，并注意到 $E(X)$ 是一个常数，有

$$\begin{aligned}D(X)&=E[X-E(x)]^2=E\{X^2-2XE(X)+[E(X)]^2\}\\&=E(X^2)-2E(X)E(X)+[E(X)]^2=E(X^2)-[E(X)]^2\end{aligned}$$

将方差 $D(X)$ 的算术平方根称作随机变量的**标准差（或均方差）**，记为 $\sigma(X)$．即

$$\sigma(X)=\sqrt{D(X)}$$

标准差$\sigma(X)$同样描述随机变量X取值的分散程度，且量纲与随机变量X的量纲相同.

因为随机变量的方差$D(X)$具有许多优良性质，所以在概率数理统计的研究中，较多地使用方差.

【例 4.4.10】 已知随机变量X的概率分布为$P\{X=k\}=\dfrac{1}{10}$，(k=2，4，6，…，20)，求$D(X)$.

解 $$E(X)=\sum x_i p_i=2\times\frac{1}{10}+4\times\frac{1}{10}+\cdots+20\times\frac{1}{10}=11$$

$$E(X^2)=\sum x_i^2 p_i=2^2\times\frac{1}{10}+4^2\times\frac{1}{10}+\cdots+20^2\times\frac{1}{10}=154$$

$$D(X)=E(X^2)-[E(X)]^2=33$$

【例 4.4.11】 设随机变量X服从均匀分布，求$D(X)$.

解 已知$E(X)=\dfrac{a+b}{2}$，则

$$D(X)=E(X^2)-[E(X)]^2=\int_{-\infty}^{+\infty}x^2 f(x)\mathrm{d}x-\left[\frac{a+b}{2}\right]^2$$

$$=\int_a^b x^2\frac{1}{b-a}\mathrm{d}x-\frac{1}{4}(a+b)^2=\frac{1}{12}(b-a)^2$$

【例 4.4.12】 设$X\sim N(\mu,\sigma^2)$，求$D(X)$.

解 $E(X)=\mu$

$$D(X)=E[X-E(x)]^2=E(X-\mu)^2$$

$$=\int_{-\infty}^{+\infty}(x-\mu)^2\frac{1}{\sqrt{2\pi}\sigma}\mathrm{e}^{-\frac{(x-\mu)^2}{2\sigma^2}}\mathrm{d}x$$

令$\dfrac{x-\mu}{\sigma}=t$，得

$$D(x)=\sigma^2\frac{1}{\sqrt{2\pi}}\int_{-\infty}^{+\infty}t^2\mathrm{e}^{-\frac{t^2}{2}}\mathrm{d}t=\sigma^2$$

结果表明，正态分布$N(\mu,\sigma^2)$中的参数σ^2是随机变量X的方差$D(X)$，而σ是随机变量X的标准差.

4.4.2.2 方差的性质

方差具有如下性质：

（1）设C为常数，则

$$D(C)=0;\quad D(X+C)=D(X).$$

（2）设 X 为随机变量，C 为常数，则

$$D(CX)=C^2D(X)$$

（3）若 X，Y 为两个相互独立的随机变量，则

$$D(X+Y)=D(X)+D(Y)$$

【例 4.4.13】　设 X，Y 相互独立，且 $D(X)=3$，$D(Y)=4$．求：

（1）$D(X-Y)$；

（2）$D(3X-4Y)$．

解　（1）$D(X-Y)=D[X+(-Y)]=D(X)+D(-Y)$

$$=D(X)+(-1)^2D(Y)=D(X)+D(Y)=7$$

（2）$D(3X-4Y)=D[3X+(-4Y)]$

$$=D(3X)+D(-4Y)=3^2D(X)+(-4)^2D(Y)=91$$

【例 4.4.14】　已知 $X\sim N(1,2)$，$Y\sim N(2,2)$，X，Y 相互独立，求：$X-2Y+3$ 的数学期望和方差．

解　$E(X-2Y+3)=E(X)-2E(Y)+E(3)=1-4+3=0$

$$D(X-2Y+3)=D(X)+4D(Y)+D(3)$$

$$=2+4\times2+0=10$$

为了便于记忆，我们把概率统计中常用的随机变量的期望和方差列成表，示于表 4.3.

表 4.3　常用分布的数学期望和方差

分布名称	概率分布	数学期望	方差
两点分布	$\begin{array}{c\|c\|c} X & 0 & 1 \\ \hline P & 1-p & p \end{array}$	p	$p(1-p)$
二项分布	$P\{X=k\}=C_n^k p^k(1-p)^{n-k}$ （$k=0$，1，…，n；$0<p<1$）	np	$Np(1-p)$
泊松分布	$P\{X=k\}=\dfrac{\lambda^k}{k!}\mathrm{e}^{-\lambda}$ $(k=0,1,2,\cdots;\ \lambda>0)$	λ	λ
均匀分布	$p(x)=\begin{cases}\dfrac{1}{b-a}, & a\leqslant x\leqslant b \\ 0, & 其\ 他\end{cases}$	$\dfrac{b+a}{2}$	$\dfrac{(b-a)^2}{12}$
正态分布	$p(x)=\dfrac{1}{\sigma\sqrt{2\pi}}\mathrm{e}^{-\frac{1}{2\sigma^2}(x-\mu)^2}$ $(\sigma>0,-\infty<x<+\infty)$	μ	σ^2
指数分布	$p(x)=\begin{cases}\lambda\mathrm{e}^{-\lambda x}, & x\geqslant0 \\ 0, & x<0\end{cases}$	$\dfrac{1}{\lambda}$	$\dfrac{1}{\lambda^2}$

习 题 4.4

1．设随机变量 X 的分布列为：

X	-1	0	$\frac{1}{2}$	1	3
p_k	$\frac{1}{3}$	$\frac{1}{6}$	$\frac{1}{6}$	$\frac{1}{12}$	$\frac{1}{4}$

求：（1）$E(X)$；　（2）$E(2-X)$；　（3）$E(X^2)$；　（4）$D(X)$.

2. 若有 n 把看上去样子相同的钥匙，其中，只有一把能打开门上的锁，用它们去试开门上的锁．设取到每只钥匙是等可能的．若每把钥匙试开一次后除去，求试开次数 X 的数学期望.

3. 甲、乙两台车床生产同一种零件，一天产量中次品数分别为 X 和 Y，它们的概率分布分别为：

X	1	2	3	5
p	0.3	0.4	0.1	0.2

Y	1	2	3	5
p	0.1	0.5	0.2	0.2

如果两台车床的产量相同，问哪台车床生产情况好?

4. 在相同的条件下，用两种方法测量某零件的长度（单位：mm），由大量测量结果得到分布列为：

长度 / 概率	4.8	4.9	5.0	5.1	5.2
p_1	0.1	0.1	0.6	0.1	0.1
p_2	0.2	0.2	0.2	0.2	0.2

试比较哪种方法的精确度较好?

5. 设随机变量 X 的概率密度为

$$p(x)=\begin{cases} C\mathrm{e}^{-3x}, & x>0 \\ 0, & x\leqslant 0 \end{cases}$$

求：（1）常数 C；　（2）$E(2X+1)$；　（3）$D(2X+1)$.

6. 已知 $X\sim N(1,\ 2)$，$Y\sim N(2,\ 1)$，且 X 和 Y 相互独立，求 $E(3X-Y+4)$和 $D(X-Y)$.

7. 设 X，Y 相互独立，且 $E(X)=E(Y)=1$，$D(X)=2$，$D(Y)=4$，求 $E[(X+Y)^2]$.

4.5　样本及抽样分布

从本节开始我们将转入数理统计的学习．数理统计是以概率论为理论基础，根据观察或试验得到的数据，对研究对象的客观规律性作出各种合理的估计或推断的一门学科，它有广泛的应用．运用数理统计的方法，可以研究大量自然现象的统计规律性．

4.5.1　基本概念

4.5.1.1　总体、个体与样本

对研究对象进行大量的试验，随机现象的统计规律性就会呈现出来．在数理统计中，我们把研究对象的全体称为**总体**，而把组成总体的每一单元称为**个体**．一般地说，总体可以用一个随机变量 X 来表示．

例如，工厂生产的整批灯泡的寿命就是总体，其中每只灯泡的寿命便是个体．由于每只灯泡的寿命不同，因此，灯泡的寿命是一个随机变量．

从总体 X 中抽取一个个体，就是对总体进行一次试验，从总体中抽取 n 个个体，就是对总体进行 n 次试验，这 n 个个体记为 $X_1,X_2,\cdots,X_n$，称它们为总体 X 的一个**样本**（**或子样**）．样本中所含个体的数目 n 称为**样本容量**．

抽取样本的目的是为了对总体的分布规律进行各种分析和推断，因此要求抽取的样本能客观地反映总体的情况，所以从总体中抽取样本时要求满足以下两个特征：

（1）代表性：抽取必须是随机的，即应使总体中的每个个体都有同等的被抽取的机会．

（2）独立性：即每次抽样的结果既不影响其他各次抽样的结果，也不受其他各次抽样结果的影响．

把具有上述两个特征的样本叫作**简单随机样本**，把得到简单随机样本的抽样方法叫作**简单随机抽样**．

在实际应用中，从有限总体中采用有放回地抽样，显然是简单随机抽样，抽得的样本就是简单随机样本．从无限总体或个体数目 N 较大的有限总体中采用无放回地抽样，虽然不是简单随机抽样，但是当 N 较大而且样本容量 n 又比较小(一般指 $\frac{n}{N}<0.1$)时，可以近似看作简单随机样本．

由于样本 $X_1,X_2,\cdots,X_n$ 是从总体 X 中随机抽取的，每个 X_i 的取值就在总体 X 可能取值的范围内取得，但在抽样前无法预知 $X_1,X_2,\cdots,X_n$ 具体取得哪一组数值，

所以，$X_1,X_2,\cdots,X_n$ 都是随机变量．但在抽样后，它们都有了具体的数值，记作 $x_1,x_2,\cdots,x_n$，称其为**样本观测值或样本值**．一般说来，不同的抽取（每次 n 个）将得到不同的样本值．因为是简单随机样本，所以 n 个随机变量 $X_1,X_2,\cdots,X_n$ 相互独立，且与总体 X 有相同的分布．

为了方便，有时记号 $x_1,x_2,\cdots,x_n$ 既表示样本值，也表示样本．这时，要从上下的联系来正确理解这个记号的意义：如果在一次具体抽样之前，则 $x_1,x_2,\cdots,x_n$ 表示样本，如果在一次具体抽样之后，则 $x_1,x_2,\cdots,x_n$ 表示样本值．

4.5.1.2　统计量

在数理统计中，为了利用样本 $X_1,X_2,\cdots,X_n$ 来推断总体 X 的某些概率特征，往往需要构造样本的适当的函数 $f(X_1,X_2,\cdots,X_n)$，称其为**样本函数**．

如果在样本函数 $f(X_1,X_2,\cdots,X_n)$ 中不含有任何未知参数，称这类样本函数为**统计量**，因为样本 $X_1,X_2,\cdots,X_n$ 是随机变量，所以一切统计量都是随机变量．统计量的概率分布又称为抽样分布．当 $x_1,x_2,\cdots,x_n$ 是样本 $X_1,X_2,\cdots,X_n$ 的一组观测值时，函数值 $f(x_1,x_2,\cdots,x_n)$ 就是相应的统计量 $f(X_1,X_2,\cdots,X_n)$ 的一个观测值．

【例 4.5.1】　设 $X_1,X_2,\cdots,X_n$ 是来自总体 $X\sim N(\mu,\sigma^2)$ 的一个样本，其中，μ 未知，而 σ^2 已知，则

$$\bar{X}=\frac{1}{n}\sum_{i=1}^{n}X_i \quad 和 \quad S^2=\frac{1}{n-1}\sum_{i=1}^{n}(X_i-\bar{X})^2$$

都是统计量．

$$S^2=\frac{1}{n}\sum_{i=1}^{n}(X_i-\mu)^2$$

不是统计量．

在数理统计中，常用的统计量有**样本均值**和**样本方差**．

设 $X_1,X_2,\cdots,X_n$ 是来自总体 X 的容量为 n 的一个样本，则统计量

（1）
$$\bar{X}=\frac{1}{n}\sum_{i=1}^{n}X_i$$

称为**样本均值**．$\bar{X}$ 反映了总体的平均状态，我们常用它来估计总体的数学期望．

（2）
$$S^2=\frac{1}{n-1}\sum_{i=1}^{n}(X_i-\bar{X})^2$$

称为**样本方差**．

（3）
$$S=\sqrt{\frac{1}{n-1}\sum_{i=1}^{\mathrm{n}}(X_i-\bar{X})^2}$$

称为**样本均方差**．样本方差 S^2 和样本均方差 S 反映了样本和样本平均值的离

散状态．S^2（或 S）越大，说明数据越分散；S^2（或 S）越小，说明数据越集中．因此，我们常用它们估计总体的方差．

它们的观测值用相应的小写字母表示．

【例 4.5.2】 某商场抽查 10 个柜组，每个柜组某月的人均销售额(万元)分别为 2.5，2.8，2.9，3.0，3.0，3.2，3.3，3.5，3.8，4.0．求该商场 10 个柜组人均销售额的均值和均方差．

解

$$\bar{x}=\frac{1}{n}\sum x_i=\frac{1}{10}(2.5+2.8+2.9+3.0+3.0+3.2+3.3+3.5+3.8+4.0)=3.2$$

$$s=\sqrt{\frac{1}{n-1}\sum_{i=1}^{n}(x_i-\bar{x})^2}=\sqrt{\frac{1}{9}[(2.5-3.2)^2+(2.8-3.2)^2+\cdots+(4.0-3.2)^2]}=0.46$$

因此，该商场 10 个柜组人均销售的均值和均方差分别为 3.2 万元和 0.46 万元．

4.5.2　常用统计量的分布

4.5.2.1　统计量 $U=\dfrac{\bar{X}-\mu}{\sigma/\sqrt{n}}$ 的分布

如果 $X_1,X_2,\cdots,X_n$ 是取自正态总体 $X\sim N(\mu,\sigma^2)$ 的一个样本，可以证明：样本均值也是一个正态随机变量，而且

$$\bar{X}\sim N\left(\mu,\frac{\sigma^2}{n}\right)$$

将其标准化的随机变量记作 U，可得

$$U=\frac{\bar{X}-\mu}{\sigma/\sqrt{n}}\sim N(0,1)$$

对于给定的正数 α（$0<\alpha<1$），满足条件

$$P\{U>U_\alpha\}=\int_{U_\alpha}^{+\infty}\frac{1}{\sqrt{2\pi}}\mathrm{e}^{-\frac{t^2}{2}}\mathrm{d}t=\alpha$$

或

$$P\{U\leqslant U_\alpha\}=1-\alpha$$

的点 U_α 称为**标准正态分布的上 α 分位点或上侧临界值**，简称**上 α 点**，其几何意义如图 4.13 所示．

对于给定的正数 α（$0<\alpha<1$），满足条件

$$P\left\{|U|>U_{\frac{\alpha}{2}}\right\}=\alpha$$

的点$U_{\frac{\alpha}{2}}$称为标准正态分布的双侧α分位点或双侧临界值，简称双α点，其几何意义如图 4.14 所示.

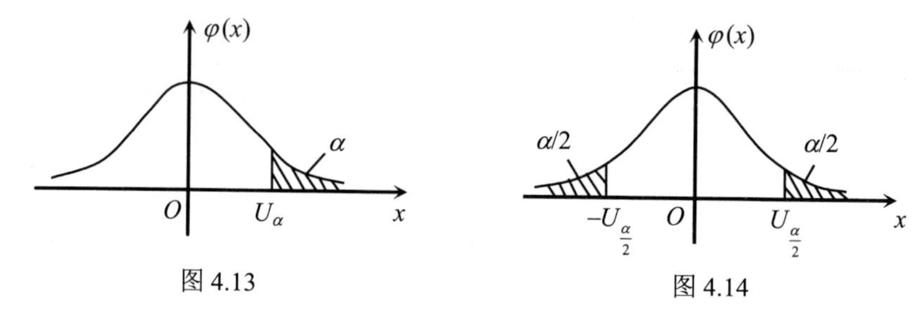

临界值U_{α}和$U_{\frac{\alpha}{2}}$都可通过查本书附录中的标准正态分布函数值表（见附表 1）而求得.

【例 4.5.3】 设从正态总体$X \sim N(4, 24)$中抽取容量为 6 的样本，求样本均值$\overline{X}$在区间（1，7）内取值的概率.

解 因为$\mu = 4$, $\dfrac{\sigma^2}{n} = \dfrac{24}{6} = 4$，所以

$$\overline{X} \sim N(4, 2^2)$$

则所求概率为

$$P\{1 < \overline{X} < 7\} = \Phi\left(\frac{7-4}{2}\right) - \Phi\left(\frac{1-4}{3}\right)$$
$$= \Phi(1.5) - \Phi(-1.5) = 2\Phi(1.5) - 1$$
$$= 2 \times 0.9332 - 1 = 0.8664$$

【例 4.5.4】 已知：（1）$P\{U > \lambda\} = 0.05$；（2）$P\{U \leqslant \lambda\} = 0.05$. 选择以下满足上列各式的$\alpha$临界值$\lambda = U_{\alpha}$.

（A）$U_{0.025}$； （B）$U_{0.05}$； （C）$U_{0.95}$； （D）$U_{0.975}$.

解 （1）因为$P\{U > \lambda\} = 0.05$，所以根据临界值定义，可知应选（B），即

$$\lambda = U_{0.05}$$

（2）因为$P\{U \leqslant \lambda\} = 1 - P\{U > \lambda\} = 0.05$，所以

$$P\{U > \lambda\} = 1 - 0.05 = 0.95$$

根据临界值定义，可知应选（C），即

$$\lambda = U_{0.95}$$

【例 4.5.5】 求$U_{\frac{0.05}{2}}$，使$P\{|U| > U_{\frac{0.05}{2}}\} = 0.05$.

解 由于$U \sim N(0,1)$，则

$$P\{|U| > U_{\frac{\alpha}{2}}\} = 1 - P\{|U| \leqslant U_{\frac{\alpha}{2}}\} = 1 - [2\Phi(U_{\frac{\alpha}{2}}) - 1] = 2 - 2\Phi(U_{\frac{\alpha}{2}}) = 0.05$$

由此可得

$$\Phi(U_{\frac{0.05}{2}})=1-\frac{0.05}{2}=0.975$$

查正态分布函数值表（见本书附录中附表 1）可得

$$U_{\frac{0.05}{2}}=1.96$$

4.5.2.2　统计量 $\chi^2=\frac{(n-1)S^2}{\sigma^2}$ 的分布

设 ($X_1,X_2,\cdots,X_n$) 为取自正态总体 $X\sim N(0,1)$ 的样本，则称 $\chi^2=X_1^2+X_2^2+\cdots+X_n^2$ 所服从的分布是参数为 n 的 χ^2 分布，记作 $\chi^2\sim\chi^2(n)$.

如果 $X_1,X_2,\cdots,X_n$ 是取自正态总体 $X\sim N(\mu,\sigma^2)$ 的一个样本，样本均值为 $\overline{X}$，样本方差为 S^2，可以证明，统计量 χ^2 服从自由度为$(n-1)$的 χ^2 分布．记为

$$\chi^2=\frac{(n-1)S^2}{\sigma^2}\sim\chi^2(n-1)$$

χ^2 分布的概率密度 $p(x)$的图形如图 4.15 所示．可以看出 χ^2 分布是一种不对称分布，n 是唯一的参数．当 n 较大时，χ^2 分布渐近于正态分布．

对于给定的正数 α $(0<\alpha<1)$，可由自由度 n 查 χ^2 分布表(见本书附录中附表 3)，得满足等式

$$P\left\{\chi^2(n)>\chi^2{}_{\alpha}(n)\right\}=\int_{\chi^2{}_{\alpha}(n)}^{+\infty}f(y)\mathrm{d}y=\alpha$$

的临界值 $\chi^2{}_{\alpha}(n)$，见图 4.16.

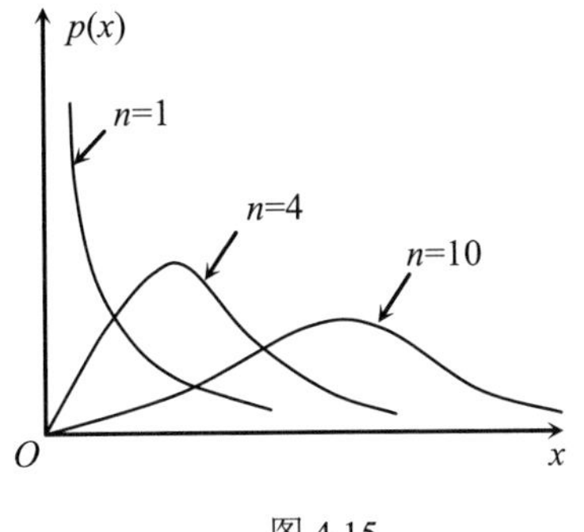

图 4.15

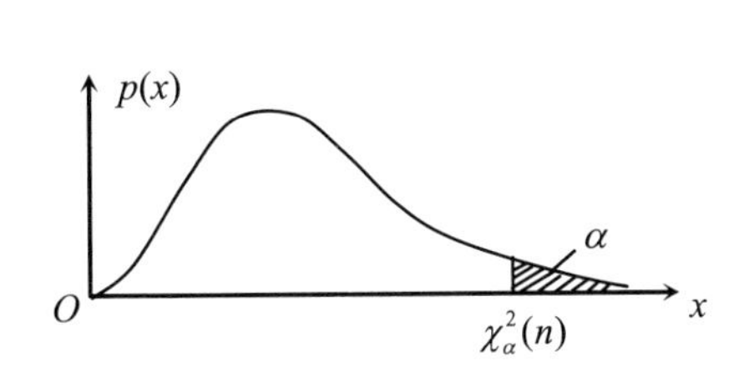

图 4.16

例如，当 $\alpha=0.05$，$n=18$ 时，查 χ^2 分布表得

$$\chi^2{}_{0.05}(18)=28.9$$

即

$$P\{\chi^2(18)>28.9\}=0.05$$

【例 4.5.6】　查表求下列各式中λ，λ_1，λ_2的值.

(1) $P\{\chi^2(4) > \lambda\}=0.05$；(2) $P\{\chi^2(4) \leqslant \lambda\}=0.05$；(3) $P\{\lambda_1 < \chi^2(4) < \lambda_2\}=0.95$，且 $P\{0 < \chi^2(4) < \lambda_1\}=P\{\chi^2(4) > \lambda_2\}$.

解　(1) 根据 χ^2 分布的临界值定义，有

$$\lambda=\chi^2_{0.05}(4)$$

查本书附录（以下简称"附录"）中的 χ^2 分布表（见附表 3，下同），得

$$\lambda=9.488$$

(2) 由图 4.16 可知：

$$P\{\chi^2(4) \leqslant \lambda\}=1-P\{\chi^2(4) > \lambda\}=0.05$$

$$P\{\chi^2(4) > \lambda\}=1-0.05=0.95$$

即

$$\lambda=\chi^2_{0.95}(4)$$

查附录中的 χ^2 分布表得

$$\lambda=0.711$$

(3) 由图 4.16 结合概率性质可知：

$$P\{\lambda_1 < \chi^2(4) < \lambda_2\}=1-P\{0 < \chi^2(4) < \lambda_1\}-P\{\chi^2(4) > \lambda_2\}$$

因为

$$P\{0 < \chi^2(4) < \lambda_1\}=P\{\chi^2(4) > \lambda_2\}$$

所以

$$P\{\lambda_1 < \chi^2(4) < \lambda_2\}=1-2P\{\chi^2(4) > \lambda_2\}=0.95$$

于是

$$P\{\chi^2(4) > \lambda_2\}=0.025$$

即

$$\lambda_2=\chi^2_{0.025}(4)$$

查附录中的 χ^2 分布表，得

$$\lambda_2=11.143$$

现在计算 λ_1. 因为

$$P\{\chi^2(4) > \lambda_1\}=P\{\lambda_1 < \chi^2(4) < \lambda_2\}+P\{\chi^2(4) > \lambda_2\}$$
$$=0.95+0.025=0.975$$

即

$$\lambda_1=\chi^2_{0.975}(4)$$

查附录中的 χ^2 分布表，得　$\lambda_1=0.484$

【例 4.5.7】　设总体 $X\sim N(\mu,3^2)$，其中，μ 为未知数，从总体 X 中抽取容量为 16 的样本，求样本方差 S^2 小于 16.5 的概率.

解　已知总体方差 $\sigma^2=9$，样本容量 $n=16$，所以由 $\chi^2=\dfrac{(n-1)S^2}{\sigma^2}\sim\chi^2(n-1)$ 可知，统计量

$$\chi^2=\frac{(16-1)S^2}{9}=\frac{5}{3}S^2\sim\chi^2(15)$$

所求概率

$$P\{S^2 < 16.5\}=P\left\{\frac{5}{3}S^2 < \frac{5}{3}\times 16.5\right\}=P\{\chi^2 < 27.5\}=1-P\{\chi^2 \geqslant 27.5\}$$

查附录中 χ^2 分布表，得

$$\chi^2_{0.025}(15)=27.5$$

即
$$P\{\chi^2 \geqslant 27.5\}=0.025$$

所以
$$P\{S^2 < 16.5\}=1-0.025=0.975$$

4.5.2.3　统计量 $T=\dfrac{\bar{X}-\mu}{\frac{S}{\sqrt{n}}}$ 的分布

设 $X\sim N(0,1)$，$Y\sim \chi^2(n)$，且 X 与 Y 相互独立，则随机变量 $T=\dfrac{X}{\sqrt{\frac{Y}{n}}}$ 称为**服从自由度为 n 的 t 分布**，记作：$T\sim t(n)$.

t 分布的概率密度 $p(t)$的图形如图 4.17 所示.

从图 4.17 可看出 t 分布是对称分布，其形状类似于标准正态曲线．t 分布的概率密度与总体 X 的均值 μ、方差 σ 无关，只与样本容量 n 有关，n 是唯一的参数．当 N 很大时（一般 $n\geqslant 50$），t 分布近似于标准正态分布 $N(0，1)$.

对于给定的 α（$0< \alpha <1$）满足条件：

$$P\{t(n) > t_\alpha(n)\}=\int_{t_\alpha(n)}^{+\infty} f(t)\mathrm{d}t=\alpha$$

的点 $t_\alpha(n)$ 称为 **t 分布的上 α 分位点**或**上侧临界值**，简称**上 α 点**，其几何意义如图 4.17 所示.

由 t 分布的对称性，也称满足条件

$$P\left\{|t(n)| > t_{\frac{\alpha}{2}}(n)\right\}=\alpha$$

的点 $t_{\frac{\alpha}{2}}(n)$ 称为 **t 分布的双侧 α 分位点**或**双侧临界值**，简称**双 α 点**，几何意义如图 4.18 所示.

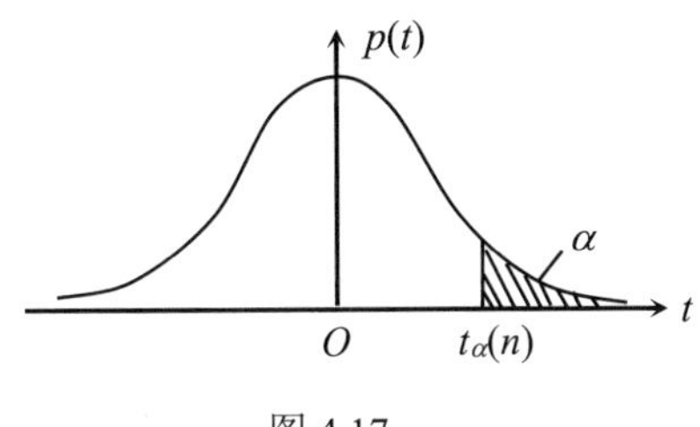

图 4.17

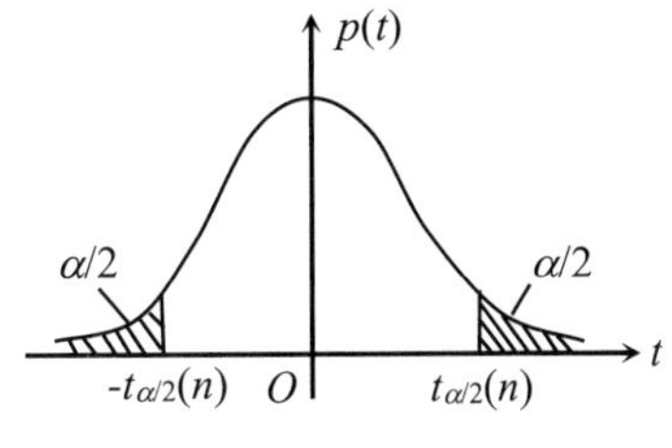

图 4.18

上侧临界值 $t_{\alpha}(n)$ 或双侧临界值 $t_{\frac{\alpha}{2}}(n)$，通过查附录中自由度为 n 的 t 分布表（见附表 2）求得.

例如，当 $\alpha=0.05$，$n=10$ 时，查 t 分布表得：

$$t_{0.05}(10)=1.812, \qquad t_{\frac{0.05}{2}}(10)=2.228$$

即

$$P\{t(10)>1.812\}=0.05, \qquad P\{|t(10)|>2.228\}=0.05$$

如果 $X_1,X_2,\cdots,X_n$ 为取自正态总体 $X\sim N(\mu,\sigma^2)$ 的一个样本，样本均值为 $\bar{X}$，样本方差为 S^2，可以证明统计量 T 服从自由度为 $t_{\frac{\alpha}{2}}(n-1)$ 的 t 分布．记为

$$T=\frac{\bar{X}-\mu}{\frac{S}{\sqrt{n}}}\sim t(n-1).$$

习　题　4.5

1．设 $X_1,X_2,\cdots,X_n$ 为总体 X 的样本，且已知 $X\sim N(\mu,\sigma^2)$，其中，μ已知,而 σ^2 未知，下列随机变量中哪些是统计量?

（1）$\frac{1}{n}\sum_{i=1}^{n}(X_i-\bar{X})^2$　　（2）$\frac{1}{n}\sum_{i=1}^{n}(X_i-\mu)^2$

（3）$\frac{1}{\sigma^2}\sum_{i=1}^{n}(X_i-\mu)^2$　　（4）$\frac{1}{\sigma^2}\sum_{i=1}^{n}(X_i-\bar{X})^2$

2．已知样本观测值如下：

65，　54，　67，　68，　78，　70，　66，　67，　70，　69

求样本均值与样本方差的观测值.

3．已知样本观测值如下表：

观测值 x_i	0	1	2	3	4	5	总计
频数 n_i	14	21	26	19	12	8	100

求样本均值与样本方差的观测值.

4．查表（见本书附录，下同）求下列各值.

（1）$\chi^2_{0.01}(10)$；$\chi^2_{0.1}(12)$；$\chi^2_{0.1}(24)$.

（2）$t_{0.01}(10)$；$t_{0.05}(12)$；$t_{0.1}(24)$.

5．查表求以下各分布的临界值λ，λ_1，λ_2.

（1）$P\{U>\lambda\}=0.05$，$P\{U<\lambda\}=0.05$，$P\{|U|>\lambda\}=0.05$，$(U\sim N(0,1))$.

（2）$P\{\chi^2(15)>\lambda\}=0.01$，$P\{\chi^2(15)<\lambda\}=0.01$，$P\{\lambda_1<\chi^2(15)<\lambda_2\}=0.99$，且 $P\{0<\chi^2(15)<\lambda_1\}=P\{\chi^2(15)>\lambda_2\}$.

（3）$P\{t(8)>\lambda\}=0.1$，$P\{t(8)<\lambda\}=0.1$，$P\{|t(8)|<\lambda\}=0.95$.

6．在总体 $N(52, 63^2)$ 中随机地抽取一个容量为 36 的样本，求样本均值 $\overline{X}$ 落在 50.8 到 53.8 之间的概率.

4.6　参数估计

在实际问题中，当知道总体 X 的分布类型，但其中的参数 θ 未知时，还需要确定参数．因为只有当参数 θ 确定后，才能利用概率分布求出其概率．那么如何根据得到的样本 $X_1,X_2,\cdots,X_n$ 对分布中的未知参数作出估计，这类问题就称为**参数估计问题**，参数估计分为**点估计**和**区间估计**两种.

4.6.1　点估计

一般地，设 θ 为总体 X 分布中的未知参数，$X_1,X_2,\cdots,X_n$ 为总体 X 的样本，$x_1,x_2,\cdots,x_n$ 为一组观测值，所谓对总体 X 的未知参数 θ 的点估计，就是由样本 $X_1,X_2,\cdots,X_n$ 构造一个适当的统计量 $\hat{\theta}=\hat{\theta}(X_1,X_2,\cdots,X_n)$，用 $\hat{\theta}$ 来估计总体 X 的未知参数 θ．称 $\hat{\theta}=\hat{\theta}(X_1,X_2,\cdots,X_n)$ 为 θ 的**估计量**，对应于样本的一组观测值 $x_1,x_2,\cdots,x_n$，估计量 $\hat{\theta}$ 的值 $\hat{\theta}=\hat{\theta}(x_1,x_2,\cdots,x_n)$ 称为 θ 的**估计值**．今后，不十分强调估计量与估计值的区别，而统称为**点估计**.

下面介绍两种常用的点估计法.

4.6.1.1　数字特征法(矩估计法)

由于样本在一定程度上反映了总体的信息，所以人们自然想到利用样本数字特征作为总体相应的数字特征的点估计量.

例如，用样本均值 $\overline{X}$ 作为总体均值 μ 的点估计量，记作 $\hat{\mu}$，即

$$\hat{\mu}=\overline{X}=\frac{1}{n}\sum_{i=1}^{n}X_i$$

而

$$\hat{\mu}=\overline{x}=\frac{1}{n}\sum_{i=1}^{n}x_i$$

为 μ 的点估计值.

以样本方差 S^2 作为总体方差 σ^2 的点估计量，即

$$\hat{\sigma}^2=S^2=\frac{1}{n-1}\sum_{i=1}^{n}(X_i-\overline{X})^2$$

而

$$\hat{\sigma}^2 = S^2 = \frac{1}{n-1}\sum_{i=1}^{n}(x_i - \overline{x})^2$$

为 σ^2 的点估计值.

这种用样本数字特征来估计总体相应的数字特征的点估计方法，称为**数字特征法**. 这是数理统计中最常用的一种估计法，它并不需要知道总体的分布形式；这种方法也不只限于一个总体，也可用于两个总体的情形.

4.6.1.2　极大似然法

极大似然估计法的基本思想是：如果一个随机试验有 n 个可能结果：$A_1, A_2, \cdots, A_n$，假如在一次试验中事件 $A_k(1 \leqslant k \leqslant n)$ 发生了，那么就认为事件 A_k 发生的概率最大. 下面就依据这个基本思想来寻求未知参数 θ 的估计值.

1. 总体 X 为离散型随机变量 θ 的估计值

设总体 X 为离散型随机变量，已知概率分布为 $P\{X = x\} = p(x;\ \theta)$，其中，$\theta$ 为未知参数. 假定 $x_1, x_2, \cdots, x_n$ 是样本 $X_1, X_2, \cdots, X_n$ 的一组样本观测值，则事件 $\{X_1 = x_1\}, \{X_2 = x_2\}$，$\cdots, \{X_n = x_n\}$ 的积的概率

$$\begin{aligned} &P\{X_1 = x_1, X_2 = x_2, \cdots, X_n = x_n\} \\ &= P\{X_1 = x_1\}P\{X_2 = x_2\}\cdots P\{X_n = x_n\} \\ &= \prod_{i=1}^{n} p(x_i;\ \theta) \end{aligned}$$

称此函数为 θ 的**似然函数**，记为 $L(\theta)$，即

$$L = L(\theta) = \prod_{i=1}^{n} p(x_i;\ \theta)$$

极大似然估计法的直观想法就是：在一次随机取样中，样本观测值 $x_1, x_2, \cdots, x_n$ 居然出现了，可见参数 θ 的取值应使这组观测值出现的概率 $P\{X_1 = x_1, X_2 = x_2, \cdots, X_n = x_n\}$ 最大，也就是说使似然函数 $L(\theta)$ 达到极大值. 故在 θ 的取值范围内，选择适当的 $\hat{\theta}$ 作为 θ 的估计值，使 $L(\hat{\theta})$是$L(\theta)$ 的极大值.

若当 $\theta = \hat{\theta}$ 时，似然函数取得极大值，即 $L(\hat{\theta}) \geqslant L(\theta)$ 成立，则称 $\hat{\theta} = \hat{\theta}(x_1, x_2, \cdots, x_n)$ 为 θ 的**极大似然估计值**，$\hat{\theta} = \hat{\theta}(X_1, X_2, \cdots, X_n)$ 为 θ 的**极大似然估计量**.

求极大似然估计值的问题，就是求似然函数 $L(\theta)$ 的极大值点的问题. 由于 $\ln L(\theta)$ 与 $L(\theta)$ 的单调性相同，因此，$\ln L(\theta)$ 与 $L(\theta)$ 有相同的极大值点.

在 $L(\theta)$ 对 θ 可微时，要使 $L(\hat{\theta})$ 为极大值，$\hat{\theta}$ 必须满足 $\frac{\mathrm{d}L}{\mathrm{d}\theta} = 0$. 为了计算方便，$\hat{\theta}$ 一般由方程

$$\frac{\mathrm{d}\ln L}{\mathrm{d}\theta}=0$$

来求得参数θ的极大似然估计值$\hat{\theta}$．上面这个方程称为**似然方程**.

求极大似然估计值可按下列步骤进行：

（1）由总体分布$P\{X=x\}=p(x;\ \theta)$写出θ的似然函数$L(\theta)$．即以样本观测值$x_1,x_2,\cdots,x_n$分别代入$p(x;\ \theta)$中的x，得到$p(x_1;\ \theta),p(x_2;\ \theta),\cdots,p(x_n;\ \theta)$，将它们相乘即得$\theta$的似然函数

$$L(\theta)=\prod_{i=1}^{n}p(x_i;\ \theta)$$

（2）解似然方程$\dfrac{\mathrm{d}\ln L}{\mathrm{d}\theta}=0$，得似然函数的极大值点，此即为参数$\theta$的极大似然估计值$\hat{\theta}$.

【例 4.6.1】 从一批产品中随机抽取 75 件，发现其中有废品 10 件，试估计这批产品的废品率p.

解 设$x_i=\begin{cases}1, & \text{第 } i \text{ 次抽到废品}\\ 0, & \text{第 } i \text{ 次抽到合格品}\end{cases}$　(i=1，2，…，75)

则X_i服从两点分布.

设$x_1,x_2,\cdots,x_{75}$为样本观测值，因

$$p(x_i;\ \theta)=P\{X_i=x_i\}=p^{x_i}(1-p)^{1-x_i}\quad (x_i=0,\ 1;\quad i=1,\ 2,\ \cdots,\ 75)$$

所以p的似然函数为

$$L(p)=\prod_{\mathrm{i}=1}^{75}p^{x_i}(1-p)^{1-x_i}=p^{\sum\limits_{i=1}^{75}x_i}(1-p)^{75-\sum\limits_{i=1}^{75}x_i}$$

等式两边取对数，得

$$\ln L(p)=\sum_{i=1}^{75}x_i\ln p+(75-\sum_{i=1}^{75}x_i)\ln(1-p)$$

p的似然方程为

$$\frac{\mathrm{d}\ln L}{\mathrm{d}p}=\frac{\sum\limits_{i=1}^{75}x_i}{p}-\frac{75-\sum\limits_{i=1}^{75}x_i}{1-p}=0$$

解得

$$p=\frac{1}{75}\sum_{i=1}^{75}x_i$$

由题意知，x_i不是 0 就是 1，在取得的样本值$x_1,x_2,\cdots,x_{75}$中有 10 个x_i取 1，其余 65 个取 0，所以$\dfrac{1}{75}\sum\limits_{i=1}^{75}x_i=\dfrac{2}{15}$，得$p=\dfrac{2}{15}$，即废品率的估计值为$\dfrac{2}{15}$.

2．总体 X 为连续型随机变量 θ 的估计值

设总体 X 为连续型随机变量，X 的概率密度 $p(x;\ \theta)$ 的形式为已知，其中，θ 为未知参数，$x_1,x_2,\cdots,x_n$ 为一组容量为 n 的样本观测值，则 θ 的似然函数仍为

$$L=L(\theta)=\prod_{i=1}^{n}p(x_i;\ \theta)=p(x_1;\ \theta)p(x_2;\ \theta)\cdots p(x_n;\ \theta)$$

再按类似于离散型的方法和步骤，求参数 θ 的极大似然估计值 $\hat{\theta}$．

【例 4.6.2】 设 $X\sim N(\mu,\sigma^2)$．未知参数为 σ^2，$x_1,x_2,\cdots,x_n$ 是取自总体 X 的一组样本观测值，求 σ^2 的极大似然估计．

解 由题意知，X 的概率密度为

$$p(x;\ \sigma^2)=\frac{1}{\sigma\sqrt{2\pi}}\mathrm{e}^{-\frac{1}{2\sigma^2}(x-\mu)^2}$$

σ^2 的似然函数为

$$L(\sigma^2)=\prod_{i=1}^{n}\frac{1}{\sigma\sqrt{2\pi}}\mathrm{e}^{-\frac{1}{2\sigma^2}(x_i-\mu)^2}=\left(\frac{1}{\sigma\sqrt{2\pi}}\right)^n\mathrm{e}^{n-\frac{1}{2\sigma^2}\sum\limits_{i=1}^{n}(x_i-\mu)^2}$$

两边取对数，得

$$\ln L=-\frac{n}{2}\ln(2\pi)-\frac{n}{2}\ln\sigma^2-\frac{1}{2\sigma^2}\sum_{i=1}^{n}(x_i-\mu)^2$$

σ^2 的似然方程为：

$$\frac{\mathrm{d}\ln L}{\mathrm{d}\sigma^2}=-\frac{n}{2\sigma^2}+\frac{1}{2(\sigma^2)^2}\sum_{i=1}^{n}(x_i-\mu)^2=0$$

解此方程，得 σ^2 的极大似然估计为

$$\hat{\sigma}^2=\frac{1}{n}\sum_{i=1}^{n}(x_i-\mu)^2$$

如果 μ 为未知参数，那么我们也可求得 μ 的极大似然估计为

$$\hat{\mu}=\overline{x}=\frac{1}{n}\sum_{i=1}^{n}x_i$$

4.6.2 估计量的评选标准

一般来说，估计方法不同，所得的估计量也不同，选用哪一个估计量呢?这就需要比较估计量的好坏．下面介绍两种评定估计量好坏的标准．

4.6.2.1 无偏性

由于估计量是样本的函数，是随机变量，对于不同的样本观测值，就有可能得到不同的估计值，我们希望这些估计值在未知参数的真值附近摆动，即希望估计量的均值等于未知参数的真值．

定义 1　设$\hat{\theta}$是未知参数θ的一个估计量，若 $E(\hat{\theta})=\theta$ 成立，则称$\hat{\theta}$为θ的无偏估计量.

【例 4.6.3】　设总体 X 的均值 $E(X)=\mu$ 为未知参数，从总体抽取容量为 $n=3$ 的样本 X_1,X_2,X_3，选取μ的三个不同的估计量

$$\hat{\mu}_1=X_1,\qquad \hat{\mu}_2=\frac{1}{3}X_1+\frac{1}{4}X_2+\frac{5}{12}X_3,\qquad \hat{\mu}_3=\overline{X}$$

试说明这三个估计量都是无偏估计量.

解　因为X_1,X_2,X_3与总体X服从同一分布，所以$E(X_i)=E(X)=\mu$　($i=1,2,3$)，于是

$$E(\hat{\mu}_1)=E(X_1)=\mu$$

$$E(\hat{\mu}_2)=\frac{1}{3}E(X_1)+\frac{1}{4}E(X_2)+\frac{5}{12}E(X_3)=\frac{1}{3}\mu+\frac{1}{4}\mu+\frac{5}{12}\mu=\mu$$

$$E(\hat{\mu}_3)=E(\overline{X})=\frac{1}{3}[E(X_1)+E(X_2)+E(X_3)=\frac{1}{3}(\mu+\mu+\mu)=\mu$$

所以，$\hat{\mu}_1$，$\hat{\mu}_2$，$\hat{\mu}_3$都是μ的无偏估计量.

设总体 X 的期望μ和方差σ^2存在，$X_1,X_2,\cdots,X_n$是 X 的样本，可以证明，样本均值$\overline{X}$与样本方差S^2分别是总体X的均值μ与方差σ^2的无偏估计量.

4.6.2.2　有效性

当未知参数θ的无偏估计量不止一个时，显然是估计值越接近θ者越好，也就是方差越小者越好.

定义　设$\hat{\theta}_1,\hat{\theta}_2$是$\theta$的两个无偏估计量，如果

$$D(\hat{\theta}_1)<D(\hat{\theta}_2)$$

则称$\hat{\theta}_1$较$\hat{\theta}_2$有效.

【例 4.6.4】　在例 4.6.3 中，参数μ的三个无偏估计量$\hat{\mu}_1$，$\hat{\mu}_2$，$\hat{\mu}_3$中哪一个更有效?

解　设总体X的方差$D(X)=\sigma^2$，则有

$$D(X_i)=\sigma^2\quad (i=1,2,3)$$

由于

$$D(\hat{\mu}_1)=D(X_1)=\sigma^2$$

$$D(\hat{\mu}_2)=D\left(\frac{1}{3}X_1+\frac{1}{4}X_2+\frac{5}{12}X_3\right)=\frac{1}{9}D(X_1)+\frac{1}{16}D(X_2)+\frac{25}{144}D(X_3)=\frac{50}{144}\sigma^2$$

$$D(\hat{\mu}_3)=D(\overline{X})=D\left[\frac{1}{3}(X_1+X_2)+X_3)\right]=\frac{1}{9}(\sigma^2+\sigma^2+\sigma^2)=\frac{1}{3}\sigma^2$$

故

$$D(\hat{\mu}_3) < D(\hat{\mu}_2) < \mathrm{D}(\hat{\mu}_1)$$

所以参数μ的三个无偏估计量中，$\hat{\mu}_3$较$\hat{\mu}_1$，$\hat{\mu}_2$更有效.

实际上,还可以证明在总体均值的所有形如$\sum_{i=1}^{n} a_i X_i$(其中$a_i \geqslant 0$且$\sum a_i = 1$)的无偏估计量中，样本均值$\bar{X}$的方差最小，样本均值$\bar{X}$是总体均值μ的最有效的无偏估计量.

4.6.3 区间估计

前面介绍的参数点估计是用样本观测值$x_1, x_2, \cdots, x_n$计算总体参数θ的估计值$\hat{\theta} = \hat{\theta}(x_1, x_2, \cdots, x_n)$，它是参数$\theta$的真值的近似值. 作为近似值，它与真值之间总存在一定的偏差,估计值的精确度如何?可靠性有多大?点估计本身不可能给出,这正是点估计的不足之处. 所以，希望对θ的取值估计出一个范围，希望知道这个范围包含参数θ的真值的可靠程度. 这样的范围通常用区间的形式给出. 这就是所谓参数的区间估计问题.

4.6.3.1 置信区间

设总体X的分布中含有未知参数θ，$\theta_1(x_1, x_2, \cdots, x_n)$与$\theta_2(x_1, x_2, \cdots, x_n)$是由样本$X_1, X_2, \cdots, X_n$构成的两个样本函数. 如果对于给定的概率$1-\alpha$，有

$$P\{\theta_1 \leqslant \theta \leqslant \theta_2\} = 1-\alpha \quad (0 < \alpha < 1)$$

成立，则称随机区间$[\theta_1, \theta_2]$为参数θ的**置信度为$1-\alpha$的置信区间**. θ_1, θ_2分别为**置信下限和置信上限**.

置信区间的意义可作如下解释：随机区间$[\theta_1, \theta_2]$包含未知参数θ的真值的概率为$1-\alpha$. 也就是说，如果反复多次地随机抽取容量为n的样本$X_1, X_2, \cdots, X_n$，对每一次具体的样本观测值$x_1, x_2, \cdots, x_n$，都可以求得一个确定的常数区间$[\theta_1(x_1, x_2, \cdots, x_n),\ \theta_2(x_1, x_2, \cdots, x_n)]$，如果进行 100 次随机取样，那么就会得到 100 个这种常数区间，在这 100 个常数区间中，有的包含参数θ的真值，有的不包含参数θ的真值. 为方便计算，设置信度$1-\alpha$=0.95=95%，其含义是：从统计意义看，这 100 个常数区间中约 95%的区间包含参数θ的真值，只有约 5%的区间不包含θ的真值. 因此$1-\alpha$=0.95 可以说明置信区间的可靠程度.

4.6.3.2 正态总体的置信区间

1. **正态总体均值μ的区间估计**

1）已知总体X的方差σ^2，求均值μ的$1-\alpha$置信区间

由上述分析可知，求未知参数θ的置信区间，需要选择合适的统计量．选择的统计量一般要具备下面两个特点：

（1）统计量中包含所要估计的未知参数θ．

（2）统计量的分布已知，但它与未知参数θ无关．

因为$X\sim N(\mu,\sigma^2)$，且σ^2已知．含有μ，σ及$\bar{X}$的统计量

$$U=\frac{\bar{X}-\mu}{\sigma/\sqrt{n}}\sim N(0,1)$$

符合我们的选择要求．

对于给定的置信度$1-\alpha$，查标准正态分布表（见书后附表 1，下同），得到满足等式

$$P\left\{-U_{\frac{\alpha}{2}}<\frac{\bar{X}-\mu}{\sigma/\sqrt{n}}<U_{\frac{\alpha}{2}}\right\}=1-\alpha$$

的临界值$U_{\frac{\alpha}{2}}$，见图 4.19.

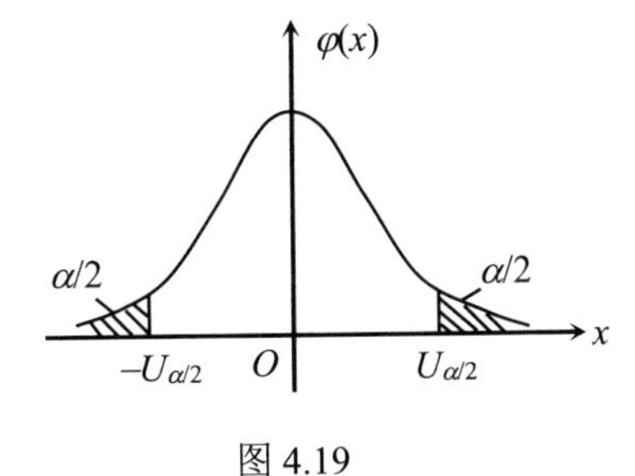

图 4.19

因而，由上式可得

$$P\left(\bar{X}-U_{\frac{\alpha}{2}}\frac{\sigma}{\sqrt{n}}\leqslant\mu\leqslant\bar{X}+U_{\frac{\alpha}{2}}\frac{\sigma}{\sqrt{n}}\right)=1-\alpha$$

所以均值μ的$1-\alpha$置信区间为

$$\left[\bar{X}-U_{\frac{\alpha}{2}}\frac{\sigma}{\sqrt{n}},\ \bar{X}+U_{\frac{\alpha}{2}}\frac{\sigma}{\sqrt{n}}\right]$$

一次取样后，得总体X的一组样本值$x_1,x_2,\cdots,x_n$，便得到一个具体的区间

$$\left[\bar{x}-U_{\frac{\alpha}{2}}\frac{\sigma}{\sqrt{n}},\quad \bar{x}+U_{\frac{\alpha}{2}}\frac{\sigma}{\sqrt{n}}\right]$$

为方便起见，这个区间也称为均值μ的$1-\alpha$置信区间．

现将已知方差σ^2，求均值μ的$1-\alpha$置信区间的步骤归纳如下：

（1）由样本值$x_1,x_2,\cdots,x_n$，求出$\bar{x}$；

（2）由置信度为$1-\alpha$，查标准正态分布表得$U_{\frac{\alpha}{2}}$，使$\Phi(U_{\frac{\alpha}{2}})=1-\frac{\alpha}{2}$，计算

$\bar{x}\pm U_{\frac{\alpha}{2}}\frac{\sigma}{\sqrt{n}}$；

（3）最后写出均值μ的$1-\alpha$置信区间$\left[\bar{x}-U_{\frac{\alpha}{2}}\frac{\sigma}{\sqrt{n}},\quad \bar{x}+U_{\frac{\alpha}{2}}\frac{\sigma}{\sqrt{n}}\right]$.

【例 4.6.5】 已知总体$X\sim N(\mu,\sigma^2)$，今测得一组样本值为 3.3，−0.3，−0.6，

-0.9．若 $\sigma^2=9$，求 μ 的 0.95 置信区间．

解 $\bar{x}=\dfrac{1}{4}(3.3-0.3-0.6-0.9)=0.375$

由于置信度 $1-\alpha=0.95$，则 $\alpha=0.05$，查标准正态分布表得

$$U_{\frac{\alpha}{2}}=U_{0.025}=1.96$$

于是得

$$\bar{x}-U_{\frac{\alpha}{2}}\frac{\sigma}{\sqrt{n}}=0.375-1.96\times\frac{3}{\sqrt{4}}=-2.565$$

$$\bar{x}+U_{\frac{\alpha}{2}}\frac{\sigma}{\sqrt{n}}=0.375+1.96\times\frac{3}{\sqrt{4}}=3.315$$

因此，μ 的 0.95 置信区间为[−2.565，3.315]．

如果置信度 $1-\alpha=0.99$，则 $\alpha=0.01$，查标准正态分布表得

$$U_{\frac{\alpha}{2}}=U_{0.005}=2.58$$

因此，μ 的 0.99 置信区间为[−3.495，4.245]．

由此例可见，置信度越大，置信区间越长，区间估计和置信度有密切的关系．

2）总体 X 的方差 σ^2 未知，求均值 μ 的 $1-\alpha$ 置信区间

在已知 σ^2，求均值 μ 的 $1-\alpha$ 置信区间时，用到

$$U=\frac{\bar{x}-\mu}{\sigma/\sqrt{n}}$$

现在 σ^2 未知，自然会想到用 σ 的无偏估计量，即样本均方差 $s=\sqrt{\dfrac{1}{n-1}\sum\limits_{i=1}^{n}(x_i-\bar{x})^2}$ 代替总体标准差 σ，得统计量

$$T=\frac{\bar{X}-\mu}{S/\sqrt{n}}\sim t(n-1)$$

统计量 T 具有下列两个特点：

（1）T 中包含所要估计未知参数 μ．

（2）由前节知 $T=\dfrac{\bar{X}-\mu}{S/\sqrt{n}}\sim t(n-1)$，它与 μ 无关．

这样，统计量 T 可用于区间估计．

于是，对于给定的置信度 $1-\alpha$，由 t 分布表（见书后附表 2，下同）可查得相应的临界值 $t_{\frac{\alpha}{2}}(n-1)$，使

$$P\left\{-t_{\frac{\alpha}{2}}(n-1) < \frac{\bar{X}-\mu}{S/\sqrt{n}} < t_{\frac{\alpha}{2}}(n-1)\right\}=1-\alpha$$

成立，如图 4.20 所示，可得 μ 的 $1-\alpha$ 置信区间为

$$\left(\bar{X}-t_{\frac{\alpha}{2}}(n-1)\frac{S}{\sqrt{n}},\ \bar{X}+t_{\frac{\alpha}{2}}(n-1)\frac{S}{\sqrt{n}}\right)$$

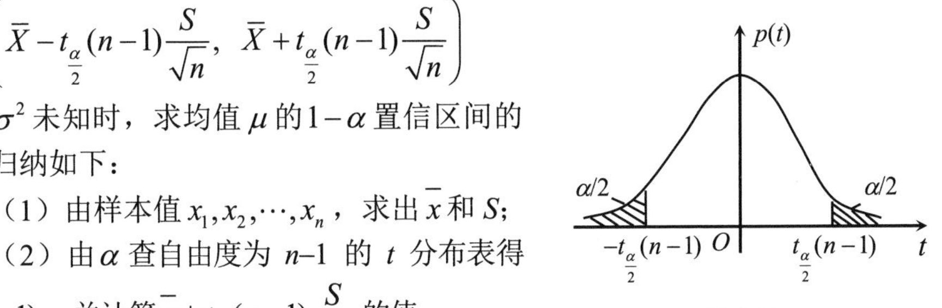

图 4.20

σ^2 未知时，求均值 μ 的 $1-\alpha$ 置信区间的步骤归纳如下：

（1）由样本值 $x_1,x_2,\cdots,x_n$，求出 $\bar{x}$ 和 S；

（2）由 α 查自由度为 n–1 的 t 分布表得 $t_{\frac{\alpha}{2}}(n-1)$，并计算 $\bar{x}\pm t_{\frac{\alpha}{2}}(n-1)\frac{S}{\sqrt{n}}$ 的值；

（3）最后写出均值 μ 的 $1-\alpha$ 置信区间 $\left[\bar{x}-t_{\frac{\alpha}{2}}(n-1)\frac{S}{\sqrt{n}},\ \bar{x}+t_{\frac{\alpha}{2}}(n-1)\frac{S}{\sqrt{n}}\right]$.

【例 4.6.6】 某商店购进一批桂圆，现从中随机抽取 8 包进行检查，结果如下（单位：克）：

502，　505，　499，　501，　498，　497，　499，　501

已知该批桂圆的重量服从正态分布，试求该批桂圆每包平均重量的 0.95 的置信区间.

解　$\bar{x}=\frac{1}{8}(502+505+499+501+498+498+499+501)=500.25$

$$S=\sqrt{\frac{1}{n-1}\sum_{i=1}^{n}(x_i-\bar{x})^2}$$

$$=\sqrt{\frac{1}{8-1}[(502-500.25)^2+\cdots+(501-500.25)^2}=2.55$$

由 $1-\alpha$=0.95，α=0.05，n=8，查 t 分布表得

$$t_{\frac{\alpha}{2}}(n-1)=t_{0.025}(8-1)=2.36$$

于是

$$\bar{x}-t_{\frac{\alpha}{2}}(n-1)\frac{S}{\sqrt{n}}=500.25-2.36\times\frac{2.55}{\sqrt{8}}=498.12$$

$$\bar{x}+t_{\frac{\alpha}{2}}(n-1)\frac{S}{\sqrt{n}}=500.25+2.36\times\frac{2.55}{\sqrt{8}}=502.38$$

因此，μ 的 0.95 置信区间为[498.12，502.38]. 即该批桂圆每包平均重量的 95%可能性在区间[498.12，502.38]内.

2．正态总体方差 σ^2 的区间估计

通常情况下，总体 X 的均值 μ 是未知的，所以只讨论 μ 未知时，方差 σ^2 的

区间估计.

要利用样本对σ^2进行区间估计，自然会想到方差σ^2的无偏估计量S^2，由前节可知，统计量

$$\chi^2=\frac{(n-1)S^2}{\sigma^2}\sim\chi^2(n-1)$$

χ^2中包含未知参数σ^2，且它的分布与σ^2无关，以χ^2作为估计函数，可用于σ^2的区间估计．对于给定的置信度$1-\alpha$，可查自由度为$n-1$的χ^2分布表，得临界值$\chi^2_{\frac{\alpha}{2}}(n-1)$和$\chi^2_{1-\frac{\alpha}{2}}(n-1)$，使等式

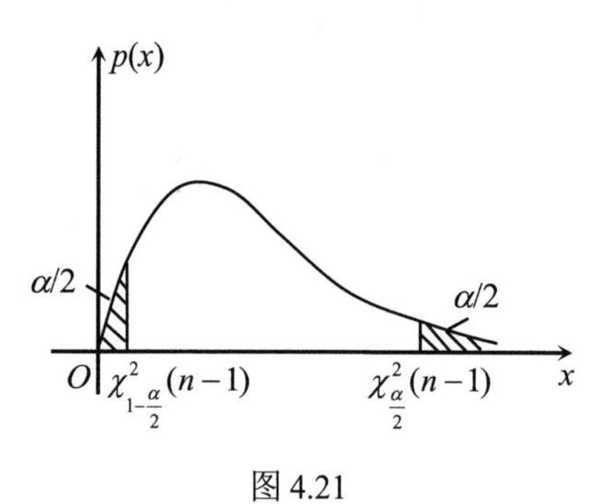

图 4.21

$$P\left\{\frac{(n-1)S^2}{\sigma^2}\geqslant\chi^2_{1-\frac{\alpha}{2}}(n-1)\right\}=1-\frac{\alpha}{2}$$

$$P\left\{\frac{(n-1)S^2}{\sigma^2}\geqslant\chi^2_{\frac{\alpha}{2}}(n-1)\right\}=\frac{\alpha}{2}$$

成立（见图 4.21），于是

$$P\left\{\chi^2_{1-\frac{\alpha}{2}}(n-1)<\frac{(n-1)S^2}{\sigma^2}<\chi^2_{\frac{\alpha}{2}}(n-1)\right\}$$

$$=P\left\{\frac{(n-1)S^2}{\sigma^2}\geqslant\chi^2_{1-\frac{\alpha}{2}}(n-1)\right\}-P\left\{\frac{(n-1)S^2}{\sigma^2}\geqslant\chi^2_{\frac{\alpha}{2}}(n-1)\right\}=1-\frac{\alpha}{2}-\frac{\alpha}{2}=1-\alpha$$

从而得

$$P\left\{\frac{(n-1)S^2}{\chi^2_{\frac{\alpha}{2}}(n-1)}\leqslant\sigma^2\leqslant\frac{(n-1)S^2}{\chi^2_{1-\frac{\alpha}{2}}}\right\}=1-\alpha$$

因此，方差σ^2的$1-\alpha$置信区间为

$$\left[\frac{(n-1)S^2}{\chi^2_{\frac{\alpha}{2}}(n-1)},\quad\frac{(n-1)S^2}{\chi^2_{1-\frac{\alpha}{2}}(n-1)}\right]$$

标准差的$1-\alpha$置信区间为

$$\left[\sqrt{\frac{(n-1)S^2}{\chi^2_{\frac{\alpha}{2}}(n-1)}},\quad\sqrt{\frac{(n-1)S^2}{\chi^2_{1-\frac{\alpha}{2}}(n-1)}}\right]$$

【例 4.6.7】 设 14 名足球运动员在比赛前的脉搏（12 秒）次数为

11，13，12，12，13，16，11，11，15，12，12，13，11，11

假设脉搏次数 X 近似服从正态分布，求 σ^2 的 0.95 置信区间.

解　由题设计算得到

$$\bar{x}=\frac{1}{14}\sum_{i=1}^{14}x_i=12.357,\quad (n-1)S^2=\sum_{i=1}^{14}(x_i-\bar{x})^2=27.43$$

由 $1-\alpha=0.95$，$\alpha=0.05$，$n-1=13$，查 χ^2 分布表，得

$$\chi^2_{\frac{\alpha}{2}}(n-1)=\chi^2_{0.025}(13)=24.7,\quad \chi^2_{1-\frac{\alpha}{2}}(n-1)=\chi^2_{0.975}(13)=5.01$$

于是

$$\frac{(n-1)S^2}{\chi^2_{\frac{\alpha}{2}}(n-1)}=1.11,\quad \frac{(n-1)S^2}{\chi^2_{1-\frac{\alpha}{2}}(n-1)}=5.47$$

因此，σ^2 的 0.95 置信区间为[1.11，5.47].

由上面的讨论可以看出，正态总体的两个参数 μ 和 σ^2 的区间估计的方法、步骤大致相同，所不同的是采用的统计量各不相同．现将讨论结果列于表 4.4.

表 4.4　单个正态总体参数的区间估计表

所估参数	条件	估计量	置信区间
μ	σ^2 已知	$\dfrac{\bar{X}-\mu}{\sigma/\sqrt{n}}$	$\left(\bar{X}-U_{\frac{\alpha}{2}}\dfrac{\sigma}{\sqrt{n}},\bar{X}+U_{\frac{\alpha}{2}}\dfrac{\sigma}{\sqrt{n}}\right)$
	σ^2 未知	$\dfrac{\bar{X}-\mu}{S/\sqrt{n}}$	$\left(\bar{X}-t_{\frac{\alpha}{2}}(n-1)\dfrac{S}{\sqrt{n}},\bar{X}+t_{\frac{\alpha}{2}}(n-1)\dfrac{S}{\sqrt{n}}\right)$
σ^2	μ 未知	$\dfrac{(n-1)S^2}{\sigma^2}$	$\left[\dfrac{(n-1)S^2}{\chi^2_{\frac{\alpha}{2}}(n-1)},\dfrac{(n-1)S^2}{\chi^2_{1-\frac{\alpha}{2}}(n-1)}\right]$

习　题　4.6

1．使用的测量仪器对同一值进行了 12 次独立测量，测量值为（单位：mm）：

232.50，　232.48，　232.15，　232.53，　232.24，　232.30，

232.48，　232.05，　232.45，　232.60，　232.47，　232.30

求用数字特征法估计测量值的均值与方差.

2．设总体 X 具有概率密度

$$p(x)=\begin{cases}\theta x^{\theta-1}, & 0<x<1\\ 0, & \text{其他}\end{cases}\quad (\theta>0)$$

求 θ 的极大似然估计.

3．设总体 X 服从均匀 $U[0, \theta]$，取得容量为 6 的样本值：1.3，0.6，1.7，2.2，0.3，1.1．求总体均值，总体方差的极大似然估计值．

4．设总体 X 的均值 $E(X)=\mu$ 已知，总体方差 $D(X)=\sigma^2$ 未知．$x_1,x_2,\cdots,x_n$ 为一样本，试证明：

$$\hat{\sigma}^2=\frac{1}{n}\sum_{i=1}^{n}(x_i-\mu)^2$$

是 σ^2 的无偏估计．

5．设 x_1,x_2,x_3 为总体 X 的样本．试证明：

$$\hat{\mu}_1=\frac{1}{6}x_1+\frac{1}{3}x_2+\frac{1}{2}x_3$$

$$\hat{\mu}_2=\frac{2}{5}x_1+\frac{1}{5}x_2+\frac{2}{5}x_3$$

都是总体均值 μ 的无偏估计量，并判断哪一个估计较有效．

6．由来自正态总体 $X\sim N(\mu,\ 0.9^2)$，容量为 9 的简单随机样本，若得到样本均值 $\overline{x}=5$，求未知参数 μ 的置信度为 0.95 的置信区间．

7．某工厂生产滚珠，从某日生产的产品中随机抽取 9 个，测得直径（单位：mm）如下：

14.6，14.7，15.1，14.9，14.8，15.0，15.1，15.2，14.8

设滚珠直径服从正态分布，若

（1）已知滚珠直径的标准差 $\sigma=0.15$ mm；

（2）未知标准差 σ．

求直径均值 μ 的置信度为 0.95 的置信区间．

8．在某地区小学五年级男生的体检记录中，随意抄录了 25 名男生的身高数据，测得平均身高为 150 cm，标准差为 12 cm．试求该地区小学五年级男生的平均身高 μ 和身高的标准差 σ 的 0.95 的置信区间（假设身高近似服从正态分布）．

4.7 假设检验

4.7.1 假设检验的基本概念

在实际应用问题中，有一类问题要求对总体参数的性质、总体分布的类型等作出结论性的判断．例如，自动包装机的工作是否正常，一种药物的疗效与另一种药物是否相同等，这类问题的共同处理方法是先把一些结论当作某种假设，然后选取适当的统计量，再根据实测资料对假设进行检验，判断是否可以认为假设成立．这类问题也属于统计推断的一个重要方面，称为**假设检验问题**．

4.7.1.1　假设检验的基本原理

概率很小的事件在一次试验中几乎不可能出现，我们称这样的事件为**小概率事件**，在概率统计的应用中，人们总是根据所研究的具体问题，规定一个界限 $\alpha(0<\alpha<1)$，把概率不超过 α 的事件认为是小概率事件，认为这样的事件在一次试验中是不会出现的．这就是所谓的“**小概率原理**”．

假设检验的基本思想是以小概率原理作为拒绝 H_0 的依据，即设有某个假设 H_0 要检验，先假定 H_0 是正确的，在此假设下，构造一个不超过 $\alpha(0<\alpha<1)$ 的小概率事件 A．如果经过一次试验（一次抽样），事件 A 竟然出现了，自然怀疑假设 H_0 的正确性，因而拒绝（否定）H_0，如果事件 A 没有出现，那么表明原假设 H_0 与试验结果不矛盾，不能拒绝 H_0．不能拒绝时．一般说来，若样本容量已足够大，就可接受它，否则可扩大样本容量作进一步研究．

如上所述，在假设检验中要指定一个很小的正数 α，把概率不超过 α 的小概率事件 A 认为是实际不可能发生的事件，这个数 α 称为**显著性水平**．对于各种不同的问题，显著性水平 α 可以选取不同，在实际应用中，常选取 $\alpha=0.01$，0.05 或 0.10 等．

关于假设 H_0，通常称为**原假设**．当拒绝假设 H_0 时，要接受另一假设 H_1．它可以理解为当拒绝假设 H_0 时，准备选择的假设，称为**备择假设**．

4.7.1.2　假设检验中的两类错误

依据假设检验的基本思想进行假设检验，这样的假设检验有可能犯错误．数理统计的任务本来是用样本去推断总体，即从局部去推断整体，当然有可能犯错误．就错误类型而言，可分为以下两类：

第一类错误是“弃真”错误：H_0 本来是正确的，却被拒绝．

由于我们只在 A 出现时才拒绝 H_0，事件 A 的条件概率 $P(A|H_0)$ 不超过显著性水平 α．也就是说，犯第一类错误的概率为显著水平 α．

第二类错误是“取伪”错误，H_0 本来不正确，却被接受，犯第二类错误的概率记为 β．

在进行假设检验时，当然应力求犯两类错误的概率都尽可能地小．但是实际上在样本容量 n 一定时，可以证明：建立犯两类错误的概率都最小的检验是不可能的．考虑到原假设 H_0 的提出是有一定依据的，对它要加以保护，拒绝它要慎重，所以通常控制犯第一类错误的概率，即选定显著水平 $\alpha\,(0<\alpha<1)$，对固定的 n 和 α 建立检验法，使犯第一类错误的概率不大于 α．

4.7.1.3 假设检验的基本步骤

根据以上的讨论与分析，可将假设检验的基本步骤概括如下：

（1）根据实际问题提出原假设 H_0 及备择假设为 H_1．这里要求 H_0 与 H_1 有且有一个为真；

（2）选取适当的检验统计量，在原假设 H_0 成立的条件下确定该检验统计量的分布；

（3）按问题的具体要求，选取适当的显著水平 α，并根据统计量的分布表，确定对应于 α 的临界值，从而得到对原假设 H_0 的拒绝域 W；

（4）根据样本值计算统计量的值，若落入拒绝域 W 内，则认为 H_0 不真，拒绝 H_0，接受备择假设为 H_1：否则，接受 H_0．

4.7.2 正态总体均值的假设检验

4.7.2.1 已知总体方差 σ^2 时 U 检验法

设 $X_1,X_2,\cdots,X_n$ 为取自正态总体 $N(\mu,\sigma^2)$ 的一个容量为 n 的样本，$\overline{X}$ 与 S^2 分别为样本均值与样本方差；μ_0、σ_0 为已知常数，$\sigma_0>0$．对于未知参数 μ 可以进行如下分类检验．

假设检验问题为　H_0：$\mu=\mu_0 \leftrightarrow H_1$：$\mu\neq\mu_0$（$H_1$ 为备择假设)．

选择检验统计量

$$U=\frac{\overline{X}-\mu_0}{\sigma/\sqrt{n}}$$

在 H_0 成立的假设下，$U\sim N(0,1)$．对给定的显著水平 α，查本书附录中的标准正态分布表（见附表 1)，可得临界值 $U_{\frac{\alpha}{2}}$．使

$$P\{|U|>U_{\frac{\alpha}{2}}\}=\alpha$$

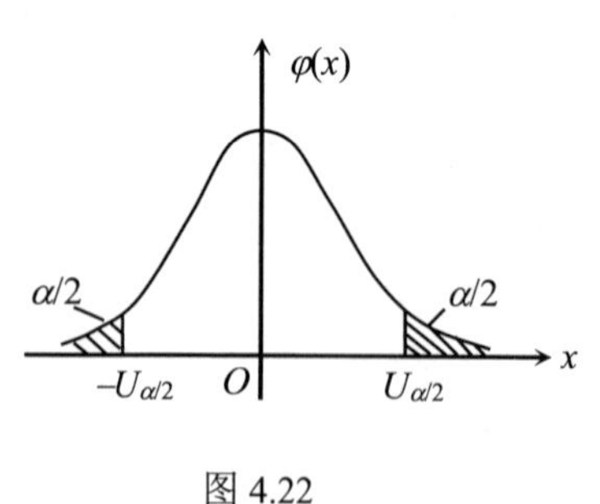

图 4.22

取拒绝域

$$W=\{|U|>U_{\frac{\alpha}{2}}\}$$

或写为

$$W=\{U<-U_{\frac{\alpha}{2}}，或 U>U_{\frac{\alpha}{2}}\}$$

从图 4.22 知，对于统计量 U 而言，拒绝域是区间 $[-U_{\frac{\alpha}{2}},U_{\frac{\alpha}{2}}]$ 之外的两侧，此检验称为**双侧检验**．检验法如下：

若由样本值 $x_1, x_2, \cdots, x_n$ 算得 U，那么：

（1）当 $|U| > U_{\frac{\alpha}{2}}$，则拒绝原假设 H_0，认为总体均值 μ 与 H_0 给定的 μ_0 之间有显著差异；

（2）当 $|U| \leqslant U_{\frac{\alpha}{2}}$，则接受原假设 H_0，认为总体均值 μ 与 H_0 给定的 μ_0 之间无显著差异．

这种利用服从正态分布的检验统计量所进行的检验称为 **U 检验法**．

有时，我们只关心总体均值是否增大．比如，经过工艺改革后，考虑产品的质量（如材料的强度）是否比以前提高．这时，假设检验问题可归结为

$$H_0: \mu \leqslant \mu_0 \leftrightarrow H_1: \mu > \mu_0$$

问题要在 H_0 和 H_1 中作一抉择．若通过检验，拒绝了 H_0，即接受了 H_1，说明产品质量可认为提高了（如增加了材料强度）．

这时，检验统计量仍可选择统计量

$$U = \frac{\bar{X} - \mu_0}{\sigma_0 / \sqrt{n}}$$

当 $H_1: \mu > \mu_0$ 成立时，才有可能认为产品质量有了提高．此时，U 有偏大的趋势．对给定的显著水平 α，这个检验的拒绝域应取为 $W=\{U > U_\alpha\}$．由图 4.23，对统计量 U 而言，拒绝域 W 由大于 U_α 的 U 的集合构成，称此检验为**单侧检验**．

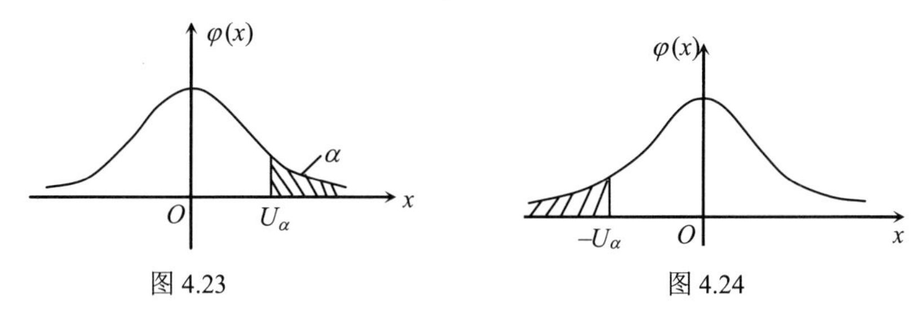

图 4.23　　　图 4.24

在另一类实际问题中，我们只关心总体均值是否减少．比如，机床进行调整以后，加工出来的轴的平均椭圆度是否显著降低．这时，假设检验问题可归结为

$$H_0: \mu \geqslant \mu_0 \leftrightarrow H_1: \mu < \mu_0$$

问题要在 H_0 和 H_1 中作一抉择．若通过检验，拒绝了 H_0，即接受了 H_1，说明机床进行调整以后，加工出来的轴的平均椭圆度显著降低．

这时，检验统计量仍可选择统计量

$$U = \frac{\bar{X} - \mu_0}{\sigma_0 / \sqrt{n}}$$

当 $H_1: \mu < \mu_0$ 成立时，U 有偏小的趋势．对于给定的显著水平 α，这个检验

的拒绝域应该取

$$W=\{U< -U_\alpha\}$$

从图 4.24 可以看出，拒绝域 W 由小于 $-U_\alpha$ 的 U 的集合构成，它也是单侧检验.

【例 4.7.1】 某测距仪在 500 m 范围内，测距精度 $\sigma=10$ m，今对距离 500 m 的目标，测量 9 次，得到平均距离 $\overline{X}=510$（m），问该测距仪是否存在系统误差 $(\alpha=0.05)$?

解 用 X 表示测距仪对目标一次测量得到的距离．根据实践经验，可设 $X\sim N(\mu,\sigma^2)$．由题设 $\sigma_0=10$，如果测距仪无系统误差，则应有 $\mu_0=500$，于是我们的问题是检验“H_0：$\mu=500$”是否成立？即应设：H_0：$\mu=500\leftrightarrow H_1$：$\mu\neq 500$

由 $n=9$，$\overline{X}=510$，$\mu_0=500$，$\sigma_0=10$，可得

$$U=\frac{\overline{X}-\mu_0}{\sigma/\sqrt{n}}=\frac{510-500}{10/\sqrt{9}}=3$$

而对给定的 $\alpha=0.05$，查标准正态分布表得临界值 $U_{\frac{\alpha}{2}}=1.96$；因而 $|U|=3>1.96=U_{\frac{\alpha}{2}}$，所以拒绝 H_0，即认为测距仪存在系统误差.

【例 4.7.2】 某厂生产一种灯管，它的寿命 $\overline{X}\sim N(\mu,200^2)$，从过去的经验看 $\mu\leqslant 1\,500$ h．今采用新工艺进行生产后，再从产品中随机抽 25 只进行测试，得到寿命的平均值为 1 675 h，问采用新工艺后，灯管质量是否有显著提高 $(\alpha=0.05)$?

解 依据题意，这是单侧假设检验问题，应设

$$H_0: \mu\leqslant 1500\leftrightarrow H_1: \mu>1500$$

检验统计量

$$U=\frac{\overline{X}-\mu_0}{\sigma/\sqrt{n}}=\frac{1675-1500}{200/\sqrt{25}}=4.375$$

当 $\alpha=0.05$ 时，$U_\alpha=1.645$．因为

$$U=4.375>1.645=U_\alpha$$

所以拒绝 H_0，接受 H_1：$\mu>1500$；即采用新工艺后，灯管质量显著提高.

【例 4.7.3】 一台机床加工轴的椭圆度 $X\sim N(0.095,0.02^2)$ (单位：mm)．机床经调整后，随机抽取 20 根测量其椭圆度，计算得 $\overline{X}=0.081$ mm．问调整后机床加工轴的平均椭圆度有无显著降低$(\alpha=0.05)$?

解 依据题意，这是单侧假设检验问题，应设

$$H_0: \mu\geqslant 0.095\leftrightarrow H_1: \mu<0.095$$

检验统计量

$$U=\frac{\overline{X}-\mu_0}{\sigma/\sqrt{n}}=\frac{0.081-0.095}{0.02}\sqrt{20}\approx -3.1305$$

当 $\alpha=0.05$ 时，$U_\alpha=1.645$．因为

$$U=-3.1305<-U_\alpha=-1.645$$

所以拒绝 H_0，接受 H_1：$\mu<0.095$，即认为调整后加工轴的平均椭圆度显著降低．

假设检验与参数区间估计有着密切联系．在区间估计中，假定参数是未知的，要用样本对它进行估计；而假设检验对参数值作了假设，认为它已知，用样本对假设作检验．在某种意义上，假设检验是参数区间估计的反面．另一方面，导出假设检验的检验统计量与导出参数区间估计的估计函数形式上完全相同．

4.7.2.2　未知总体方差 σ^2 时 t 检验法

在这种情况下，关于原假设 H_0 和备择假设 H_1 选择的情况同前．

对假设检验

$$H_0:\ \mu=\mu_0 \leftrightarrow H_1:\ \mu\neq\mu_0$$

因为 σ^2 未知，此时不能再取检验统计量 $U=\dfrac{\overline{X}-\mu_0}{\sigma/\sqrt{n}}$；以样本标准差 $S=\sqrt{\dfrac{1}{n-1}\sum\limits_{i=1}^{n}(x_i-\overline{x})^2}$ 代替总体标准差 σ，得

$$t=\frac{\overline{X}-\mu_0}{S/\sqrt{n}}$$

当 H_0 成立时，t 服从 $t(n-1)$分布．此检验为**双侧检验**，拒绝域 W 取为

$$W=\{|t|>t_{\frac{\alpha}{2}}(n-1)\}$$

检验法为：根据样本值 $x_1,x_2,\cdots,x_n$，算得 t 值．若$|t|>t_{\frac{\alpha}{2}}(n-1)$，拒绝 H_0，接受 H_1；否则就接受 H_0．

对假设检验

$$H_0\!:\mu\geqslant\mu_0 \leftrightarrow H_1\!:\mu<\mu_0$$

检验统计量仍为上述 t．此假设检验为单侧检验，拒绝域 W 取为

$$W=\{t<-t_\alpha(n-1)\}$$

检验法为：根据样本值 $x_1,x_2,\cdots,x_n$，算得 t 值．如果 $t<-t_\alpha(n-1)$，拒绝 H_0，接受 H_1；否则就接受 H_0．

对假设检验

$$H_0\!:\mu\leqslant\mu_0 \leftrightarrow H_1\!:\mu>\mu_0$$

检验统计量仍为上述 t．此假设检验也为单侧检验，拒绝域 W 取为

$$W=\{t>t_\alpha(n-1)\}$$

检验法为：根据样本值 $x_1,x_2,\cdots,x_n$，算得 t 值．如果 $t>t_\alpha(n-1)$，拒绝 H_0，

接受H_1；当$t \leqslant t_\alpha(n-1)$，接受$H_0$.

以上利用服从t分布的检验统计量作假设检验，称为**t检验法**.

【例 4.7.4】 某药厂生产一种抗生素，已知正常生产情况下，每瓶抗生素的某项主要指标服从均值为23.0的正态分布．某日开工后测得5瓶的数据为

$$22.3,\quad 21.5,\quad 22.0,\quad 21.8,\quad 21.4$$

问该日生产是否正常?（$\alpha=0.05$）

解 用X表示该日生产的一瓶抗生素的某项主要指标．如果已知随机变量X服从$N(\mu,\sigma^2)$，那么问题就是要检验

$$H_0:\ \mu=\mu_0 \leftrightarrow H_1:\ \mu\neq\mu_0$$

由于σ^2未知,所以采用统计量t.由题设计算可得:$n=5$,$\overline{X}=21.8$,$S^2=0.315$.因此

$$t=\frac{\overline{X}-\mu_0}{S/\sqrt{n}}=\frac{21.8-23.0}{\sqrt{0.315}/\sqrt{5}}=-7.30$$

查t分布表（见本书附录中的附表2）得，$t_{\frac{\alpha}{2}}(n-1)=t_{o.o25}(4)=2.7764$；由于$|-7.3|>2.7764$，故拒绝$H_0$，接受$H_1$，即认为该日生产不正常.

【例 4.7.5】 设木材的小头直径$X\sim N(\mu,\sigma^2)$，$\mu\geqslant 12$ cm为合格．今抽出12根测得小头直径的样本均值$\overline{X}=11.2$ cm，样本方差$S^2=1.44$ cm^2，问该批木材是否合格?（$\alpha=0.05$）

解 $\mu\geqslant 12$ cm为合格，而今测得$\overline{X}=11.2$ cm<12 cm，这引起我们对木材质量的怀疑，但因不能轻率地否定这批木材是合格的．需进行假设检验：

$$H_0: \mu\geqslant 12 \leftrightarrow H_1: \mu<12$$

由$\overline{X}=11.2$，$\mu_0=12$，$S=1.2$，$n=12$代入$t=\dfrac{\overline{X}-\mu_0}{S/\sqrt{n}}$，可得$t=-2.3094$.

根据显著水平$\alpha=0.05$，查t分布表（见附表2）得

$$-t_\alpha(n-1)=-t_{0.05}(11)=-1.7959$$

因$-2.3094<-1.7959$，故拒绝H_0，接受H_1，即认为该批木材是不合格的.

【例 4.7.6】 某工厂生产的固体燃料推进器的燃烧率服从正态分布$N(40,\sigma^2)$（单位：cm/s）．现在用新方法生产了一批推进器，从中随机抽取25只，测得燃烧率的样本均值$\overline{X}=41.25$ cm/s，样本均方差$S=2.13$ cm/s．问这批推进器的平均燃烧率是否有显著提高($\alpha=0.05$).

解 假设检验为

$$H_0: \mu\leqslant\mu_0 \leftrightarrow H_1: \mu>\mu_0$$

检验统计量

$$t=\frac{\overline{X}-\mu_0}{S/\sqrt{n}}=\frac{41.25-40}{2.13}\sqrt{25}\approx 2.9343$$

当 $\alpha=0.05$ 时，$t_{0.05}(24)=1.7109$．因为

$$t=2.9343>t_{0.05}(24)=1.7109$$

所以拒绝 H_0，即认为这批推进器的平均燃烧率有显著提高．

4.7.3　正态总体方差的假设检验

设总体 $X\sim N(\mu,\sigma^2)$，其中，μ 未知．关于总体方差 σ^2 的假设检验

$$H_0:\sigma^2=\sigma_0^2\leftrightarrow H_1:\sigma^2\neq\sigma_0^{\ 2}$$

考虑检验统计量，一个直观的想法是考虑样本方差 S^2 与总体方差 ${\sigma_0}^2$ 之比 $\frac{S^2}{\sigma_0^2}$，这个比值不能太大，也不能太小．若这个比值偏大或偏小到一定程度就要拒绝 H_0．在 H_0 成立时

$$\chi^2=\frac{(n-1)S^2}{\sigma^2}\sim\chi^2(n-1)$$

因而 $\chi^2=\frac{(n-1)S^2}{\sigma^2}$ 可以作为检验统计量．这是双侧检验．对显著水平 α，由书后附表 3 查临界值 $\chi^2_{1-\frac{\alpha}{2}}(n-1),\ \chi^2_{\frac{\alpha}{2}}(n-1)$，使

$$P\{\chi^2<\chi^2_{1-\frac{\alpha}{2}}(n-1)\}=\frac{\alpha}{2}$$

$$P\{\chi^2>\chi^2_{\frac{\alpha}{2}}(n-1)\}=\frac{\alpha}{2}$$

因此，H_0 的拒绝域 W 取为

$$W=\{\chi^2<\chi^2_{1-\frac{\alpha}{2}}(n-1)\}\cup\{\chi^2>\chi^2_{\frac{\alpha}{2}}(n-1)\}$$

如图 4.25 所示．

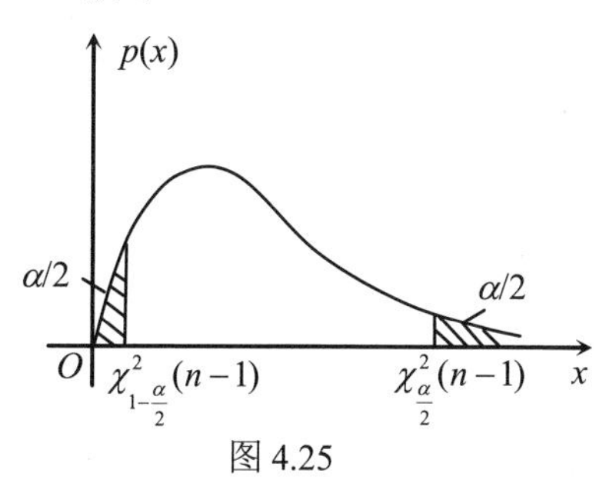

图 4.25

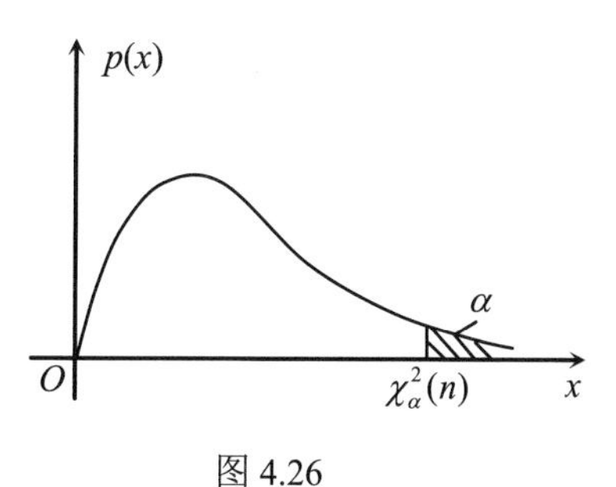

图 4.26

对于假设检验

$$H_0:\sigma^2\leqslant\sigma_0^2\leftrightarrow H_1:\sigma^2>\sigma_0{}^2$$

这时，仍取上述χ^2统计量．这是单侧检验．当H_0不成立时，χ^2有偏大的趋势，对显著水平α，拒绝域W取为：$W=\{\chi^2>\chi_\alpha^2(n-1)\}$．如图 4.26 所示．

对于假设检验

$$H_0:\sigma^2\geqslant\sigma_0^2\leftrightarrow H_1:\sigma^2<\sigma_0{}^2$$

这时，仍取上述χ^2统计量．这是单侧检验．当H_0不成立时，χ^2有偏小的趋势，对显著水平α，拒绝域W取为

$$W=\{\chi^2<\chi_{1-\alpha}^2(n-1)\}$$

因这种检验法所用统计量服从χ^2分布，所以此种检验又称为χ^2**检验**.

【例 4.7.7】 已知维尼纶的纤度在正常条件下服从正态分布$N(1.405,0.048^2)$．某日抽取 5 根纤维，测得其纤度为

1.32，　1.55，　1.36，　1.40，　1.44

问这一天纤度的总体方差是否正常($\alpha=0.05$)?

解 设以X表示这一天生产的维尼纶纤度，则$X\sim N(\mu,\sigma^2)$，如果总体方差正常，则有$\sigma^2=0.048^2$，因而问题是检验

$$H_0:\sigma^2=\sigma_0^2\leftrightarrow H_1:\sigma^2\neq\sigma_0{}^2$$

经计算知

$$\bar{x}=1.414,\quad (n-1)S^2=0.03112$$

$$\chi^2=\frac{(n-1)S^2}{\sigma_0^2}=\frac{0.03112}{0.048^2}=13.507$$

查附录中χ^2分布表（见附表 3），得

$$\chi_{\frac{\alpha}{2}}^2(n-1)=\chi_{0.025}^2(4)=11.143$$

由于

$$\chi^2=13.507>11.413=\chi_{0.025}^2(4)$$

所以应拒绝H_0，接受H_1，即认为总体方差有显著的变化.

【例 4.7.8】 某厂生产的灯泡的寿命长期以来服从方差$\sigma^2=10\,000$（单位：小时^2）的正态分布．从某天生产的一批灯泡中随机抽取 40 只，算出其寿命的样本方差$S^2=15\,000$（单位：小时^2）．在下列显著水平下能否断定这天灯泡寿命的波动性明显增大：

（1）$\alpha=0.05$；　（2）$\alpha=0.01$.

解 随机变量波动性的大小要看方差，现需检验假设

$$H_0:\sigma^2 \leqslant 10\,000 \leftrightarrow H_1:\sigma^2 > 10\,000$$

已知 n=40，S^2=15 000，因而

$$\chi^2=\frac{(n-1)S^2}{\sigma^2}=\frac{39\times 15\,000}{10\,000}=58.5$$

（1）当 α =0.05 时，χ^2=58.5＞$\chi^2_{0.05}(39)$=54.572，拒绝 H_0，认为波动性明显增大.

（2）当 α =0.01 时，χ^2=58.5＜$\chi_{0.01}(39)$=62.428，接受 H_0，认为波动性不明显.

我们把正态总体各种参数假设的显著性检验法列成如下表格（见表 4.5）：

表 4.5　正态总体参数显著性检验表

名称	条件	原假设 H_0	备择假设 H_1	统计量	拒绝域
U 检验	$X\sim N(\mu,\sigma^2)$ σ^2 已知	$\mu=\mu_0$	$\mu\neq\mu_0$	$U=\dfrac{\bar{X}-\mu_0}{\sigma/\sqrt{n}}$	$\lvert U\rvert>U_{\frac{\alpha}{2}}$
		$\mu\leqslant\mu_0$	$\mu>\mu_0$		$U>U_\alpha$
		$\mu\geqslant\mu_0$	$\mu<\mu_0$		$U<U_\alpha$
t 检验	$X\sim N(\mu,\sigma^2)$ σ^2 未知	$\mu=\mu_0$	$\mu\neq\mu_0$	$\iota=\dfrac{\bar{X}-\mu_0}{S/\sqrt{n}}$	$\lvert t\rvert>t_{\frac{\alpha}{2}}(n-1)$
		$\mu\leqslant\mu_0$	$\mu>\mu_0$		$t>t_\alpha(n-1)$
		$\mu\geqslant\mu_0$	$\mu<\mu_0$		$t<-t_\alpha(n-1)$
	$X\sim N(\mu_1,\sigma^2)$ $Y\sim N(\mu_2,\sigma^2)$	$\mu_1=\mu_2$	$\mu_1\neq\mu_2$	$t=\dfrac{(\bar{X}-\bar{Y})}{S_w\sqrt{\dfrac{1}{n_1}+\dfrac{1}{n_2}}}$	$\lvert t\rvert>t_{\frac{\alpha}{2}}(n_1+n_2-2)$
		$\mu_1\leqslant\mu_2$	$\mu_1>\mu_2$		$t>t_\alpha(n_1+n_2-2)$
		$\mu_1\geqslant\mu_2$	$\mu_1<\mu_2$		$t<-t_\alpha(n_1+n_2-2)$
χ^2 检验	$X\sim N(\mu,\sigma^2)$ μ 未知	$\sigma^2=\sigma_0^2$	$\sigma^2\neq\sigma_0^2$	$\chi^2=\dfrac{(n-1)S^2}{\sigma_0^2}$	$\chi^2<\chi^2_{1-\frac{\alpha}{2}}(n-1)$ 或 $\chi^2>\chi^2_{\frac{\alpha}{2}}(n-1)$
		$\sigma^2\leqslant\sigma_0^2$	$\sigma^2>\sigma_0^2$		$\chi^2>\chi^2_\alpha(n-1)$
		$\sigma^2\geqslant\sigma_0^2$	$\sigma^2<\sigma_0^2$		$\chi^2<\chi^2_{1-\alpha}(n-1)$

习　题　4.7

1．某种产品的重量 $X\sim N(12，1)$ (单位：g)．更新设备后，从新生产的产品

中，随机地抽取100个，测得样本均值 $\overline{x}=12.5$ g．如果方差没有变化，问设备更新后，产品的平均重量是否有显著变化?($\alpha=0.1$)

2．有一种元件，要求其平均使用寿命不得低于1 000小时．现在从这批元件中随机抽取 25 只，测得其平均寿命为 950 小时．已知该元件寿命服从标准差 $\sigma=100$ 小时的正态分布，试在显著水平 $\alpha=0.05$ 下确定这批元件是否合格．

3．某轮胎厂生产一种轮胎，其寿命为30 000 km，标准差为4 000 km．现在采用一种新的工艺生产这种轮胎，从试制产品中随机抽取100只轮胎进行试验，以测定新的工艺是否优于原有方法，规定显著水平 $\alpha=0.05$．

（1）问此检验是双侧检验还是单侧检验?

（2）写出原假设和备择假设．

（3）计算临界值．

4．正常人的脉搏平均为72次/分钟，今某医生测得10例患有慢性四乙基铅中毒症状患者的脉搏（次/分钟）如下：

54，　67，　68，　78，　70，　66，　67，　70，　65，　69

已知四乙基铅中毒患者的脉搏服从正态分布．问四乙基铅中毒患者和正常人的脉搏有无显著差异?($\alpha=0.05$)

5．从一批灯泡中随机抽取 50 只，分别测量其寿命，算得其平均值 $\overline{x}=1\ 900$ 小时，标准差 $S=490$（小时）．问能否认为这批灯泡的平均寿命为 2 000 小时．（$\alpha=0.01$）

6．南北两地儿童的身高都服从正态分布，从同龄儿童中分别抽取 8 名和 9 名，测得数据如下（单位：cm)：

南方：135，　137，　133，　135，　132，　128，　131，　136

北方：134，　138，　140，　142，　135，　139，　137，　141，　144

已知他们的方差相等，问两地该年龄组儿童的平均身高有无显著差异($\alpha=0.1$)．

7．测定某种溶液中的水分，它的10个测定值给出 $\overline{X}=0.452\%$，$S=0.037\%$．设测定值总体为正态分布，μ 为总体均值．试在水平 $\alpha=0.05$ 下检验假设：

（1） $H_0: \mu=0.5\% \leftrightarrow H_1: \mu<0.5\%$ ；

（2） $H_0: \sigma^2=0.04\% \leftrightarrow H_1: \sigma^2<0.04\%$.

8．有一种元件，用户要求元件的平均寿命不得低于1200小时，标准差不得超过50小时．今在一批这种元件中抽取9只，测得平均寿命 $\overline{X}=1\ 178$ 小时，标准差 $S=54$ 小时．已知元件寿命服从正态分布．试在水平 $\alpha=0.05$ 下确定这批元件是否合乎要求．

本章内容精要

1．本章主要内容为：

随机事件，基本事件，事件之间的关系；概率的定义与基本性质；逆事件的概率；概率的加法公式与乘法公式；条件概率，全概率公式；事件的独立性．

随机变量，离散性随机变量及其分布列，连续性随机变量及其密度函数，随机变量的分布函数；两点分布，二项分布，均匀分布，正态分布；随机变量的数字特征．

总体，样本，统计量：U 分布，t 分布，χ^2 分布，参数的点估计与区间估计：参数的假设检验：U 检验法，t 检验法，χ^2 检验法．

2. 在计算随机事件的概率时，只有当基本事件的全集是由有限个基本事件组成，且每个基本事件在一次试验中发生的可能性相同时，才能用古典型概率的计算方法．

3．事件的不相容性和事件的独立性是两个不同的概念．事件 A、B 的不相容性指的是事件 A、B 在一次试验中不能同时发生，而事件 A、B 的独立性指的是事件 A、B 发生的概率互不影响．正因为如此，所以在计算 $P(A+B)$时，先要判断事件 A、B 的不相容性，而在计算 $P(AB)$时，先要判断事件 A、B 的独立性，然后采用相应的公式进行计算．

4．概率的计算公式归纳列于表 4.6．

表 4.6

加法公式	$P(A+B)=\begin{cases}P(A)+P(B), & \text{当 } AB=\phi \text{ 时}\\ P(A)+P(B)-P(AB), & \text{当 } AB\neq\phi \text{ 时}\end{cases}$ $P(\overline{A})=1-P(A)$，　当 $A\overline{A}=\phi$ 时
乘法公式	$P(AB)=\begin{cases}P(A)P(B\mid A)=P(B)P(A\mid B)\\ P(A)P(B), \text{当 } A\text{、}B \text{ 相互独立时}\end{cases}$
全概率公式	$P(B)=P(A_1)P(B\mid A_1)+P(A_2)P(B\mid A_2)+\cdots+P(A_n)P(B\mid A_n)$ $=\sum_{i=1}^{n}P(A_i)P(B\mid A_i)$ 其中，$A_1,A_2,\cdots,A_n$ 两两互不相容，且 $P(A_i)>0(i=1,2,\cdots,n)$ $A_1+A_2+\cdots+A_n=\Omega$
贝叶斯公式*	$P(A_j\mid B)=\dfrac{P(A_j)P(B\mid A_j)}{\sum_{i=1}^{n}P(A_i)P(B\mid A_i)}$ 其中，$A_1,A_2,\cdots,A_n$ 两两互不相容，且 $P(A_i)>0(i=1,2,\cdots,n)$ $A_1+A_2+\cdots+A_n=\Omega$，$P(B)>0$

5．随机变量的概念、性质、数字特征归纳列于表 4.7.

表 4.7

随机变量类型	离　散　型	连　续　型
概率描述	$\begin{array}{c\|c} X & x_1 \quad x_2 \cdots x_n \\ \hline P & p_1 \quad p_2 \cdots p_n \end{array}$ 称为离散型随机变量 X 的分布列	$P\{a \leqslant X \leqslant b\}=\int_a^b f(x)\mathrm{d}x$ $f(x)$称为连续型随机变量 X 的概率密度
概率性质	(1) $p_k \geqslant 0$ (2) $\sum\limits_{k=1}^{\infty} p_k = 1$	(1) $f(x) \geqslant 0$ (2) $\int_{-\infty}^{+\infty} f(x)\,\mathrm{d}x = 1$
分布函数	$F(x)=P\{X \leqslant x\}=\sum\limits_{x_i<x} p_k$	$F(x)=P\{X \leqslant x\}=\int_{-\infty}^{x} f(x)\mathrm{d}x$
分布函数的性质	(1) $F(x)$为单调非减函数 (2) $0 \leqslant F(x) \leqslant 1$ (3) 左连续	(1) $F(x)$为单调非减函数 (2) $0 \leqslant F(x) \leqslant 1$ (3) 左连续 (4) $F'(x)=f(x)$
数学期望	$E(X)=\sum\limits_{k=1}^{n} x_k p_k$	$E(X)=\int_{-\infty}^{+\infty} xf(x)\mathrm{d}x$
方　差	$D(X)=\sum\limits_{k=1}^{n}[x_k - E(X)]^2 p_k$ $D(X)=E(X^2)-[E(X)]^2$	$D(X)=\int_{-\infty}^{+\infty}[x-E(X)]^2 f(x)\mathrm{d}x$ $D(X)=E(X^2)-[E(X)]^2$

6．常见分布的分布规律及其数字特征见表 4.3．其中，最重要的分布是二项分布和正态分布．必须熟练地使用标准正态分布表（见附录中附表 1）求事件的概率 $P\{X<x\}$．现将在各种情况下查表的方法总结如下：

（1）如果 $X \sim N(0,1)$，这时

$$P\{X<x\}=\Phi(x)=\int_{-\infty}^{x}\frac{1}{\sqrt{2\pi}}\mathrm{e}^{-\frac{u^2}{2}}\mathrm{d}u$$

求 $P\{X<x\}$时，可以直接查表；求 $P\{a \leqslant X \leqslant b\}$时，应先化为$\Phi(b)-\Phi(a)$，然后查表；求 $P\{X>x\}$时，应先化为 $1-P\{X<x\}$，然后再查表；求 $P\{X<-x\}$时，应先化为 $1-\Phi(x)$，然后再查表.

（2）如果 $X \sim N(\mu,\sigma^2)$，这时

$$P\{X<x\}=F(x)=\int_{-\infty}^{x}\frac{1}{\sqrt{2\pi}\sigma}\mathrm{e}^{-\frac{(x-\mu)^2}{2\sigma^2}}\mathrm{d}u$$

必须先通过变量代换将正态分布标准化，然后才能查表．例如

$$P\{X<x\}=F(x)=\Phi\left(\frac{x-\mu}{\sigma}\right)$$

$$P\{a \leqslant x \leqslant b\} = \Phi\left(\frac{b-\mu}{\sigma}\right) - \Phi\left(\frac{a-\mu}{\sigma}\right)$$

$$P\{X > x\} = 1 - \Phi\left(\frac{x-\mu}{\sigma}\right)$$

$$P\{X < -x\} = 1 - \Phi\left(\frac{x-\mu}{\sigma}\right)$$

7. 概率分布全面地描述随机变量取值的统计规律性，而数字特征则描述统计规律性的某些主要特征．数学期望描述随机变量取值的集中位置，方差描述随机变量取值的分散程度．随机变量的数字特征在概率统计中占有非常重要的地位．这些数字特征有明确的概率意义，又具有良好的性质．

8. 数理统计的基本任务是应用概率论的知识从局部推断整体，从而揭示随机现象的统计规律性．也就是在研究的总体中采用合理的方法采集样本，对所获样本进行“加工”和“提炼”，构造合适的统计量，讨论它们的概率分布，再通过参数估计和假设检验等统计推断的方法对总体作出推断．

9. 关于统计推断，介绍了参数估计和参数假设检验两种方法．参数估计中有点估计和区间估计两种，其中点估计是用来估计总体中未知参数值的方法；而区间估计是用随机区间来表示包含未知参数范围和可靠程度的方法．本书只讨论了正态总体数学期望和方差的点估计和区间估计，计算公式参见表 4.4．

10. 参数的假设检验是用来推断总体的数学期望或方差是否具有指定的特征．它利用样本统计量并按一种决策规则对零假设 H_0 作出拒绝或接受的推断，决策规则运用了“小概率”原理，即小概率事件在一次试验中几乎不可能发生．但假设检验作出的推断结论(决策)不能保证绝对正确，可能会犯两类错误：H_0 真而拒绝了它的第一类错误，H_0 假而接受了它的第二类错误．第一类错误的概率就是显著性水平 α，第二类错误的概率的计算要复杂一些．

11. 假设检验过程可以分五个步骤：

（1）建立统计假设；

（2）识别检验统计量及其分布；

（3）指定显著性水平 α，并由相应统计量及其分布确定拒绝域（或临界值）；

（4）由样本值计算出统计量的观测值；

（5）作出判断：若统计量的观测值落入拒绝域，则拒绝零假设 H_0；反之，则接受零假设 H_0．

12. 假设检验按检验统计量来分，有 U 检验法、t 检验法和 χ^2 检验法．它们的检验功能列在表 4.5 中．

自我测试题

一、选择题

1. 如果（　　　）成立，则事件 A 与 B 互为对立事件.

（A）$AB=\phi$　　　　（B）$A+B=\Omega$

（C）$AB=\phi$ 且 $A+B=\Omega$　　　　（D）A 与 $\overline{B}$ 互为对立事件

2. 袋中有大小形状相同的 7 只黑球和 8 只白球，从中任取 3 只球，则取得球恰好为一黑二白的概率为（　　　）.

（A）$\dfrac{28}{65}$　　（B）$\dfrac{27}{65}$　　（C）$\dfrac{24}{65}$　　（D）$\dfrac{21}{65}$

3. 设 A、B 是两个事件，$P(A)=0.5$，$P(A+B)=0.8$.

（1）若 A 和 B 互不相容，则 $P(B)=$（　　　）；

（2）若 $A\subset B$，则 $P(B)=$（　　　）.

（A）0.3　　（B）0.5　　（C）0.6　　（D）0.8

4. 期末要进行“两课”和应用数学课程的考试，某学生自己估计能通过数学考试的概率是 0.4，能通过“两课”考试的概率是 0.6，至少通过两科之一的概率是 0.8. 则他两科考试都能通过的概率为（　　　）.

（A）0.2　　（B）0.4　　（C）0.6　　（D）0.8

5. 据统计，某地区一年中下雨（记为事件 A）的概率是 4/15，刮风（三级以上的风，记为事件 B）的概率是 2/15，既刮风又下雨的概率是 1/10. 则下列各式正确的是（　　　）.

（A）$P(AB)=2/15$　（B）$P(A|B)=1/2$　（C）$P(B|A)=1/4$　（D）$P(A+B)=3/10$

6. 设 X 是离散型随机变量，以下可以作为 X 的概率分布的是（　　　）.

（A）

X	x_1	x_2	x_3	x_4
P	1/2	1/4	1/8	1/16

（B）

X	x_1	x_2	x_3	x_4
P	1/2	1/4	1/8	1/8

（C）

X	x_1	x_2	x_3	x_4
P	1/2	1/3	1/4	1/12

（D）

X	x_1	x_2	x_3	x_4
P	1/2	1/3	1/4	−1/12

7. 设函数 $p(x)$在区间$[a，b]$上等于 $\sin x$，而在此区间外等于 0，若 $p(x)$可以作为某连续型随机变量 X 的概率密度函数，则区间$[a，b]$为（　　　）.

（A）[0，π/2]　（B）[0，π]　（C）[−π/2，0]　（D）[0，3/2π]

8. 若连续型随机变量 X 的概率密度为

$$p(x)=\begin{cases} Ae^{x}, & 0<x<1 \\ 0, & \text{其他} \end{cases}$$

则 $A=$（　　）.

（A）1　　（B）e−1　　（C）1/(e−1)　　（D）1/e

9．设 $X\sim N(0,1)$，则（　　）不成立.

（A）$\Phi(x)=1-\Phi(-x)$　　（B）$\Phi(0)=0.5$

（C）$\Phi(-x)=\Phi(x)$　　（D）$P\{|x|<a\}=2\Phi(a)-1$

10．设随机变量 $X\sim N(9,4)$，则对 $Y=3X-2$ 而言，下列各项中正确的是（　　）.

（A）$\dfrac{E(Y)}{D(Y)}=\dfrac{27}{36}$　　（B）$\dfrac{E(Y)}{D(Y)}=\dfrac{25}{40}$

（C）$\dfrac{E(Y)}{D(Y)}=\dfrac{25}{36}$　　（D）$\dfrac{E(Y)}{D(Y)}=\dfrac{27}{32}$

11．设 $x_1,x_2,\cdots,x_n$ 是来自正态总体 $N(\mu,\sigma^2)$（μ,σ^2 均未知）的样本，则（　　）是统计量.

（A）x_1　　（B）$\bar{x}+\mu$　　（C）$\dfrac{x_1^2}{\sigma^2}$　　（D）μx_1

12．设 X_1,X_2 是来自正态总体 $N(\mu,1)$的容量为 2 的样本，其中，μ 为未知参数，下面关于μ 的估计量中，只有（　　）才是μ 的无偏估计.

（A）$\dfrac{2}{3}X_1+\dfrac{4}{3}X_2$　　（B）$\dfrac{1}{4}X_1+\dfrac{2}{4}X_2$

（C）$\dfrac{3}{4}X_1-\dfrac{1}{4}X_2$　　（D）$\dfrac{2}{5}X_1+\dfrac{3}{5}X_2$

13．在区间估计中，下列说法正确的是（　　）.

（A）置信概率越大，则置信区间越长

（B）置信概率越大，则置信区间越短

（C）测量误差的方差越小，则置信区间越长

（D）置信区间的长度与置信概率没有关系

14．在假设检验问题中，显著水平 α 的意义是（　　）.

（A）在 H_0 成立的条件下，经检验 H_0 被拒绝的概率

（B）在 H_0 成立的条件下，经检验 H_0 被接受的概率

（C）在 H_0 不成立的条件下，经检验 H_0 被拒绝的概率

（D）在 H_0 不成立的条件下，经检验 H_0 被接受的概率

15．设随机变量 $t\sim t(10)$，且已知 $t_{0.05}(10)=1.8125$，则 $P\{0<t<1.8125\}=$（　　）.

（A）0.95　　（B）0.55　　（C）0.45　　（D）0.05

二、填空题

1．设事件 $A\subset B$，$p(A)=\dfrac{1}{3}$，$p(B)=\dfrac{1}{2}$，则 $p(A+B)=$________.

2．从 1,2,3,4,5 中任取 3 个数字，则这三个数字中不含 1 的概率为________.

3．甲、乙两门高射炮彼此独立地向一架飞机各发一炮，甲、乙击中飞机的概率分别为 0.3，0.4，则飞机至少被击中一炮的概率为________.

4．100 件产品中，有 10 件次品，不放回地从中接连取两次，每次取一个产品，则第二次取到正品的概率为________.

5．设随机变量 $X\sim N(5,9)$，已知标准正态分布函数值 $\Phi(0.5)=0.6915$，为使 $P\{X<a\}<0.6915$，则常数 $a<$________.

6．抛掷硬币 5 次，记其中正面向上的次数为 X，则 $P\{X\leqslant 4\}=$________.

7．设随机变量 X 的分布列为

X	-2	-1	1	2	3
p_i	0.2	0.3	0.1	0.2	0.2

则 X^2-1 的分布列为________________________________.

8．设随机变量 X 的分布密度为

$$f(x)=\begin{cases}Ax, & 0<x<2\\ 0, & \text{其他}\end{cases}$$

则 $P\{1<x<2\}=$________.

9．设随机变量 X 的所有可能取值为 1 和 x，且 $P\{X=1\}=0$，$E(X)=0.2$，则 $x=$________.

10．已知 X 的概率分布为

X	-1	0	1	2
P	0.2	0.5	0.2	0.1

则 $E(X^2)=$____________.

11．设总体 $X\sim N(0,\sigma^2)$，$X_1,X_2,\cdots,X_{20}$ 为 X 的样本，$\overline{X},S^2$ 分别为样本均值与样本方差，则统计量 $Y=\dfrac{\overline{X}}{S}\sqrt{20}$ 服从________分布.

12．设总体 X 的方差 $D(X)=\sigma^2>0$ 存在，X_1,X_2,X_3,X_4 为 X 的样本，要使统计量 $Y=\dfrac{1}{4}X_1+\dfrac{1}{4}X_2+\dfrac{1}{4}X_3+CX_4$ 的方差等于 σ^2，则 $C=$________.

13．设总体 $X\sim N(\mu_1,9)$，$X_1,X_2,\cdots,X_{100}$ 为 X 的样本，则 μ 的置信度 95% 的置信区间为____________________.

14．设总体 $X \sim N(\mu，\sigma^2)$，X_1,X_2,X_3 为 X 的样本，则当常数 a=_____时，$\frac{1}{3}X_1+aX_2+\frac{1}{6}X_3$ 是未知参数 μ 的无偏估计．

15．设总体 $X \sim N(\mu，\sigma^2)$，其中 σ^2 未知，$X_1,X_2,\cdots,X_n$ 为 X 的样本，则对假设 H_0：$\mu=\mu_0 \leftrightarrow H_1$：$\mu \neq \mu_0$ 进行检验时，采用的检验统计量为________________________．

三、计算题

1．假设某校学生四级英语考试的及格率为 98%，其中，70%的学生通过六级考试，试求随意选取一名考生通过六级的概率．

2．某人上班路上所需的时间 $X \sim N(30,100)$（单位：min），已知上班时间是 8:30，他每天 7:50 出家门去往单位，求：

（1）某天迟到的概率；

（2）一周（以 5 天计算）最多迟到一次的概率．

3．设连续型随机变量 X 的概率密度为：

$$p(x)=\begin{cases}\lambda(4x-x^2), & 0\leqslant x\leqslant 2\\ 0, & \text{其他}\end{cases}，其中 \lambda>0 为常数．$$

求：（1）λ 的值；（2）X 的概率分布；（3）X 的均值和方差．

四、应用题

1．为了对完成某项工作所需时间建立一个标准，工厂随机抽查了 16 名工人分别去完成这项工作，结果发现他们所需的平均时间为 13 分钟，样本标准差为 3 分钟．假设完成这项工作所需的时间服从正态分布，试确定完成此工作所需平均时间的 95%的置信区间．

2．某种型号的电池使用时数 $X \sim N(\mu, \sigma^2)$，现测试 6 个该型号电池，它们的使用时数分别为：19，18，22，20，16，25．

（1）是否可以判定该型号电池平均使用时数 $\mu=21.5$ 小时 $(\alpha=0.05)$？

（2）是否可以判定该型号电池使用时数的标准差 $\sigma=2$ 小时 $(\alpha=0.05)$？

概率论起源的故事

数学之所以有生命力，就在于有趣．数学之所以有趣，就在于它对思维的启迪．以下就是一则概率论起源的故事．

三百多年前，在欧洲许多国家，贵族之间盛行赌博之风．法国有两个大数学家，一个叫作巴斯卡尔，一个叫作费马．巴斯卡尔认识两个赌徒，这两个赌徒向他提出了一个问题．他们说，他俩下赌金之后，约定谁先赢满 5 局，谁就获得全部赌金．赌了半天，A 赢了 4 局，B 赢了 3 局，时间很晚了，他们都不想再赌下去了．那么，这个钱应该怎么分？是不是把钱分成 7 份，赢了 4 局的就拿 4 份，赢了 3 局的就拿 3 份呢？或者，因为最早说的是满 5 局，而谁也没达到，所以就一人分一半呢？

这两种分法都不对．正确的答案是：赢了 4 局的拿这个钱的 3 / 4，赢了 3 局的拿这个钱的 1 / 4．为什么呢？假定他们俩再赌一局，或者 A 赢，或者 B 赢．若是 A 赢满了 5 局，钱应该全归他；A 如果输了，即 A、B 各赢 4 局，这个钱应该对半分．现在，A 赢、输的可能性都是 1 / 2，所以，他拿的钱应该是 $\frac{1}{2}\times 1+\left[\left(\frac{1}{2}\times 1\right)\div 2\right]=\frac{3}{4}$，当然，$B$ 就应该得 1 / 4．

通过这次讨论，开始形成了概率论当中一个重要的概念——数学期望．在上述问题中，数学期望是一个平均值，就是对将来不确定的钱今天应该怎么算，这就要用 A 赢输的概率 1 / 2 去乘上他可能得到的钱，再把它们加起来．概率论从此就发展起来，今天已经成为应用非常广泛的一门学科．

现在，概率论与以它作为基础的数理统计学科一起，在自然科学、社会科学、工程技术、军事科学及工农业生产等诸多领域中都起着不可或缺的作用．直观地说，卫星上天、导弹巡航、飞机制造、宇宙飞船遨游太空等都有概率论的一份功劳；及时准确的天气预报、海洋探险、考古研究等更离不开概率论与数理统计；电子技术发展、影视文化的进步、人口普查及教育等同概率论与数理统计也是密不可分的．

数学实验 4　用 MATLAB 求解数理统计

【实验目的】

熟悉 MATLAB 软件及利用该软件求解概率与数理统计问题.

【实验内容】

会用 MATLAB 求概率、均值与方差，能进行常用分布的计算，会进行参数估计与方差检验.

1. 概率统计的常用命令

MATLAB 的数据统计工具箱（Statistics Toolbox）中提供了各种数理统计分析函数，应用这些函数，可解决较复杂的数理统计问题，其命令格式分别示于表 M4.1~M4.5.

1）数据统计分析常用命令

表 M4.1

命 令 格 式	含 义	命 令 格 式	含 义
factorial(k)	表示 k 的阶乘 $k!$	nchoosek(n,k)	表示组合 C_n^k
Max	求最大值	Min	求最小值
Mean	求平均值（样本均值）	Median	求中值
Sum	求各列元素的和	Prod	求列元素的积
Std	求标准差	var	样本方差
Cov	求协方差	Corrcoef	求相关系数
Sort	按升序对元素进行排序	Sortrows	按升序排列矩阵各行

2）常用分布及随机数命令

表 M4.2

命 令 格 式	含　义
geopdf(k,p)	几何分布 $p(1-p)^k, k=0,1,2,\cdots$
binopdf(k,n,p)	二项分布 $C_n^k p^k(1-p)^{n-k}, 0<p<1, k=0,1,2,\cdots,n$
poisspdf(k, λ)	泊松分布
unifpdf(x,a,b)	均匀分布
unifpdf(x,a,b)	均匀分布
exppdf(x,m)	指数分布
normpdf(x, μ, σ)	正态分布
tpdf(x,a)	t 分布
fpdf(x,a,b)	F 分布
binornd(N,P,m,n)	参数为 N, p 的二项分布随机数
poissrnd(Lambda,m,n)	参数为 Lambda 的泊松分布随机数
unifrnd (A,B,m,n)	$[A, B]$上均匀分布(连续) 随机数
exprnd(Lambda,m,n)	参数为 Lambda 的指数分布随机数
normrnd(MU,SIGMA,m,n)	参数为 MU，SIGMA 的正态分布随机数

3）常用分布的期望与方差命令

表 M4.3

命 令 格 式	含　　义
[M,V]=binostat(n,p)	M、V 分别为二项分布的期望与方差
[M,V]=poisstat(Lambda)	M、V 分别为泊松分布的期望与方差
[M,V]= unifstat(a,b)	M、V 分别为均匀分布的期望与方差
[M,V]=expstat(p,Lambda)	M、V 分别为指数分布的期望与方差
[M,V]= normstat(mu,sigma)	M、V 分别为正态分布的期望与方差
[M,V]= tstat(n)	M、V 分别为 t 分布的期望与方差
[M,V]= fstat(n_1,n_2)	M、V 分别为 F 分布的期望与方差

4）正态分布的参数估计命令

表 M4.4

命 令 格 式	含　　义
[muhat,sigmahat,muci,sigmaci]=normfit(X)	muhat，sigmahat 分别为正态分布的参数 μ 和 σ 的估计值，X 是样本矩．muci，sigmaci 分别为置信区间，其置信度为95%；alpha 给出显著水平 α，缺省时默认为0.05，即置信度为95%.
[muhat,sigmahat,muci,sigmaci]=normfit(X,alpha)	

5）单个正态总体均值 μ 的假设检验命令

表 M4.5

命 令 格 式	含　　义
[h,sig,ci,zval]=ztest(x,mu0,sigma,alpha,tail)	总体服从正态分布，单样本均值的 Z 检验
[h,sig,ci,tval]=ttest(x,mu0,alpha,tail)	总体服从正态分布，单样本均值 t 检验

说明　(1) tail 的取值及表示意义如下：

tail=0 备择假设为 $\mu \neq \mu_0$(缺省值)；tail=1 备择假设为 $\mu > \mu_0$；tail=–1 备择假设为 $\mu < \mu_0$. (原假设则为 $H_0: \mu \geqslant \mu_0$)

输出变量含义：如果 h=0，则接受 H_0；如果 h=1，则拒绝 H_0 而接受备择假设 H_1，单侧检验含义类同；

（2）Sig 是通过统计量计算出来的显著性水平，即否定域的概率值；ci 是总体均值的置信水平为 1–alpha 的置信区间.

2. 应用举例

【例 M4.1】 随机变量 X 服从标准正态分布.

（1）求分布函数在–2，–1，0，1，2，3，4，5 的函数值；

（2）产生 12 个随机数（3 行 4 列）；

（3）又已知分布函数 $F(x)$=0.45，求 x；

（4）在同一个坐标系画出 X 的概率密度和分布函数图形.

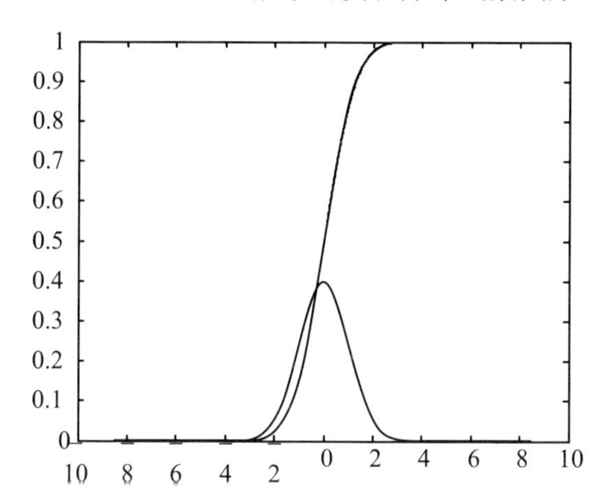

解　（1）>> normpdf(-2:5,0,1)

ans =

0.0540 0.2420 0.3989 0.2420 0.0540 0.0044 0.0001 0.0000

（2）>> normrnd(0,1,3,4)

ans =

```
 0.5377     0.8622    -0.4336     2.7694
 1.8339     0.3188     0.3426    -1.3499
-2.2588    -1.3077     3.5784     3.0349
```

（3）>> norminv(0.45,0,1)

ans =

-0.1257

（注：对于其他分布，将 norminv 中的函数名 norm 换成别的函数名，参数随之改动即可，如：binoinv(x,n,p)等）

（4）>> x=-10:0.01:10;

```
>> y1=normpdf(x,0,1);
>> y2=normcdf(x,0,1);
>> plot(x,y1,x,y2)
```

【例 M4.2】 公共汽车车门的高度是按成年男子与车门碰头的机会在 0.01 以下的标准来设计的．根据统计资料，成年男子的身高 X 服从均值为 168cm，方差为 7cm 的正态分布，那么车门的高度应该至少设计为多少 cm？

解 由已知，P{X＞=x}=0.01 ,即 P{X＜=x}=0.99

```
>> norminv(0.99,168,7)
ans =
184.2844
```

所以至少为 184.3cm．

【例 M4.3】 若随机变量 X 服从期望为 1，标准差为 5 的正态分布，求 $E(X),D(X)$．

解

```
>> [M,V]=normstat(1,5)
M =
1
V =
25
```

【例 M4.4】 用病菌孢子萌发状况来表明杀菌剂的毒力，当用药剂处理后经过一定时间，测量 10 个孢子的芽管长度为（单位：μm）：

16　34　18　26　38　20　48　19　50　21

假定该种病菌孢子的芽管长度服从正态分布，试求总体均值和方差的点估计和区间估计（$1-\alpha=0.95$）．

解

```
>> x=[16 34 18 26 38 20 48 19 50 21];
>> [muhat,sigmahat,muci,sigmaci]=normfit(x)
muhat =
 29
sigmahat =
12.7017
muci =
19.9137
38.0863
sigmaci =
8.7367
   23.1884
```

即 $\hat{\mu}=29$，置信区间为(19.9137,38.0863)；$\hat{\sigma}=12.7017$,置信区间为(8.7367, 23.1884).

【例 M4.5】 某工厂生产某产品，该产品的质量服从正态分布，其标准质量为 $\mu_0=100\text{kg}$，某日开工后从这批产品中随机测量 9 件产品的质量如下：（单位：kg）

99.3　98.7　100.5　101.2　98.3　99.7　99.5　102.1　100.5

问：该日生产是否正常？（$\alpha=0.05$）

解　提出原假设 $H_0:\mu=100$.

```
>> x=[99.3 98.7 100.5 101.2 98.3 99.7 99.5 102.1 100.5];
>> [h,sig,ci]=ttest(x,100)
h =
   0
sig =
   0.9575
ci =
     99.0460   100.9096
```

因为 h=0，所以接受原假设，即可认为该日生产是正常的.

3. **上机实验**

（1）验算上述例题结果.

（2）自选某些概率统计题目上机练习.

第5章 数学建模简介

你若要喜爱你自己的价值，你就得给世界创造价值.

——歌德

【导读】 将数学方法应用到任何一个实际问题中去，往往首先是要把这个问题的内在规律用数字、图表或公式、符号表示出来，然后经过数学的处理得到定量的结果，以供人们作分析、预报、决策或者控制．这个过程就是通常所说的数学建模（Mathematical Modelling）．它是一种数学的思考方法，是“对现实的现象通过心智活动构造出能抓住其重要且有用的特征的表示，常常是形象化的或符号的表示”．从科学、工程、经济、管理等角度看数学建模就是用数学的语言和方法，通过抽象、简化建立能近似刻画并“解决”实际问题的一种强有力的数学工具．modelling 一词在英文中有“塑造艺术”的意思，也就是说从不同的侧面、角度去考察问题就会有不尽相同的数学模型，从而数学建模的创造又带有一定的艺术的特点．数学建模最重要的特点是要接受实践的检验，建模过程往往是一个需要多次修改模型使之逐渐趋于完善的过程．

本章主要介绍数学模型的概念和建立数学模型的一般步骤，并通过实例简单介绍建立数学模型的常用方法．

【目标】 了解数学模型的基本概念，知道数学建模的一般步骤，会进行较简单的数学模型构建，能利用某些相关知识或数学计算软件求解应用问题．

5.1　数学模型的概念

5.1.1　数学模型与分类

5.1.1.1　数学模型

为了某个特定的目的，将事物的某一部分信息精简、提炼而构造的事物原型替代物，称为模型. 模型可分为具体模型和抽象模型两类. 例如，飞机模型、水坝模型、建筑模型、演习模型等都可看作具体模型；而模拟模型、思维模型等用文字、符号、图表、公式描述的模型都可看作抽象模型. 一类重要的抽象模型就是数学模型.

对于现实世界的一个特定对象，为了一个特定的目的，根据其特有的内在规律，做出一些必要的简化假设，运用适当的数学工具，得到的一个数学结构，称为数学模型.

例如，考虑到自由落体在真空中下落的距离 h 和时间 t 之间的关系时，我们得到公式 $h=\frac{1}{2}gt^2$，这就是物体在空中下落运动的一个数学模型.

数学模型主要有解释、判断、预见三大功能，其解释功能就是用数学模型说明事物发生的原因；判断功能就是用数学模型来判断原来认识的可靠性；预见功能就是用数学模型来预测未来事物的发展，为人们的行为提供指导. 随着科学技术的发展，数学模型在工农业生产和经济建设中的应用越来越广泛.

5.1.1.2　数学模型的分类

数学模型可以按照建模对象所处的领域、建立模型的数学方法以及人们考虑问题时的各自独特的立场、观点和方法来进行分类，主要有如下几种：

（1）按研究对象所在领域，可分为经济模型、生态模型、人口模型、交通模型、战争模型、环境模型、城镇规划模型、水资源模型等.

（2）按建立模型的数学方法，可分为初等数学模型、几何模型、微分方程模型、离散数学模型、运筹模型、概率模型、模糊模型、灰色系统模型等.

（3）按建模的目的，可分为描述模型、预报模型、分析模型、优化模型、决策模型、控制模型等.

（4）按模型的表现形式，可分为确定性模型和随机性模型（取决于是否考虑随机因素的影响）；静态模型和动态模型（取决于是否考虑时间因素的影响）；离散模型和连续模型（指模型中的变量，特别是时间变量，取离散还是取连续值）.

（5）按模型结构了解的程度，可分为白箱模型、灰箱模型和黑箱模型．这里把研究对象比喻成一只箱子，要通过建模来提示它的奥秘．

如果研究对象的机理（内部结构和性能）比较清楚，则称为白箱．如力学、热学、电学等．这方面的模型一般已经基本确定，有待深入研究的是优化设计和控制．如果研究对象的机理尚不十分清楚，则称为灰箱．如生态、气象、经济、交通管理、生命系统中的许多现象，我们在建立模型和改善模型方面还有大量的工作要做．如果对研究对象的机理完全不知或知之甚少，则称为黑箱．如社会科学、认知科学，由于因素众多、关系复杂加之观测困难，人们在这些方面的研究甚少．当然，“黑”“灰”“白”之间并没有十分明确的界限，随着科学技术的发展，“黑”变“灰”再到“白”是一个必然过程．

5.1.2 数学建模的一般步骤

先看下面实例：

【例 5.1.1】（新产品的推销与广告问题）经济学家和社会学家很早就在关心新产品的推销速度问题．怎样建立一个数学模型来描述它，并由此分析出一些有用的结果以指导生产呢？第二次世界大战后，日本家用电器界建立的电饭煲销售模型是个成功实例．现在我们来分析这个模型的建立过程．

模型 1 记时刻 t 时已售出的电饭煲总数为 $x(t)$．由于产品的新颖、方便，已在使用的电饭煲实际上起到了宣传品的作用，吸引着尚未购买的顾客．粗略假设每一电饭煲在单位时间内平均吸引 m 个顾客，即 $x(t)$ 满足微分方程

$$\frac{\mathrm{d}x}{\mathrm{d}t}=mx \tag{5.1}$$

这是一个可分离变量微分方程，解得

$$x(t)=C\mathrm{e}^{mt}\quad（C\text{ 为常数}） \tag{5.2}$$

若已知 $t=0$ 时，$x(0)=x_0$，则所得的特解为

$$x(t)=x_0\mathrm{e}^{mt}$$

分析 （1）若取 $t=0$ 为新产品诞生时刻，则 $x(0)=0$，于是（5.2）式指出 $x(t)=0$，这一结果显然与事实不符，这是因模型只考虑了实物广告的作用，忽略了厂方其他广告媒体的宣传效果．

（2）若通过努力已有 x_0 数量的产品投入使用，则调查情况表明：实际销售量 $x(t)$ 在开始阶段的增长情况与（5.2）式十分相符．

（3）在（5.2）式中若令 $t\to+\infty$，则得 $x(t)\to+\infty$．这也与事实不符．实际上 $x(t)$ 是有界的，因为每个家庭一般只需用 1 — 2 个电饭煲就够了．

模型 2 设需求量有一个上界 M．则尚未使用的消费者大致为 $M-x(t)$，于是由统计规律得微分方程

$$\frac{\mathrm{d}x}{\mathrm{d}t}=kx(M-x) \tag{5.3}$$

解得

$$x(t)=\frac{M}{1+C\mathrm{e}^{-Mkt}} \quad （C\text{ 为常数}） \tag{5.4}$$

（5.4）式常称为 Logistic 模型，它的图像也称增长曲线或 Logistic 曲线(见图 5.1).

由（5.4）式分别求一阶和二阶导数得

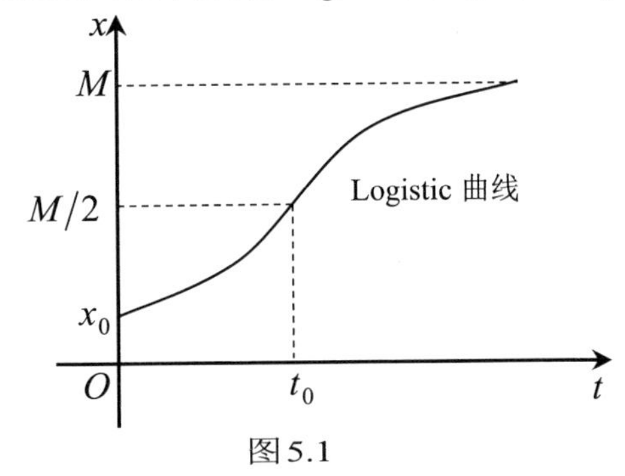

图 5.1

$$x'(x)=\frac{CM^2k\mathrm{e}^{-Mkt}}{(1+C\mathrm{e}^{-Mkt})^2}$$

$$x''(x)=\frac{CM^3k^2\mathrm{e}^{-Mkt}(C\mathrm{e}^{-Mkt}-1)}{(1+C\mathrm{e}^{-Mkt})^2}$$

分析　（1）易看出，$x'(t)>0$，即 $x(t)$ 单调增加，这十分符合销售规律.

（2）由 $x''(0)=0$，得 $C\mathrm{e}^{-Mkt}=1$，代入（5.4）式得 $x(t_0)=\frac{M}{2}$. 于是，当 $t<t_0$ 时，$x''(t)>0$，即 $x'(t)$ 单调增加；当 $t>t_0$ 时，$x''(t)<0$，即 $x'(t)$ 单调减少. 这说明在销售数量小于最大需求量的一半时，该产品最为畅销，其后销售速度开始下降. 实际调查表明，真实的销售曲线与本模型中的 Logistic 曲线十分接近，尤其在销售后期，两者几乎完全相同.

点评　研究现实现象，建立恰当的数学模型，往往不是一次就能成功的，需要不断地修正和完善. 模型 1 的缺陷是显然的，模型 2 提出了改进，但同样不够完善. 比如，它完全没有考虑各种现代宣传媒体对新产品的推销作用，仅仅只针对“实物示范”的单一推销方式建模. 如果说，本模型在 20 世纪 50 年代是较合理的话，那么到了 21 世纪的今天，“新产品推销模型”早就应该大大地改进一步. 事实上，更贴近今天生活的多种商品广告数学模型已经出现，但从不同角度看，它们仍然存在一些令人不满意的地方.

通过上例，我们得到建立数学模型的一般步骤：

（1）准备：了解问题的实际背景，明确建模的目的，收集建模必需的各种信息，如现象、数据等等. 为此，需要作深入调查研究，必要时可向有关专家请教，以便掌握较可靠的第一手资料.

（2）假设：根据对象的特征和建模的目的，对问题进行适当简化，提几条恰当的假设. 需要说明的是：不同的简化假设，会得到不同的模型. 假设不合理、太过简单，会导致模型错误或者失败；假设太过详细，试图把各种复杂情况都考虑进去，很可能使你无法进行下一步工作. 这一步是导致模型向何处去的关键.

（3）模型构成：根据所作假设，利用适当的数学工具，建立相应的数学结构（公式、表格、图形）. 除需要一些相关的学科专门知识外，还需要有较广博的应用数学方面的知识以及开阔的思路.

（4）模型求解：要求建模者有较熟练的数学技巧，如解方程、画图形、证明定理、逻辑运算、数值计算等各种传统的和现代的方法，特别是计算机技术.

（5）模型分析：对模型求解的结果进行数学上的分析. 有时根据问题的性质，分析变量间的依赖关系或稳定状况；有时是根据所得结果给出数学上的预报；有时则给出数学上的最优决策或控制.

（6）模型检验：把数学分析的结果“翻译”回到实际问题，用实际现象、数据来检验模型的合理性、正确性. 如果检验结果与实际不合或部分不合，则问题常常出在模型假设上，应该修改、补充假设，重新建模.

（7）模型应用：如果检验结果较满意，便可将模型应用于实际. 至于应用的方式，自然取决于问题的性质和建模的目的.

上述过程中的主要步骤及关系，可用图 5.2 表示.

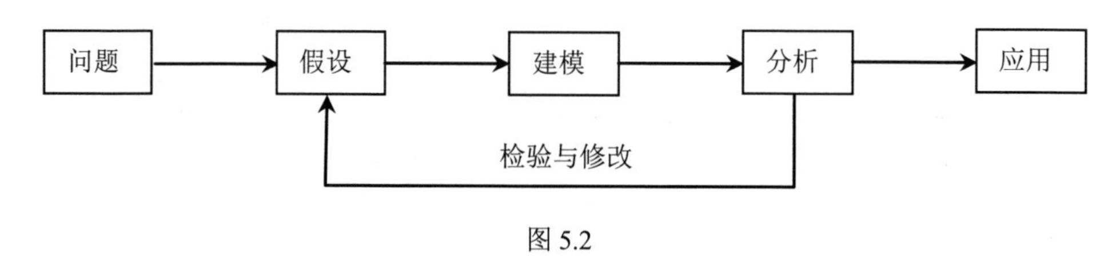

图 5.2

习 题 5.1

1. 怎样解决下面的实际问题. 包括需要哪些数据资料，需要作些什么样的观察、试验以及建立什么样的数学模型等.

（1）估计一个人体内血液的总量.

（2）为保险公司制订人寿保险金计划（不同年龄的人应缴纳的金额和保险公司赔偿的金额）.

（3）确定火箭发射至最高点所需的时间.

（4）决定十字路口黄灯亮的时间长度.

2. 为了培养想象力、洞察力和观察力，考察对象时常需要从侧面或反面思考. 请尽快回答下面问题：

（1）某甲早上 8 时从山下旅店出发沿一条路径上山，下午 5 时到达山顶并留宿. 次日上午 8 时沿同一路径下山，下午 5 时回到旅店. 某乙说，甲必在两天中的同一时刻经过路径中的同一地点. 为什么？

（2）37 支球队进行冠军争夺赛，每轮比赛中出场的每两支球队中的胜者及轮

空者进入下一轮，直到比赛结束．问：共需要进行多少场比赛？

（3）甲乙两站之间有电车相通，每隔 10 分钟甲乙两站相互发一趟车，但发车时刻不一定相同．甲乙之间有一中间站丙．某人每天在随机时刻到达丙站，并搭乘最先经过丙站的那趟车，结果发现 100 天中约有 90 天到达甲站，仅约 10 天到达乙站．问：开往甲乙两站的电车经过丙站的时刻表是如何安排的？

（4）某人家住 T 市但在他乡工作．每天下班后乘火车于 6 时抵达 T 市车站，他的妻子驾车准时到车站接他回家．一日他提前下班，搭早一班火车于 5 时半抵达 T 市车站，随即步行回家．他的妻子像往常一样驾车前来，在半路上遇到他接回家时，发现比往常提前了 10 分钟．问：他步行了多长时间？

5.2　数学建模举例

数学建模和通常我们所见到的纯数学问题不同．首先，数学模型可以用数学式表达，也可以用图、表来表达，有时候数学模型所描述的实际问题并不十分明确，而且解答通常不唯一，即可用不同的模型来描述它．其次，建模中最困难的是如何明确和简化实际问题，因为它更多的是依靠对实际问题的理解以及创造性地简化实际问题的要求．当然，模型的求解也是需要较高的技巧和恰当的方法的，有时还要借助计算机和专用软件包来完成．

【例 5.2.1】　一个灯泡悬挂在半径为 r 的圆桌正上方，桌上任一点受到的光照强度与光线的入射角的余弦成正比，而与光源的距离的平方成反比．

（1）建立桌子边缘处光照强度的数学模型．

（2）欲使桌子边缘得到最强的光照，灯泡应挂在桌面上方多高？

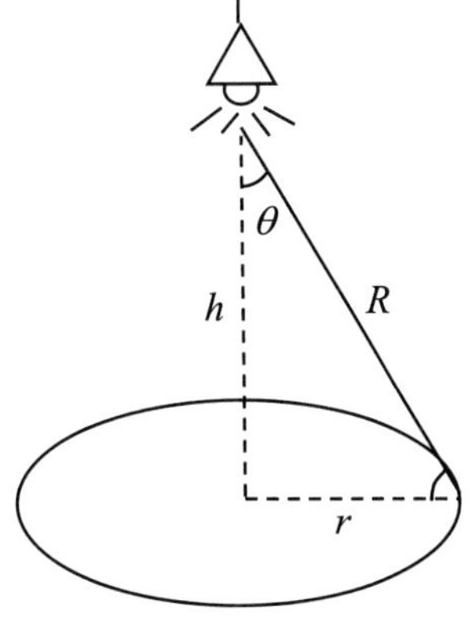

图 5.3

解　（1）建立数学模型：

如图 5.3 所示，设桌子边缘处的光照强度为 A，由已知可得

$$A = K\frac{\cos\theta}{R^2}$$

其中，K 为比例系数，R 为灯到桌子边缘的距离．

设 h 为灯到桌子的垂直距离，于是有

$$R^2 = r^2 + h^2,\qquad \cos\theta = \frac{h}{R} = \frac{h}{\sqrt{r^2 + h^2}}$$

即得模型

$$A=\frac{Kh}{(h^2+r^2)^{\frac{3}{2}}}$$

（2）问题归为：当 h 多高时，A 取最大值.

上式对 h 求导得

$$A'=K\frac{(r^2+h^2)^{\frac{3}{2}}-h\cdot\frac{3}{2}(r^2+h^2)^{\frac{1}{2}}\cdot 2h}{(r^2+h^2)^3}$$

令 $A'=0$，得 $r^2+h^2-3h^2=0$，所以 $h=\frac{\sqrt{2}}{2}r$ (负值舍去). 在 $(0,+\infty)$ 只有一个驻点. 故 $h=\frac{\sqrt{2}}{2}r$ 时，A 取最大值.

通过这道题的求解，我们可以知道晚上看书时，怎样调整书与灯的位置，以得到最佳的光照强度.

【例 5.2.2】 一个冬天的早晨开始下雪，雪不停地以恒定速率降下，一台扫雪机从上午 8 点开始在公路上扫雪，到 9 点前进了 2 km，到 10 点前进了 3 km. 假定扫雪机每小时扫去雪的体积为常数.问何时开始下雪？

解 本题求解思路如下：

1. 问题分析与建模

题目提供的主要信息有：

（1）雪以恒定的速率降下；

（2）扫雪机每小时扫去雪的体积为常数；

（3）扫雪机从上午 8 点到 9 点前进了 2 km，到 10 点前进了 3 km.

下面将以上信息用数学语言表达出来：

设 $h(t)$ 为从开始下雪起到 t 时刻时积雪的深度，则由（1）得

$$\frac{\mathrm{d}h(t)}{\mathrm{d}t}=C \quad （C 为常数）$$

设 $x(t)$ 为扫雪机从下雪起到 t 时刻走过的距离，则由（2）得

$$\frac{\mathrm{d}x(t)}{\mathrm{d}t}=\frac{k}{h} \quad （k 为比例系数）$$

以 T 表示扫雪开始的时刻，则由（3）得 $t=T$ 时，$x=0$；$t=T+1$时，$x=2$；$t=T+2$时，$x=3$.

于是得数学模型为

$$\begin{cases}\dfrac{\mathrm{d}h(t)}{\mathrm{d}t}=C & (5.5)\\[2ex] \dfrac{\mathrm{d}x(t)}{\mathrm{d}t}=\dfrac{k}{h} & (5.6)\end{cases}$$

满足条件

$$\begin{cases}x(T)=0 & (5.7)\\ x(T+1)=2 & (5.8)\\ x(T+2)=3 & (5.9)\end{cases}$$

2．模型求解

根据以上分析．只要找出 x 和 t 的函数关系，就可利用 $x(T)$求出 T．根据 T 即可知道开始下雪的时间．

由（5.5）式得

$$h=Ct+C_1$$

因 t=0 时，h=0，故 $C_1=0$，从而 $h=Ct$．代入（5.6）式得

$$\frac{\mathrm{d}x}{\mathrm{d}t}=\frac{A}{t}\qquad \left(A=\frac{k}{C}\text{为常数}\right)$$

由分离变量法得

$$x=A\ln t+B\qquad (B\text{为任意常数})\tag{5.10}$$

将（5.7）、（5.8）、（5.9）式代入（5.10）式，得

$$\begin{cases}0=A\ln T+B\\ 2=A\ln(T+1)+B\\ 3=A\ln(T+2)+B\end{cases}$$

从此三式消去 A、B，得

$$\left(\frac{T+2}{T+1}\right)^2=\frac{T+1}{T}$$

即

$$T^2+T-1=0$$

解此一元二次方程，得

$$T=\frac{\sqrt{5}-1}{2}=0.618(\text{小时})\approx 37\text{ 分 }5\text{ 秒}$$

因此，扫雪机开始工作时离下雪的时间为 37 分 5 秒，由于扫雪机是上午 8 点开始的，故下雪从上午 7 点 22 分 55 秒开始的．

【例 5.2.3】　有木工、电工、油漆工各一人，三人协商彼此装修他们的房子，并达成如下协议：

（1）每人总共工作 10 天（包括给自己家干活）；

（2）每人的日工资根据市价确定在 60—80 元之间；

（3）每人的总支出与总收入相等.

表 5.1 是他们协商后制订的工作天数的分配方案.

表 5.1

	木　工	电　工	油漆工
在木工家工作的天数	2	1	6
在电工家工作的天数	4	5	1
在油漆工家工作的天数	4	4	3

试确定三个工人各自的日工资数为多少?

解　设木工、电工、油漆工的日工资分别为 x_1，x_2，x_3. 根据题意，由每人的总支出与总收入相等得如下方程组：

$$\begin{cases} 2x_1+x_2+6x_3=10x_1 \\ 4x_1+5x_2+x_3=10x_2 \\ 4x_1+4x_2+3x_3=10x_3 \end{cases}$$

整理后得

$$\begin{cases} -8x_1+x_2+6x_3=0 \\ 4x_1-5x_2+x_3=0 \\ 4x_1+4x_2-7x_3=0 \end{cases}$$

此时问题归结为解线性方程组，用 MATLAB 求解：

```
>> A=[-8 1 6;4 -5 1;4 4 -7];
>> X=rref(A);
>> format rat;    （通过 format rat 命令化为整数或分数）
>> X
X =
        1            0            –31/36
        0            1            –8/9
        0            0            0
```

对应的齐次线性方程组的解为

$$\begin{cases} x_1=\dfrac{31}{36}C \\ x_2=\dfrac{8}{9}C \\ x_3=C \end{cases}\quad（C\text{ 为常数}）$$

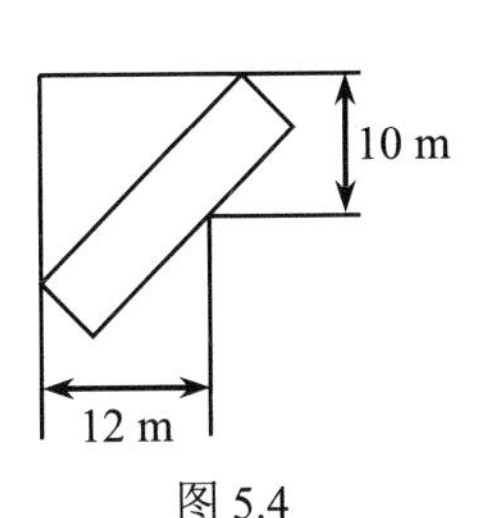

图 5.4

显然，当 $C=72$ 时，满足问题的需求，所以问题的解答为：木工、电工、油漆工的日工资分别为 62 元，64 元，72 元.

【例 5.2.4】 有一艘宽度为 5 m 的驳船欲驶过某河道的直角湾，河道的宽度如图 5.4 所示，试问：要驶过直角湾，驳船的长度不能超过多少米？(精确到 0.01 m)

解 设驳船长度为 G，要使驳船能驶过直角湾，假定驳船外侧与河道的边沿刚好接触，则河道内侧的角点到驳船内侧的距离不能大于 5 m，否则无法通过. 因而问题归结为求 G 的最小值. 设驳船外侧与横轴的夹角为 x，则

$$G=\frac{10}{\sin x}+\frac{12}{\cos x}-5\tan x-\frac{5}{\tan x}$$

首先画出函数的图形：

```
>> fplot('10/sin(x)+12/cos(x)-5*tan(x)-5/tan(x)',[0, pi/2,0,100])
```

函数 G 的图像见图 5.5. 导函数 G'的图像见图 5.6. 由图可知，函数有唯一的极值点，在 0.75 附近.

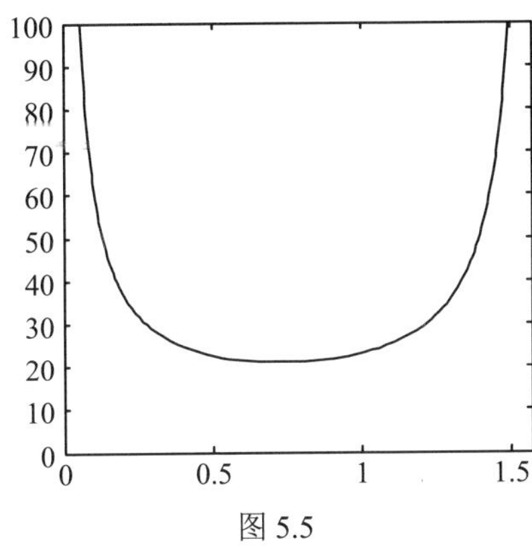

图 5.5

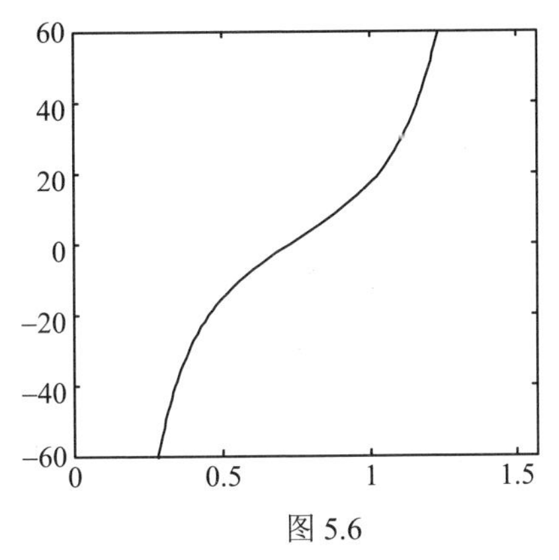

图 5.6

运算过程：

```
>> syms x
>> g=(10/sin(x)+12/cos(x)-5*tan(x)-5/tan(x));
>> f=diff(g)
f =
 (5*(tan(x)^2 + 1))/tan(x)^2 - 5*tan(x)^2 - (10*cos(x))/sin(x)^2 +
(12*sin(x))/cos(x)^2 - 5
>> g=inline(10/sin(x)+12/cos(x)-5*tan(x)-5/tan(x));
>> f=inline((5*(tan(x)^2 + 1))/tan(x)^2 - 5*tan(x)^2 - (10*cos(x))/sin(x)^2 +
(12*sin(x))/cos(x)^2 - 5);
```

```
>> a=0+eps;
>> b=pi/2-eps;
>> dlt=1.0e-3;
>> k=1;
>> while abs(g(b)-g(a))>dlt
c=(a+b)/2;
if f(c)==0
break;
elseif f(c)*f(b)<0
a=c;
else
b=c;
end
fprintf('k=%d,x=%.3f\n',k,c);
k=k+1;
end
k=1,x=0.785
k=2,x=0.393
k=3,x=0.589
k=4,x=0.687
k=5,x=0.736
k=6,x=0.712
k=7,x=0.724
k=8,x=0.730
>> g(c)
ans =
    21.0373
```

故驳船的长度不能超过 21.0373 米.

说明 本题利用到了二分法求方程的近似解问题，有兴趣的同学可参看其他相关书籍.

【例 5.2.5】 一个星级宾馆有 150 间客房，经过一段时间的经营实践，该宾馆经理得到一些数据：如果每间客房定价为 160 元，住房率为 55%；定价为 140 元，住房率为 65%；定价为 120 元，住房率为 75%；定价为 100 元，住房率为 85%. 欲使每天收入最高，问每间客房的定价应是多少？

解 经分析，为了建立宾馆一天收入的数学模型，可作如下假设：

假设 1：在无其他信息时，不妨设每间客房的最高定价为 160 元.

假设 2：根据提供的数据，设随房价的下降，住房率呈线性增长.

假设 3：设宾馆每间客房定价相等.

模型建立

根据题意，设 y 表示宾馆一天的总收入，x 为与 160 元相比降价的房价.

由假设 2，可得每降低 1 元房价，住房率增加为 10%÷20=0.005，所以

$$y=150\,(160-x)\,(0.55+0.005x)$$

由 $0.55+0.005x\leqslant 1$，可知

$$0\leqslant x\leqslant 90$$

解模型

整理得

$$y=-0.75\,(x-25)^2+13668.75$$

显然，当 x=25 时，y 最大. 故知 x=25 元，最大收入的客房定价为 160－25＝135（元），相应的住房率为 0.55+0.005×25=67.5%，最大收入为 13668.75 元.

讨论验证

（1）容易验证上述“最大收入”在已知各种定价所对应收入中是最大的，见下表。

定价	160	140	135	120	100
收入	13 200	13 650	13 668.75	13 500	12 750

如果为了便于管理，那么定价每间 140 元/天也是可以的，因为此时它与最高收入只相差 18.75 元.

（2）如果定价是每间 180 元/天，住房率应为 45%，其相应收入只有 12150 元. 因此假设 1 是合理的. 事实上，二次函数只有一个极值点 25 在[0，90]之内.

【例 5.2.6】　18 世纪，东普鲁士的哥尼斯堡城（Konisberg）有一条布勒格尔河(Pregel)，河中有两个小岛，河两岸和两岛通过七座桥彼此相连（如图 5.7 所示）. 当时该城的市民热衷于一个有趣的游戏：从四块陆地的某一处出发通过每座桥恰一次，再回到出发地，是否可能？

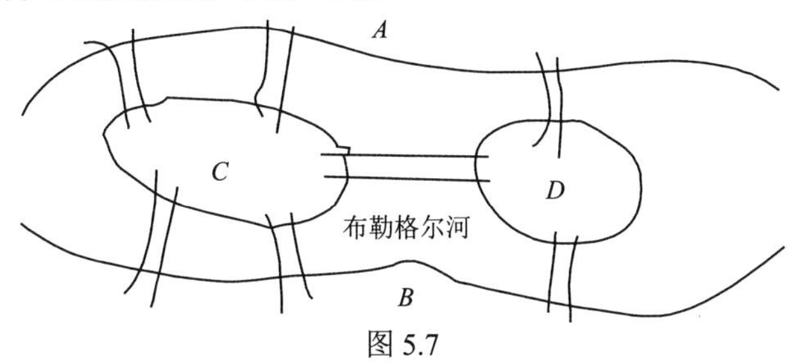

图 5.7

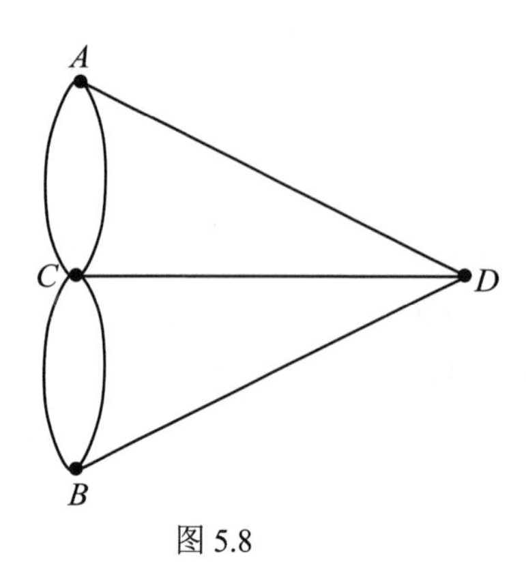

图 5.8

解 这就是著名的哥尼斯堡七桥问题. 如果一个地方一个地方去试验，由于可能的路径太多，会相当麻烦. 如果把河两岸和两岛记为 A、B、C、D，并把它们抽象成四个节点，而把桥抽象成连接两点的弧，由于问题中不用考虑路程的长短，因此弧的长短也不用考虑，这样七桥问题就可以抽象为如图 5.8 所示的一笔画问题了.

在一笔画问题中通过节点的弧总是一进一出，因此节点的连接弧应是偶数条，而在图 5.8 中，A，B，C，D 都有奇数条弧与之连接，因此该问题无解.

大数学家欧拉(Euler)由七桥问题考虑到一般的一笔画问题，得出了如下三条结论：

（1）连接奇数条弧的节点仅有一个或两个以上时，不能实现一笔画.

（2）连接奇数条弧的节点只有两个时，则从两个节点中的任一个出发，都可以实现一笔画.

（3）每个节点都有偶数条弧连接时，则从任一节点出发均能实现一笔画且能回到出发点.

下面再通过几个实例，简单介绍数学建模常用的方法.

【例 5.2.7】 （铺瓷砖问题） 欲用 40 块方形瓷砖铺设如图 5.9 所示的地面，但当时商店只有长方形瓷砖，每块大小等于方形的两块. 某人买了 20 块长方形瓷砖，试为他设计一种方案来铺设地面.

图 5.9

分析 经用实物拼板多次尝试，均无法达到要求. 这就使人产生一个疑虑：用 20 块长方形瓷砖正好铺成如图 5.9 所示的地面的可能性是否存在？只有可能性存在，才能谈得上用什么方法去铺.

数学上有一种“奇偶检验”的办法，即是：如果两个数都是奇数或偶数，则称它们具有相同的奇偶性. 如果一个数是奇数，另一个是偶数，则称具有相反的奇偶性，我们可用如下方式：

建模 将图上黑、白相间地染色，然后仔细观察，发现共有 19 个白格和 21 个黑格. 一块长方形瓷砖盖住一白一黑两格，所以铺上 19 块长方形瓷砖后，（无论用什么方式）总要剩下 2 个黑格没有铺，而一块长方形瓷砖是无法盖住 2 个黑格的，唯一办法是把最后一块长方形瓷砖一断为二.

证明　在铺瓷砖问题中，同色的两个格子具有相同的奇偶性，异色的格子具有相反的奇偶性．长方形瓷砖显然只能覆盖具有相反奇偶性的一对方格．因此，把 19 块长方形瓷砖在地面上铺好后，只有在剩下的两个方格具有相同的奇偶性时，才有可能把最后一块长方形铺上．由于剩下的两个方格具有相同的奇偶性，因此无法铺上最后一块长方形瓷砖．

点评　地面黑白相间地涂色，使本问题转化为数学上的奇偶检验问题，是一个有创意的尝试．在估计事情不可能成立时，可考虑使用奇偶检验这一巧妙而又简单的方法来论证．数学中许多著名的不可能性证明都用到过奇偶检验，如欧几里得证明的结论 $\sqrt{2}$ 是无理数，就是用奇偶性的．奇偶检验在粒子物理学中也有很重要的应用，例如，著名美籍华人物理学家杨振宁、李政道博士推翻著名的“宇称守恒定律”，以其卓越的成就获得诺贝尔奖，就曾用到了奇偶检验法．

【例 5.2.8】　（椅子问题） 4 条腿长度相同的椅子放在起伏不平的地面上，4 条腿能否一定同时着地？

假设　（1）椅子的四条腿一样长，四脚的连线是正方形．

（2）地面是数学上的光滑曲面，即沿任意方向切面能连续移动．

分析　建模的关键在于恰当地寻找表示椅子位置的变量，并把要证明的“着地”结论归结为某个简单的数学关系．

假定椅子中心不动，每条腿的着地点视为几何学上的点，用 A，B，C，D 表示，把 AC 和 BD 连线看作坐标系中的 x 轴和 y 轴，转动椅子看成坐标轴的旋转，如图 5.10 所示．θ 表示 AC 转动后与初始位置 x 轴的夹角，$g(\theta)$ 表示 A、C 两腿与地面距离之和，$f(\theta)$ 表示 B、D 两腿与地面距离之和．当地面光滑时，$f(\theta)$ 和 $g(\theta)$ 皆为连续函数．因三条腿总能同时着地，所以

$$f(\theta)\cdot g(\theta)=0$$

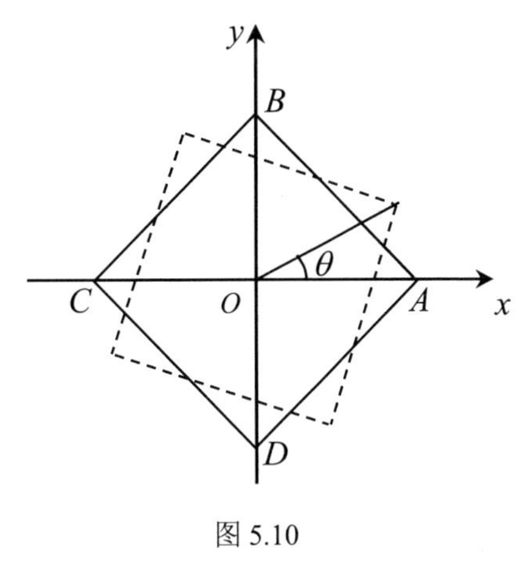

图 5.10

不妨设初始位置 $\theta=0$ 时，$g(0)=0$，$f(0)>0$．这样椅子问题抽象成如下问题：

已知　$f(\theta)$ 和 $g(\theta)$ 皆为连续函数，$g(0)=0$，$f(0)>0$，且对任意的 θ，都有 $f(\theta)\cdot g(\theta)=0$．

求证　存在 θ_0，使 $f(\theta_0)\cdot g(\theta_0)=0$，$0<\theta_0<\dfrac{\pi}{2}$．

证明　令 $h(\theta)=g(\theta)-f(\theta)$，显然有

$$h(0) = g(0) - f(0) < 0$$

将椅子转动$\dfrac{\pi}{2}$，即将 AC 与 BD 位置互换，则有

$$g\left(\frac{\pi}{2}\right) > 0, \quad f\left(\frac{\pi}{2}\right) = 0$$

所以

$$h\left(\frac{\pi}{2}\right) = g\left(\frac{\pi}{2}\right) - f\left(\frac{\pi}{2}\right) > 0$$

因 $h(\theta)$ 是连续函数，由连续函数的介值定理知，必存在 θ_0（$0 < \theta_0 < \dfrac{\pi}{2}$），使得

$$h(\theta_0) = 0$$

即 $g(\theta_0) = f(\theta_0)$．由已知条件，对任意的 θ，均有 $f(\theta) \cdot g(\theta) = 0$，所以有

$$\begin{cases} g(\theta_0) f(\theta_0) = 0 \\ g(\theta_0) = f(\theta_0) \end{cases} \Rightarrow g(\theta_0) = f(\theta_0) = 0$$

也就是说，存在 θ_0 方向，使四条腿能同时着地．所以椅子问题的答案是：如果地面为光滑曲面，则四条腿一定可以同时着地．

点评　椅子问题的解决抓住了问题的实质，在合理假设下，将椅子转动与坐标轴联系起来，将腿与地面的距离用 θ 的连续函数表示．由三点确定一平面得 $f(\theta) \cdot g(\theta) = 0$，又由连续函数的介值定理，使问题得以巧妙地解决．

【例 5.2.9】　（报童策略问题）报童每天清晨从报社购进报纸零售，晚上将没有卖掉的报纸退回．报童每天都要考虑一件事情：如果购进太多，卖不完，要赔钱；如果购进太少，不够卖，会少赚钱．请你为报童筹划一下，他应如何确定每天购进报纸的数量，才能赚最多的钱？

假设　（1）报纸每份购进价为 b，零售价为 a，退回价为 c，显然应该有 $a > b > c$，即每卖出一份报纸赚 $a-b$，退回一份赔 $b-c$．

（2）报童已掌握了报纸需求量的规律（直接或间接经验），他每天销售 r 份报的概率是 $f(r)$ $(r = 0,1,2,\cdots)$．

分析　设每天购进量为 n 份．因为需求量 r 是随机的，r 可以小于 n，也可大于 n，导致报童每天的收入随机波动．所以建模的目标不能是他每天的收入，而应该是他长期（数月，数年）卖报的日平均收入．从概率论的观点看，相当于计算报童每天收入的期望值．

建模　记报童每天购进 n 份报纸时的平均收入为 $G(n)$，如果这天的需求量 $r \leqslant n$，则他售出 r 份，退回 $n-r$ 份；如果这天的需求量 $r > n$，那么 n 份将全部售出．

由于需求量为 r 的概率是 $f(r)$，所以

$$G(n)=\sum_{r=0}^{n}[(a-b)r-(b-c)(n-r)]f(r)+\sum_{r=n+1}^{\infty}(a-b)nf(r) \tag{5.11}$$

由此，我们的目标归结为：当 $f(r),a,b,c$ 已知时，求 n 使 $G(n)$ 达到最大.

注意到，需求量 r 的取值和购进量 n 都相当大，将 r 视为连续变量更有利于分析和计算，这时概率 $f(r)$ 可看成概率密度函数 $p(r)$，（5.11）式变成

$$G(n)=\int_0^n[(a-b)r-(b-c)(n-r)]p(r)\mathrm{d}r+\int_n^{\infty}(a-b)np(r)\mathrm{d}r \tag{5.12}$$

对 n 求导，得

$$\frac{\mathrm{d}G}{\mathrm{d}n}=(a-b)np(n)-\int_0^n(b-c)p(r)\mathrm{d}r-(a-b)np(n)+\int_n^{\infty}(a-b)p(r)\mathrm{d}r$$

$$-(\mathrm{b}-\mathrm{c})\int_0^n p(r)\mathrm{d}r+(a-b)\int_n^{\infty}p(r)\mathrm{d}r$$

令 $\frac{\mathrm{d}G}{\mathrm{d}n}=0$，得

$$\frac{\int_0^n p(r)\mathrm{d}r}{\int_n^{\infty}p(r)\mathrm{d}r}=\frac{a-b}{b-c} \tag{5.13}$$

（5.13）式即是为使报童日平均收入达到最大，购进量 n 应满足的关系式．因 $\int_n^{\infty}p(r)\mathrm{d}r=1$，所以（5.13）式可化简为

$$\int_0^n p(r)\mathrm{d}r=\frac{a-b}{b-c}$$

因为当购进 n 份报纸时，$\int_0^n p(r)\mathrm{d}r$ 是需求量 r 不超过 n 的概率，即卖不完的概率；$\int_n^{\infty}p(r)\mathrm{d}r$ 是需求量 r 超过 n 的概率，即卖完了的概率．所以（5.13）式的现实意义是：最佳的购进份数 n 应该使卖不完与卖完的概率之比，恰好等于卖出一份赚的钱 $a-b$ 与退回一份赔的钱 $b-c$ 之比．显然，当报童与报社签订的合同使报童每份赚钱与赔钱之比越大时，报童购进的份数就应该越多，这个结论与日常生活经验相当吻合.

点评　本题顺利求解的关键，是将离散型的概率函数近似作为连续型的密度函数来处理．离散问题连续化，连续问题离散化，是一种常用的处理手法，值得借鉴.

【例 5.2.10】　（服药问题）医生给病人开处方时，必须注明两点：每次服药的剂量和时间间隔．剂量太大，药品会对身体产生严重的不良后果；剂量不足，

则达不到治病的效果．为采用适当的剂量，请研究药品在体内的分布情况．

假设　（1）患者的服药量是一个常数 y_0，相邻两次服药的间隔时间为 T，T 是一常量．

（2）令 $y(t)$ 表示 t 时刻药品在患者体内的浓度，$y(0)$ 表示在 $t=0$ 时患者服药量 y_0．

建模　患者服药后，随着时间的推移，药品在体内被逐渐吸收，起生化反应，也就是体内药品的浓度逐渐降低．经验告知，药品浓度的变化与服药量成线性比，即

$$\begin{cases}\dfrac{\mathrm{d}y}{\mathrm{d}t}=-kt \\ y(0)=y_0\end{cases}\quad（k>0\text{ 为常数，取决于药品的种类}）$$

求解　解上述方程得

$$y(t)=y_0\mathrm{e}^{-kt}\quad t\in[0,T]$$

当 $t=T$ 时，由于经过时间间隔 T，患者第二次服药，剂量仍为 y_0．所以 $t=T$ 时，有

$$y(T)=y_0+y_0\mathrm{e}^{-kt}=y_0(1+\mathrm{e}^{-kt})$$

同样，当 $t\to 2T$ 时，体内药品浓度

$$y(t)=(y_0+y_0\mathrm{e}^{-kt})\mathrm{e}^{-k(t-T)}$$

并且，当 $t=2T$ 时，患者第三次服药，剂量仍为 y_0，所以

$$y(2T)=y_0(y_0+y_0\mathrm{e}^{-kt})\mathrm{e}^{-kt}=y_0(1+\mathrm{e}^{-kt}+\mathrm{e}^{-2kt})$$

当 $t=3T$ 时，体内药品浓度为

$$y(3T)=y_0(1+\mathrm{e}^{-kt}+\mathrm{e}^{-2kt}+\mathrm{e}^{-3kt})$$

当 $t=nT$ 时，体内药品浓度为

$$y(nT)=y_0(1+\mathrm{e}^{-kt}+\mathrm{e}^{-2kt}+\cdots+\mathrm{e}^{-nkt})$$

利用等比数列求和，得

$$y(nT)=y_0\frac{1-\mathrm{e}^{-(n+1)kT}}{1-\mathrm{e}^{-kT}}$$

对上式求极限，得

$$\lim_{n\to\infty}y(nT)=\frac{y_0}{1-\mathrm{e}^{-kT}}$$

根据患者病情，如果药物剂量水平需要接近 y_c 时，近似地有

$$y_c=\frac{y_0}{1-\mathrm{e}^{-kT}}$$

如果间隔时间 T 为确定量，则剂量 y_0 可由 $y_0=(1-\mathrm{e}^{-kT})y_c$ 确定.

我们关心的体内药品浓度分布，可从图 5.11 看出，当患者多次服药后，体内药品浓度缓慢地趋于极限值 y_c.

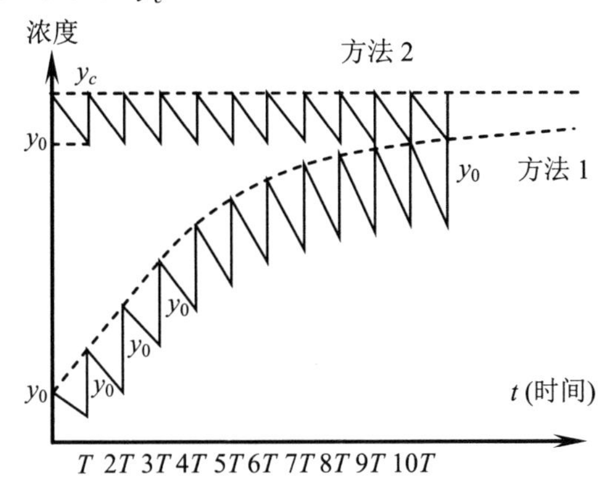

图 5.11

下面研究第二种服药方法.

假设　患者开始服药，就采用剂量 y_c (身体所需的量)，且每间隔时间 T 继续服药，使体内药品浓度达到 y_c，若药品浓度的变化遵循 $\dfrac{\mathrm{d}y}{\mathrm{d}t}=-kt$ 的规律，那么 $t\in[0,T]$ 时，体内药品浓度为 $y(t)=y_c\mathrm{e}^{-kt}$. 当 $t=T$ 时，根据假设，我们需要增加剂量 y_1，使

$$y_1+y_c\mathrm{e}^{-kt}=y_c$$

即

$$y_1=(1-\mathrm{e}^{-kt})y_c$$

这就是说，每间隔时间 T，患者服用的剂量为 y_1（事实上 $y_1=y_0$）. 药品在体内的分布如图 5.11 所示.

讨论　第二种服药方法有其优点，它可使药品在体内浓度从一开始就达到所需水平. 但缺点也是明显的：因为以大剂量开始，会使身体产生不适，有副作用. 一般来说，医生为保险起见，通常先给患者服药剂量为 $2y_0$，以后再每隔时间 T，继续服药 y_0.

点评　服药问题人命关天. 对医药科学的深入研究，除了要有丰富的实践经验外，有时也离不数学工具的帮助.

习　题　5.2

1. 证明在任一次舞会上，跳过奇数次舞的人的总数一定是偶数.

2．如图 5.12 所示，四个城镇下面各有一个防空洞甲、乙、丙、丁，相邻的两个防空洞之间有地洞相通，并且每个防空洞各有一条地道与地面相通（图中地道用“］［”表示），能否每个地道都恰好走过一次，即：无重复且无遗漏？

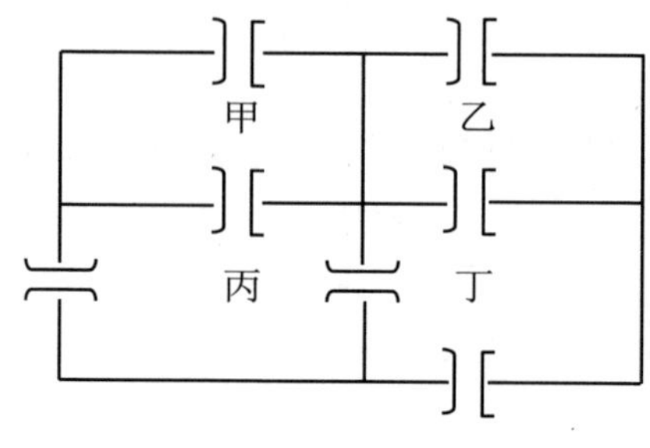

图 5.12

3．购物时你注意到“大包装商品比小包装商品便宜”这种现象吗？比如，某牙膏 60 克装的每支 0.96 元，150 克装的每支 2.15 元，二者单位重量的价格比是 1.17∶1．试解释“大包装商品比小包装商品便宜”这种现象．

4．分析商品价格 c（单位：元）与商品质量 w（单位：kg）的关系．价格由生产成本、运输成本和包装成本等决定．这些成本中有的与质量 w 成正比，有的与表面积 s 成正比，还有与 w 无关的因素．

（1）写出单位质量价格 c 与 w 的关系，说明 w 越大 c 越小．

（2）说明单价 c 随 w 增加而下降的速度是负的，其实际意义是什么？

5．将温度 T_0=150 ℃的物体放在温度为 24 ℃的空气中冷却．经 10 分钟后，物体的温度是多少？

6．试建立人口总增长模型？

7．露天足球场极易受雨天的干扰．每逢下雨只能停赛直至草坪的表层充分干，即或雨水渗透到了底层，或雨停后雨水蒸发至空气中．有仪器可加以加快干燥过程，但为了避免损坏草坪，常常让其自然干燥．是否可以建立一个数学模型描述这一干燥过程？

大学生数学建模竞赛的历史发展

早在 1938 年，美国数学协会（MAA）主持了一种在每年 12 月的第一个星期六举行的大学生数学竞赛，简称 Putnam（普特南）数学竞赛，主要考核基础知识和训练逻辑推理及证明、思维、计算能力等，后成为历史悠久、影响很大的全美大学生数学竞赛．但该竞赛因缺乏实际应用能力和计算机能力的考核，逐渐影响了大学生们参赛的积极性，后经过论证、讨论和争取资助，终于在 1985 年开始了第一

届美国大学生数学模型竞赛（MCM）.

MCM在1985年举行的首届竞赛时就有美国70所大学的90个队参加，到1992年已经发展到有美国和其他一些国家的189所大学的292个队参加的国际性的竞赛了，我国大学生是从1989年开始参加美国MCM的．从1992年起，由中国工业与应用数学学会（CSIAM）举办，后改由国家教委（今教育部）高教司和中国工业与应用数学学会共同主办的面向全国大学生的全国大学生数学建模竞赛CUMCM(China Undergraduate Mathematical Contest in Modeling)也逐渐开展起来了．因其目的在于激励学生学习数学的积极性，提高学生建立数学模型和运用计算机技术解决实际问题的综合能力，以及培养学生创新精神及合作意识，现已成为全国大学生每年一届的四大科技赛事之一．2004年全国高校（包括香港特别行政区高校）有724所院校、6881个队（其中，甲组5304队、乙组1577队）、20000多名来自各个专业的大学生参加竞赛，是历年来参赛人数最多的，队数与2003年相比增加27%！CUMCM题目一般来源于工程技术和管理科学等方面经过适当简化加工的实际问题．不要求竞赛者预先掌握深入的专门知识，只需要学习过高校的数学课程．题目有较大的灵活性，供参赛者发挥其创造能力．参赛者应根据题目要求，在三天时间内，完成一篇包括模型的假设、建立和求解，计算方法的设计和计算机实现，结果的分析和检验，模型的改进等方面的论文．竞赛评奖以假设的合理性、建模的创造性、结果的正确性和文字表达的清晰程度为主要标准．每年的竞赛时间为9月的第三个星期五上午8时至下一个星期一上午8时．赛题于竞赛开始时在网站上公布．

习题参考答案

第 1 章

习题 1.1

1.（1）是 （2）不是 （3）是 （4）不是 （5）是 （6）是

2.（1）一阶（2）二阶（3）三阶（4）三阶

3. 略

4.（1） $y=x^2+C$ （2） $y=x^2+3$ （3） $y=x^2+4$ （4） $y=x^2+\dfrac{5}{3}$

（5）略

习题 1.2

1.（1） $x^2+1=(y^2+2)^{3/2}C$ （2） $\sqrt{1+x^2}+\sqrt{1+y^2}=C$

（3） $y^x=C$ （4） $\dfrac{1}{2}y^2-\ln(1+\mathrm{e}^x)=C$

2.（1） $y=x^3$ （2） $y=\dfrac{1}{1+\ln(x+1)}$

（3） $y=\dfrac{3}{2}\mathrm{e}^{-x}+\dfrac{1}{2}\mathrm{e}^x$ （4） $y=x-\sqrt{\dfrac{1+x^2}{2}}$

3.（1） $y=C\mathrm{e}^{-\sin x}+\sin x-1$ （2） $y=(x+1)(\mathrm{e}^x+C)$

（3） $y=C\mathrm{e}^{-x^2}-x^2+1$ （4） $y=(x^2-1)^{\frac{1}{4}}\left[\dfrac{1}{3}(x^2-1)^{\frac{3}{4}}+C\right]$

4. $y=\mathrm{e}^{-\frac{x^2}{2y^2}}$

习题 1.3

1.（1） $y=C_1+C_2\mathrm{e}^{4x}$ （2） $y=(C_1\cos 3x+C_2\sin 3x)\mathrm{e}^{-x}$

（3） $y=\left(C_1\cos\dfrac{\sqrt{3}}{2}x+C_2\sin\dfrac{\sqrt{3}}{2}x\right)\mathrm{e}^{-\frac{1}{2}x}$ （4） $y=(C_1\cos 2x+C_2\sin 2x)\mathrm{e}^{-3x}$

（5） $y=(C_1+C_2x)\mathrm{e}^{\frac{5}{2}x}$ （6） $y=(C_1\cos x+C_2\sin x)\mathrm{e}^{2x}$

2.（1） $y=(2+x)e^{-\frac{1}{2}x}$　　（2） $y=3(e^{4x}-e^{-x})$

（3） $y=2\cos 5x+\sin 5x$　　（4） $y=e^{2x}\sin 3x$

（5） $S=2(3t+2)e^{-t}$　　（6） $I=(2\cos 2t+\sin 2t)e^{-t}$

习题 1.4

1.（1） $y_p=x$　（2） $y_p=e^x$　（3） $y_p=\sin x$　（4） $y_p=\left(\frac{3}{2}x^2-3x\right)e^{2x}$

2.（1） $y=C_1e^{3x}+C_2e^{-x}-x+\frac{1}{3}$

（2） $y=C_1e^{3x}+C_2e^{-x}-\frac{1}{4}(x+1)e^x$

（3） $y=C_1\cos 2x+C_2\sin 2x+\frac{2}{3}\sin x$

（4） $y=C_1\cos x+C_2\sin x+\frac{1}{2}x\sin x+x^2-2$

3.（1） $y=e^{-x}(x-\sin x)$　　（2） $y=\frac{1}{3}\sin 2x-\cos x-\frac{1}{3}\sin x$

习题 1.5

1.（1） $y=-x-1$　　（2） $y=e^x-(x+1)$

2. $v=7.8\times 10^{-3}\,\text{km/min}$

3.（1） $\theta=20+17e^{-0.0625t}$　（2）略　（3）20℃　（4）约早晨 7 时半

4. $i=-\frac{u_0}{R}e^{-\frac{t}{RC}}$

5. $y=\frac{1}{3}\sin x-\frac{1}{6}\sin 2x+\cos 2x$

6. $x=\frac{m^2g}{k^2}\left(e^{-\frac{k}{m}t}-1\right)+\frac{mg}{k}t$

7. $x=\left(\frac{5}{16}\sin 8t+\frac{5}{12}\cos 8t\right)e^{-6t}-\frac{5}{12}\cos 10t$

8. $i=\frac{1}{202}(101e^{-5t}-25e^{-t}+48\sin 10t-76\cos 10t)$

自我测试题

一、单项选择题

1. B　2. B　3.C　4. C　5. A

二、填空题

1. $y=\frac{1}{2}x^2+\frac{1}{2}$　　2. $y=\mathrm{e}^x+C_1x+C_2$　　3. $y=C\mathrm{e}^{-2x}$

4. $y=-\mathrm{e}^{-x}+2$　　5. $y_p=x(Ax+B)\mathrm{e}^x$

三、计算题

1.（1）$y=\mathrm{e}^{\sqrt{1-x^2}-1}$　　（2）$y^2=2x^2\ln(x+C)$

（3）$y=\frac{\pi-1-\cos x}{x}$　　（4）$x+y+2=C\mathrm{e}^x$

2.（1）$y=C_1\mathrm{e}^{-x}+C_2\mathrm{e}^{-2x}+\left(\frac{1}{2}x^2-x\right)\mathrm{e}^{-x}$

（2）$y=(C_1+C_2x)\mathrm{e}^{-3x}+\frac{2}{5}\cos x+\frac{3}{10}\sin x$

（3）$y=\mathrm{e}^{2x}-\mathrm{e}^{3x}+\frac{7}{6}$

四、应用题

1. $(x-a)^2+(x-b)^2=C$　　2. $v=86.17\text{m/s}$　　3. $T\approx 2.0002\text{ s}$

第 2 章

习题 2.1

1.（1）$a_n=\frac{1}{2n-1}$　　（2）$a_n=\frac{n-2}{n+1}$

（3）$a_n=\frac{\sqrt{x^n}}{2\cdot 4\cdot 6\cdot 8\cdots 2n}$　　（4）$a_n=\frac{(-a)^{n+1}}{2n+1}$

2.（1）发散　（2）收敛

3.（1）发散　（2）收敛　（3）收敛　（4）发散　（5）发散　（6）收敛

习题 2.2

1.（1）发散　（2）发散　（3）收敛　（4）收敛

2.（1）发散　（2）收敛　（3）收敛　（4）收敛

3.（1）收敛　（2）收敛　（3）收敛

4.（1）条件收敛（2）条件收敛（3）绝对收敛　（4）绝对收敛（5）发散

（6）绝对收敛

习题 2.3

1.（1）1　（2）$+\infty$　（3）1　（4）3

2.（1）[−2，2]　（2）$x=0$　（3）（−1，1]　（4）[−2，8）

3.（1）$\dfrac{1}{(1-x)^2}$　$x\in(-1,1)$　　（2）$\dfrac{1}{4}\ln\dfrac{1+x}{1-x}+\dfrac{1}{2}\arctan x-x$　$x\in(-1,1)$

（3）$\begin{cases}-\dfrac{1}{x}\ln(1-x), & 0<|x|<1\\ 1\ , & x=0\end{cases}$

习题 2.4

1.（1）$\sum_{n=0}^{\infty}(-1)^n\dfrac{x^{n+2}}{n+1}$,　$(-1,\ 1)$　　（2）$\sum_{n=1}^{\infty}\dfrac{x^n}{n}$,　$(-1,\ 1)$

（3）$1+\sum_{n=1}^{\infty}(-1)^n\dfrac{(2x)^{2n}}{2\cdot(2n)!}$,　$(-\infty,\ +\infty)$

2.（1）$x+\sum_{n=1}^{\infty}\dfrac{(-1)^n}{n!}\cdot\dfrac{x^{2n+1}}{2n+1}$,　$(-\infty,\ +\infty)$

（2）$\sum_{n=0}^{\infty}\dfrac{(-1)^n x^{n+1}}{2^{n+1}}$,　$(-2,\ 2)$　　（3）$\sum_{n=0}^{\infty}\left(1-\dfrac{1}{2^{n+1}}\right)x^n$,　$(-1,\ 1)$

3.（1）1.099　　（2）0.4613

*习题 2.5

1.（1）$a_0=E$，$a_n=0$，$b_{2k-1}=\dfrac{2E}{\pi}\dfrac{1}{2k-1}$　$(n,\ k=1,\ 2,\cdots)$

（2）$a_0=\dfrac{\pi}{2}$，$a_n=\dfrac{1}{\pi n^2}\left[(-1)^n-1\right]$, $b_n=\dfrac{1}{n}(-1)^{n-1}$　$(n=1,\ 2,\cdots)$

2.（1）$\dfrac{2\pi^2}{3}+8\sum_{n=1}^{\infty}\dfrac{(-1)^n}{n^2}\cos nx$,　$x\in[-\pi,\ \pi]$

（2）$\dfrac{\pi}{4}+\sum_{n=1}^{\infty}\dfrac{(-1)^n}{n}\sin nx$,　$x\in(-\pi,\ \pi)$

自我测试题

一、单项选择题

1. D　2. A　3. D　4. B　5. B　6. C

二、填空题

1. 0　2. 发散　3. 4/3　4. $(-\infty,+\infty)$　5. $\sqrt{R}$　6. (0，6)

三、计算题

1.（1）收敛　（2）收敛　（3）绝对收敛　（4）条件收敛

2.（1）$\ln\dfrac{1}{1-x}$,　$[-1,1]$　　（2）$\dfrac{1}{(1-x)^2}$,　$(-1,1)$

（3）$\dfrac{1}{2}\ln\dfrac{1+x}{1-x}$,　$(-1,\ 1)$

3.（1）$\sum_{n=0}^{\infty}\frac{(-1)^n 2^{2n}}{(2n+1)!}x^{2n+1}$，$(-\infty,+\infty)$　　（2）$\sum_{n=0}^{\infty}\frac{(-1)^n (x-2)^n}{4^{n+1}}$，$(-2,\ 6)$

（3）$1+\sum_{n=1}^{\infty}\frac{n+1}{n!}x^n$，$(-\infty,+\infty)$

第 3 章

习题 3.1

1.（1）-40；　　（2）0.

3．$x_1=2,\ x_2=-3,\ x_3=4,\ x_5=-5$.

4．$\lambda=1$ 或 $\lambda=-2$

习题 3.2

1．$B=\begin{pmatrix}0 & 3 & 4\\ 3 & 2 & -3\\ 4 & -3 & 4\end{pmatrix}$，　　$C=\begin{pmatrix}0 & 2 & -4\\ -2 & 0 & 2\\ 4 & -2 & 0\end{pmatrix}$

2．$X=\begin{pmatrix}3 & 2 & -2\\ -1 & -5 & -6\end{pmatrix}$，　　$Y=\begin{pmatrix}1 & 2 & 2\\ 2 & 5 & 4\end{pmatrix}$

3．(1) $\begin{pmatrix}5 & 3 & 3\\ 3 & 5 & -3\\ 3 & -3 & 5\end{pmatrix}$；　　（2）$\begin{pmatrix}1 & 2n & 2n(n-1)\\ 0 & 1 & 2n\\ 0 & 0 & 1\end{pmatrix}$

4．当 $ad-bc\neq 0$ 时，A 可逆，且

$$A^{-1}=\frac{1}{ad-bc}\begin{pmatrix}d & -b\\ -c & a\end{pmatrix}$$

5．$x_1=1$,　$x_2=2$,　$x_3=-4$

6．$x=\begin{pmatrix}2 & 0\\ 1 & 2\end{pmatrix}$

7.（1）略　　（2）E_2

习题 3.3

1.（1）$R=2$　　（2）$R=2$　　（3）$R=4$　　（4）$R=3$

2.（1）$\begin{pmatrix}1 & -4 & -3\\ 1 & -5 & -3\\ -1 & 6 & 4\end{pmatrix}$　　（2）$\begin{pmatrix}1 & 1 & -2 & -4\\ 0 & 1 & 0 & -1\\ -1 & -1 & 3 & 6\\ 2 & 1 & -6 & -10\end{pmatrix}$

3．$X=\begin{pmatrix}20 & -52 & -77\\ -15 & 38 & 57\\ 13 & -30 & -46\end{pmatrix}$

习题 3.4

1．（1）$\begin{cases}x_1=\dfrac{6}{7}+\dfrac{1}{7}x_3+\dfrac{1}{7}x_4\\ x_2=-\dfrac{5}{7}+\dfrac{5}{7}x_3-\dfrac{9}{7}x_4\end{cases}$，其中，$x_3$，$x_4$为任意常数

（2）无解

2．（1）相容且有无穷多组解　　（2）不相容

3．当$\lambda\neq1$且$\lambda\neq-2$时，方程组有唯一解

当$\lambda=1$时，有无穷多组解

习题 3.5

1．（1）$\boldsymbol{\beta}=2\boldsymbol{\alpha}_1-\boldsymbol{\alpha}_2-3\boldsymbol{\alpha}_3$，表示方式唯一

（2）$\boldsymbol{\beta}$不能由$\boldsymbol{\alpha}_1$，$\boldsymbol{\alpha}_2$，$\boldsymbol{\alpha}_3$，线性表出

（3）$\boldsymbol{\beta}=-\boldsymbol{\alpha}_1-5\boldsymbol{\alpha}_2$，表示方式有无穷多种

3．（1）线性相关　（2）　线性无关　（3）　线性相关

习题 3.6

1．（1）极大线性无关组$\{\boldsymbol{\alpha}_1，\boldsymbol{\alpha}_2，\boldsymbol{\alpha}_4\}$且$\boldsymbol{\alpha}_3=\boldsymbol{\alpha}_1-5\boldsymbol{\alpha}_2$

（2）极大线性无关组$\{\boldsymbol{\alpha}_1，\boldsymbol{\alpha}_2，\boldsymbol{\alpha}_3\}$且$\boldsymbol{\alpha}_4=-3\boldsymbol{\alpha}_1+\boldsymbol{\alpha}_2+3\boldsymbol{\alpha}_3$

2．$\xi_1=\begin{pmatrix}1\\-2\\1\\0\\0\end{pmatrix}$，$\xi_2=\begin{pmatrix}1\\-2\\0\\1\\0\end{pmatrix}$，$\xi_3=\begin{pmatrix}5\\-6\\0\\0\\1\end{pmatrix}$ $\boldsymbol{x}=C_1\begin{pmatrix}1\\-2\\1\\0\\0\end{pmatrix}+C_2\begin{pmatrix}1\\-2\\0\\1\\0\end{pmatrix}+C_3\begin{pmatrix}5\\-6\\0\\0\\1\end{pmatrix}$

（C_1，C_2, C_3为任意常数）

3．（1）$\boldsymbol{x}=\begin{pmatrix}3\\1\\0\\0\end{pmatrix}+C_1\begin{pmatrix}21\\16\\1\\0\end{pmatrix}+C_2\begin{pmatrix}-14\\-11\\0\\1\end{pmatrix}$　（C_1，C_2为任意常数）

（2）$\boldsymbol{x}=\begin{pmatrix}1/6\\0\\3/2\\0\end{pmatrix}+C_1\begin{pmatrix}-1/3\\1\\0\\0\end{pmatrix}+C_2\begin{pmatrix}-1/6\\0\\1/2\\1\end{pmatrix}$　（C_1，C_2为任意常数）

4. $\boldsymbol{X}=C\begin{pmatrix}3\\4\\5\\6\end{pmatrix}+\begin{pmatrix}2\\3\\4\\5\end{pmatrix}$， （$C\in R$）

自我测试题

一、

1. B　2. C　3. C　4. D　5. B　6. C　7. B.

二、

1. $\begin{pmatrix}4a_2+5a_3 & 2a_1-2a_3 & 3a_1-a_2\\ 4b_2+5b_3 & 2b_1-2b_3 & 3b_1-b_2\end{pmatrix}$

2. 24　　3. 12　　4. $\begin{pmatrix}0 & 0 & 1/4\\ 1/2 & 0 & 0\\ 0 & 1/3 & 0\end{pmatrix}$

5. 2　　6. $R(A)<n$　　7. $\mathbf{0}$　　8. 6

9. $\boldsymbol{x}_1$，$2\boldsymbol{x}_2$　　10. 线性无关

三、

1. $\begin{pmatrix}-3 & 5\\ -8 & 16\end{pmatrix}$　　2. $(a+3)(a-1)^3$　　3. $x=2$

4. $\boldsymbol{\alpha}_1, \boldsymbol{\alpha}_2, \boldsymbol{\alpha}_4$ 为一个极大线性无关组，且$\boldsymbol{\alpha}_3=-\boldsymbol{\alpha}_1+\boldsymbol{\alpha}_2$

5. $X=\begin{pmatrix}1/5\\1/5\\0\\0\end{pmatrix}+C_1\begin{pmatrix}1\\1\\5\\0\end{pmatrix}+C_2\begin{pmatrix}-1\\1\\0\\1\end{pmatrix}$　(C_1,C_2为任意常数)

四、略

第　4　章

习题 4.1

1. （1）$A\overline{BC}\cup\overline{A}B\overline{C}\cup\overline{AB}C$　　（2）$\overline{A}(B\cup C)$　　（3）$AB\cup BC\cup CA$

　（4）$\overline{AB\cup BC\cup CA}$

2. （1）必然事件　　（2）不可能事件　　（3）取到球的号码是“2”或“4”

　（4）取到球的号码是“5”、“7”或“9”

　（5）取到球的号码是“6”、“8”或“10”

3. （1）$\{x|0\leqslant x<3\}$　（2）$\{x|1\leqslant x<2\}$　（3）$\{x|-\infty<x<0，2\leqslant x<+\infty\}$

　（4）$\{x|0\leqslant x<1\}$

4．$A_1A_2\cup B$

5．（1）$P(\overline{A})=0.8$，$P(\overline{B})=0.7$　（2）0.3　（3）0.2　（4）0.1　（5）0

6．0.25

7．（1）0.4　（2）0.6

8．0.13608

9．（1）0.464　（2）0.893

习题 4.2

1．0.0583　2．（1）0.083　（2）0.9917

3．（1）0.67　（2）0.60　（3）0.26

4．0.0345　5．0.63　6．（1）0.1　（2）23/60

7．$1-(0.04)^n\geqslant 0.999$，　$n\geqslant\dfrac{\lg 0.001}{\lg 0.04}\approx 2.146$，　$n=3$

8．（1）0.309　（2）0.472

习题 4.3

1．

X	0	1	2
p	0.545	0.409	0.046

2．$P\{X\leqslant 3\}=\dfrac{1}{12}$

3．$P\{X=i\}=(0.2)^{i-1}\times 0.8\quad(i=1,2,3,\cdots)$

4．（1）$P\{X=i\}=\dfrac{C_{40}^{i}C_{1960}^{100-i}}{C_{2000}^{100}}\quad(i=0,1,\cdots,40)$

（2）$P\{X=i\}=C_{100}^{i}(0.02)^{i}(0.98)^{100-i}\quad(i=0,1,\cdots,40)$

5．（1）

$$F(x)=\begin{cases}0, & x<0\\ \dfrac{1}{3}, & 0\leqslant x<1\\ \dfrac{1}{2}, & 1\leqslant x<2\\ 1, & x\geqslant 2\end{cases}$$

（2）$P\left\{X\leqslant\dfrac{1}{2}\right\}=\dfrac{1}{3}$，$P\left\{1<X\leqslant\dfrac{3}{2}\right\}=0$，$P\left\{1\leqslant X\leqslant\dfrac{3}{2}\right\}=\dfrac{1}{6}$

6.（1）$\frac{3}{8}$;　　（2）$F(x)=\begin{cases}0, & x<0\\ \frac{1}{4}(3x^2-x^3), & 0\leqslant x<2\\ 1, & x\geqslant 2\end{cases}$　　（3）$\frac{1}{2}$

7.（1）$p(x)=\begin{cases}0, & x\leqslant 0\\ xe^{-x}, & x>0\end{cases}$　　（2）$1-2e^{-1}$, $3e^{-2}$

8. 0.216

9. 0.6

10.（1）0.0139　　（2）0.1551　　（3）0.0456

11. 0.0456

习题 4.4

1. $\frac{1}{3}$,　$\frac{5}{3}$,　$\frac{35}{24}$,　$\frac{97}{72}$

2. $\frac{n+1}{2}$

3. 甲好

4. 第一种方法好

5.（1）$C=3$　　（2）$E(2x+1)=\frac{5}{3}$　　（3）$D(2x+1)=\frac{4}{9}$

6. $E(3X-Y+4)=5$，　$D(X-Y)=3$

7. 10

习题 4.5

1.（1）是　　（2）是　　（3）不是　　（4）不是

2. 67.4，　35.16

3. 2.18，　2.149

4.（1）$\chi^2_{0.01}(10)=23.209$　$\chi^2_{0.1}(12)=18.549$　$\chi^2_{0.1}(24)=33.196$

（2）$t_{0.01}(10)=2.7638$　$t_{0.05}(12)=1.7823$　$t_{0.1}(24)=1.3178$

5.（1）当 $P\{U>\lambda\}=0.05$ 时，$\lambda=1.65$

当 $P\{U<\lambda\}=0.05$ 时，$\lambda=-1.65$

当 $P\{|U|>\lambda\}=0.05$ 时，$\lambda=1.96$

（2）当 $P\{\chi^2(15)>\lambda\}=0.01$ 时，$\lambda=30.578$

当 $P\{\chi^2(15)<\lambda\}=0.01$ 时，$\lambda=5.229$

当 $P\{\lambda_1<\chi^2(15)<\lambda_2\}=0.99$ 时，$\lambda_1=32.801$，$\lambda_2=4.601$

（3）当 $P\{t(8)>\lambda\}=0.1$ 时，$\lambda=1.3968$

当 $P\{t(8) < \lambda\}=0.1$ 时，$\lambda=-1.3968$

当 $P\{|t(8)| < \lambda\}=0.95$ 时，$\lambda=2.3060$

6．0.1133

习题 4.6

1． $\hat{\mu}=\overline{x}=23.379$， $\hat{\sigma}^2=0.026$

2． $\hat{\theta}=-\dfrac{n}{\sum\limits_{i=1}^{n}\ln x_i}$

3． $\hat{\theta}=2.2$， $\hat{\mu}=1.1$， $\hat{\sigma}^2=0.4033$

4．略

5．略

6．[4.412， 5.588]

7．(1) [14.81， 15.01]， (2) [17.45， 15.07]

8．[145.05， 154.95] [9.34， 16.69]

习题 4.7

1．有显著变化

2．合格； $H_0:\mu=1\,000 \leftrightarrow H_1:\mu<1\,000$

3．（1）单侧；（2） $H_0:\mu=30\,000 \leftrightarrow H_1:\mu>30\,000$；(3) $U_\alpha=1.645$

4．有显著差异

5．可以认为这批灯泡寿命为 2 000 小时

6．有显著差异

7．（1）拒绝 H_0，接受 H （2）接受 H_0，拒绝 H_1

8．合乎要求

自我测试题

一、选择题

1. C 2. A 3.（1）A （2）D 4. A 5. D 6. B

7．B，C 8．B 9．C 10．C 11．A 12．D

13．A 14．A 15．C

二、填空题

1． $\dfrac{1}{2}$ 2．0.4 3．0.58 4．0.9 5．6.5 6． $\dfrac{31}{32}$

7．

X^2-1	0	3	8
p	0.4	0.4	0.2

8． $\dfrac{3}{4}$ 9． $-\dfrac{1}{3}$ 10．0.8 11．t(19) 12． $\pm\dfrac{\sqrt{13}}{4}$

13．$[\overline{X}-0.3U_{0.025},\overline{X}+0.3U_{0.025}]$　　14．$\frac{1}{2}$　　15．$t=\frac{\overline{X}-\mu_0}{S}$

三、计算题

1．0.686

2．（1）0.158 7　　（2）0.819

3．（1）$\lambda=\frac{3}{16}$　　（2）$F(x)=\begin{cases}0, & x>0\\ \frac{x^2}{16}(6-x), & 0\leqslant x<2\\ 1, & x\geqslant 2\end{cases}$

（3）$E(X)=\frac{5}{4},D(X)=\frac{19}{80}$

四、应用题

1．[11.40，14.60]

2．（1）接受原假设

（2）拒绝原假设

附录　常用统计分布表

附表 1　标准正态分布函数值表 $\Phi(x)=\dfrac{1}{\sqrt{2\pi}}\int_{-\infty}^{x} e^{-\frac{t^2}{2}}dt \ (x \geqslant 0)$

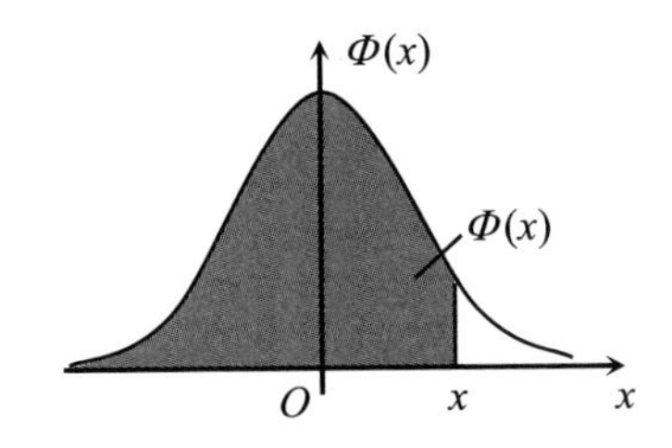

x	0.00000	0.01000	0.02000	0.03000	0.04000	0.05000	0.06000	0.07000	0.08000	0.09000
0.0	0.50000	0.50399	0.50798	0.51197	0.51595	0.51994	0.52392	0.52790	0.53188	0.53586
0.1	0.53983	0.54380	0.54776	0.55172	0.55567	0.55962	0.56356	0.56749	0.57142	0.57535
0.2	0.57926	0.58317	0.58706	0.59095	0.59483	0.59871	0.60257	0.60642	0.61026	0.61409
0.3	0.61791	0.62172	0.62552	0.62930	0.63307	0.63683	0.64058	0.64431	0.64803	0.65173
0.4	0.65542	0.65910	0.66276	0.66640	0.67003	0.67364	0.67724	0.68082	0.68439	0.68793
0.5	0.69146	0.69497	0.69847	0.70194	0.70540	0.70884	0.71226	0.71566	0.71904	0.72240
0.6	0.72575	0.72907	0.73237	0.73565	0.73891	0.74215	0.74537	0.74857	0.75175	0.75490
0.7	0.75804	0.76115	0.76424	0.76730	0.77035	0.77337	0.77637	0.77935	0.78230	0.78524
0.8	0.78814	0.79103	0.79389	0.79673	0.79955	0.80234	0.80511	0.80785	0.81057	0.81327
0.9	0.81594	0.81859	0.82121	0.82381	0.82639	0.82894	0.83147	0.83398	0.83646	0.83891
1.0	0.84134	0.84375	0.84614	0.84849	0.85083	0.85314	0.85543	0.85769	0.85993	0.86214
1.1	0.86433	0.86650	0.86864	0.87076	0.87286	0.87493	0.87698	0.87900	0.88100	0.88298
1.2	0.88493	0.88686	0.88877	0.89065	0.89251	0.89435	0.89617	0.89796	0.89973	0.90147
1.3	0.90320	0.90490	0.90658	0.90824	0.90988	0.91149	0.91308	0.91466	0.91621	0.91774
1.4	0.91924	0.92073	0.92220	0.92364	0.92507	0.92647	0.92785	0.92922	0.93056	0.93189
1.5	0.93319	0.93448	0.93574	0.93699	0.93822	0.93943	0.94062	0.94179	0.94295	0.94408

（续）附表 1

x	0.00000	0.01000	0.02000	0.03000	0.04000	0.05000	0.06000	0.07000	0.08000	0.09000
1.6	0.94520	0.94630	0.94738	0.94845	0.94950	0.95053	0.95154	0.95254	0.95352	0.95449
1.7	0.95543	0.95637	0.95728	0.95818	0.95907	0.95994	0.96080	0.96164	0.96246	0.96327
1.8	0.96407	0.96485	0.96562	0.96638	0.96712	0.96784	0.96856	0.96926	0.96995	0.97062
1.9	0.97128	0.97193	0.97257	0.97320	0.97381	0.97441	0.97500	0.97558	0.97615	0.97670
2.0	0.97725	0.97778	0.97831	0.97882	0.97932	0.97982	0.98030	0.98077	0.98124	0.98169
2.1	0.98214	0.98257	0.98300	0.98341	0.98382	0.98422	0.98461	0.98500	0.98537	0.98574
2.2	0.98610	0.98645	0.98679	0.98713	0.98745	0.98778	0.98809	0.98840	0.98870	0.98899
2.3	0.98928	0.98956	0.98983	0.99010	0.99036	0.99061	0.99086	0.99111	0.99134	0.99158
2.4	0.99180	0.99202	0.99224	0.99245	0.99266	0.99286	0.99305	0.99324	0.99343	0.99361
2.5	0.99379	0.99396	0.99413	0.99430	0.99446	0.99461	0.99477	0.99492	0.99506	0.99520
2.6	0.99534	0.99547	0.99560	0.99573	0.99585	0.99598	0.99609	0.99621	0.99632	0.99643
2.7	0.99653	0.99664	0.99674	0.99683	0.99693	0.99702	0.99711	0.99720	0.99728	0.99736
2.8	0.99744	0.99752	0.99760	0.99767	0.99774	0.99781	0.99788	0.99795	0.99801	0.99807
2.9	0.99813	0.99819	0.99825	0.99831	0.99836	0.99841	0.99846	0.99851	0.99856	0.99861
3.0	0.99865	0.99869	0.99874	0.99878	0.99882	0.99886	0.99889	0.99893	0.99896	0.99900
3.1	0.99903	0.99906	0.99910	0.99913	0.99916	0.99918	0.99921	0.99924	0.99926	0.99929
3.2	0.99931	0.99934	0.99936	0.99938	0.99940	0.99942	0.99944	0.99946	0.99948	0.99950
3.3	0.99952	0.99953	0.99955	0.99957	0.99958	0.99960	0.99961	0.99962	0.99964	0.99965
3.4	0.99966	0.99968	0.99969	0.99970	0.99971	0.99972	0.99973	0.99974	0.99975	0.99976
3.5	0.99977	0.99978	0.99978	0.99979	0.99980	0.99981	0.99981	0.99982	0.99983	0.99983
3.6	0.99984	0.99985	0.99985	0.99986	0.99986	0.99987	0.99987	0.99988	0.99988	0.99989
3.7	0.99989	0.99990	0.99990	0.99990	0.99991	0.99991	0.99992	0.99992	0.99992	0.99992
3.8	0.99993	0.99993	0.99993	0.99994	0.99994	0.99994	0.99994	0.99995	0.99995	0.99995
3.9	0.99995	0.99995	0.99996	0.99996	0.99996	0.99996	0.99996	0.99996	0.99997	0.99997
4.0	0.99997	0.99997	0.99997	0.99997	0.99997	0.99997	0.99998	0.99998	0.99998	0.99998
4.1	0.99998	0.99998	0.99998	0.99998	0.99998	0.99998	0.99998	0.99998	0.99999	0.99999
4.2	0.99999	0.99999	0.99999	0.99999	0.99999	0.99999	0.99999	0.99999	0.99999	0.99999
4.3	0.99999	0.99999	0.99999	0.99999	0.99999	0.99999	0.99999	0.99999	0.99999	0.99999
4.4	0.99999	0.99999	1.00000	1.00000	1.00000	1.00000	1.00000	1.00000	1.00000	1.00000
4.5	1.00000	1.00000	1.00000	1.00000	1.00000	1.00000	1.00000	1.00000	1.00000	1.00000

（续）附表 1

x	0.00000	0.01000	0.02000	0.03000	0.04000	0.05000	0.06000	0.07000	0.08000	0.09000
4.6	1.00000	1.00000	1.00000	1.00000	1.00000	1.00000	1.00000	1.00000	1.00000	1.00000
4.7	1.00000	1.00000	1.00000	1.00000	1.00000	1.00000	1.00000	1.00000	1.00000	1.00000
4.8	1.00000	1.00000	1.00000	1.00000	1.00000	1.00000	1.00000	1.00000	1.00000	1.00000
4.9	1.00000	1.00000	1.00000	1.00000	1.00000	1.00000	1.00000	1.00000	1.00000	1.00000

附表 2　t 分布上侧分位数表 $P(t(n)>t_\alpha(n))=\alpha$

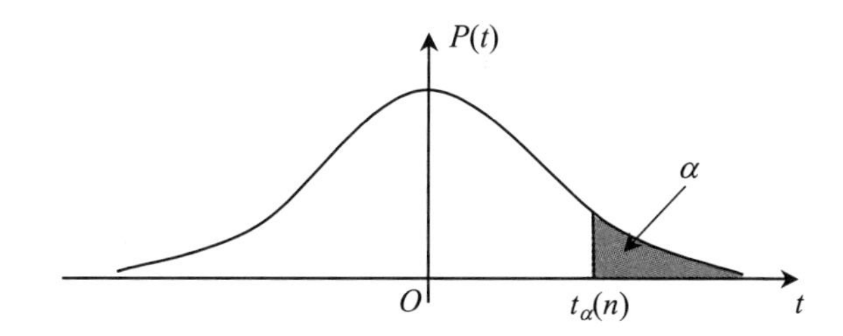

n	α				
	0.10	0.05	0.025	0.01	0.005
1	3.07768	6.31375	12.70615	31.82096	63.65590
2	1.88562	2.91999	4.30266	6.96455	9.92499
3	1.63775	2.35336	3.18245	4.54071	5.84085
4	1.53321	2.13185	2.77645	3.74694	4.60408
5	1.47588	2.01505	2.57058	3.36493	4.03212
6	1.43976	1.94318	2.44691	3.14267	3.70743
7	1.41492	1.89458	2.36462	2.99795	3.49948
8	1.39682	1.85955	2.30601	2.89647	3.35538
9	1.38303	1.83311	2.26216	2.82143	3.24984
10	1.37218	1.81246	2.22814	2.76377	3.16926
11	1.36343	1.79588	2.20099	2.71808	3.10582
12	1.35622	1.78229	2.17881	2.68099	3.05454
13	1.35017	1.77093	2.16037	2.65030	3.01228
14	1.34503	1.76131	2.14479	2.62449	2.97685
15	1.34061	1.75305	2.13145	2.60248	2.94673

（续）附表 2

n	α				
	0.10	0.05	0.025	0.01	0.005
16	1.33676	1.74588	2.11990	2.58349	2.92079
17	1.33338	1.73961	2.10982	2.56694	2.89823
18	1.33039	1.73406	2.10092	2.55238	2.87844
19	1.32773	1.72913	2.09302	2.53948	2.86094
20	1.32534	1.72472	2.08596	2.52798	2.84534
21	1.32319	1.72074	2.07961	2.51765	2.83137
22	1.32124	1.71714	2.07388	2.50832	2.81876
23	1.31946	1.71387	2.06865	2.49987	2.80734
24	1.31784	1.71088	2.06390	2.49216	2.79695
25	1.31635	1.70814	2.05954	2.48510	2.78744
26	1.31497	1.70562	2.05553	2.47863	2.77872
27	1.31370	1.70329	2.05183	2.47266	2.77068
28	1.31253	1.70113	2.04841	2.46714	2.76326
29	1.31143	1.69913	2.04523	2.46202	2.75639
30	1.31042	1.69726	2.04227	2.45726	2.74998
40	1.30308	1.68385	2.02107	2.42326	2.70446
60	1.29582	1.67065	2.00030	2.39012	2.66027
120	1.28865	1.65765	1.97993	2.35783	2.61742
∞	1.28155	1.64485	1.95997	2.32635	2.57583

附表 3　χ^2 分布上侧分位数表 $P\{\chi^2(n)>\chi_\alpha^2(n)\}=\alpha$

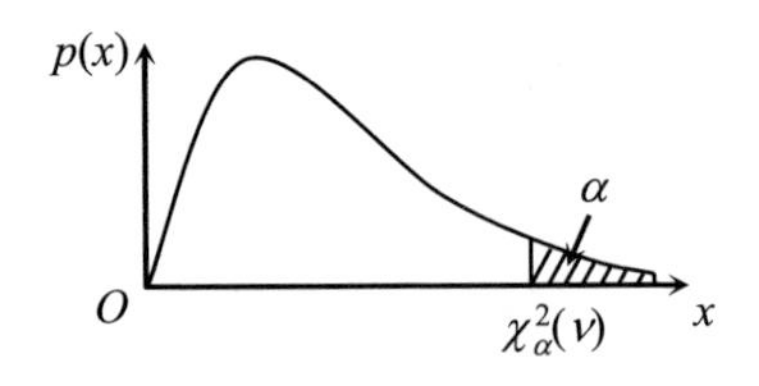

n	α					
	0.995	0.99	0.975	0.95	0.90	0.75
1	—	—	0.001	0.004	0.016	0.102
2	0.010	0.020	0.051	0.103	0.211	0.575
3	0.072	0.115	0.216	0.352	0.584	1.213
4	0.207	0.297	0.484	0.711	1.064	1.923
5	0.412	0.554	0.831	1.145	1.610	2.675

（续）附表 3

n	α					
	0.995	0.99	0.975	0.95	0.90	0.75
6	0.676	0.872	1.237	1.635	2.204	3.455
7	0.989	1.239	1.690	2.167	2.833	4.255
8	1.344	1.646	2.180	2.733	3.490	5.071
9	1.735	2.088	2.700	3.325	4.168	5.899
10	2.156	2.558	3.247	3.940	4.865	6.737
11	2.603	3.053	3.816	4.575	5.578	7.584
12	3.074	3.571	4.404	5.226	6.304	8.438
13	3.565	4.107	5.009	5.892	7.042	9.299
14	4.075	4.660	5.629	6.571	7.790	10.165
15	4.601	5.229	6.262	7.261	8.547	11.037
16	5.142	5.812	6.908	7.962	9.312	11.912
17	5.697	6.408	7.564	8.672	10.085	12.792
18	6.265	7.015	8.231	9.390	10.865	13.675
19	6.844	7.633	8.907	10.117	11.651	14.562
20	7.434	8.260	9.591	10.851	12.443	15.452
21	8.034	8.897	10.283	11.591	13.240	16.344
22	8.643	9.542	10.982	12.338	14.042	17.240
23	9.260	10.196	11.689	13.091	14.848	18.137
24	9.886	10.856	12.401	13.848	15.659	19.037
25	10.520	11.524	13.120	14.611	16.473	19.939
26	11.160	12.198	13.844	15.379	17.292	20.843
27	11.808	12.879	14.573	16.151	18.114	21.749
28	12.461	13.565	15.308	16.928	18.939	22.657
29	13.121	14.257	16.047	17.708	19.768	23.567
30	13.787	14.954	16.791	18.493	20.599	24.478

（续）附表 3

n	α					
	0.995	0.99	0.975	0.95	0.90	0.75
31	14.458	15.655	17.539	19.281	21.434	25.390
32	15.134	16.362	18.291	20.072	22.271	26.304
33	15.815	17.074	19.047	20.867	23.110	27.219
34	16.501	17.789	19.806	21.664	23.952	28.136
35	17.192	18.509	20.569	22.465	24.797	29.054
36	17.887	19.233	21.336	23.269	25.643	29.973
37	18.586	19.960	22.106	24.075	26.492	30.893
38	19.289	20.691	22.878	24.884	27.343	31.815
39	19.996	21.426	23.654	25.695	28.196	32.737
40	20.707	22.164	24.433	26.509	29.051	33.660
41	21.421	22.906	25.215	27.326	29.907	34.585
42	22.138	23.650	25.999	28.144	30.765	35.510
43	22.859	24.398	26.785	28.965	31.625	36.436
44	23.584	25.148	27.575	29.787	32.487	37.363
45	24.311	25.901	28.366	30.612	33.350	38.291

n	α					
	0.25	0.10	0.05	0.025	0.01	0.005
1	1.323	2.706	3.841	5.024	6.635	7.879
2	2.773	4.605	5.991	7.378	9.210	10.597
3	4.108	6.251	7.815	9.348	11.345	12.838
4	5.385	7.779	9.488	11.143	13.277	14.860
5	6.626	9.236	11.071	12.833	15.086	16.750
6	7.841	10.450	12.592	14.449	16.812	18.548
7	9.037	12.017	14.067	16.013	18.475	20.278
8	10.219	13.362	15.507	17.535	20.090	21.955
9	11.389	14.684	16.919	19.023	21.666	23.589
10	12.549	15.987	18.307	20.483	23.209	25.188

（续）附表 3

n	α					
	0.25	0.10	0.05	0.025	0.01	0.005
11	13.701	17.275	19.675	21.920	24.725	26.756
12	14.845	18.549	21.026	23.337	26.217	28.299
13	15.984	19.812	22.362	24.736	27.688	29.819
14	17.117	21.064	23.685	26.119	29.141	31.319
15	18.245	22.307	24.996	27.488	30.578	32.801
16	19.369	23.542	26.296	28.845	32.000	34.267
17	20.489	24.769	27.587	30.191	33.409	35.718
18	21.605	25.989	28.869	31.526	34.805	37.156
19	22.718	27.204	30.144	32.852	36.191	38.582
20	23.828	28.412	31.410	34.170	37.566	39.997
21	24.935	29.615	32.671	35.479	38.932	41.401
22	26.039	30.813	33.924	36.781	40.289	42.796
23	27.141	32.007	35.172	38.076	41.638	44.181
24	28.241	33.196	36.415	39.364	42.980	45.559
25	29.339	34.382	37.652	40.646	44.314	46.928
26	30.435	35.563	38.885	41.923	45.642	48.290
27	31.528	36.741	40.113	43.194	46.963	49.645
28	32.620	37.916	41.337	44.461	48.278	50.993
29	33.711	39.087	42.557	45.722	49.588	52.336
30	34.800	40.256	43.773	46.979	50.892	53.672
31	35.887	41.422	44.985	48.232	52.191	55.003
32	36.973	42.585	46.194	49.480	53.486	56.328
33	38.058	43.745	47.400	50.725	54.776	57.648
34	39.141	44.903	48.602	51.966	56.061	58.964
35	40.223	46.059	49.802	53.203	57.342	60.275
36	41.304	47.212	50.998	54.437	58.619	61.581
37	42.383	48.363	52.192	55.668	59.892	62.883
38	43.462	59.513	58.384	56.896	61.162	64.181
39	44.539	50.660	54.572	58.120	62.428	65.476
40	45.616	51.805	55.758	59.342	63.691	66.766

（续）附表 3

n	α					
	0.25	0.10	0.05	0.025	0.01	0.005
41	46.692	52.949	56.942	60.561	64.950	68.053
42	47.766	54.090	58.124	61.777	66.206	69.336
43	48.840	55.230	59.304	62.990	67.459	70.616
44	49.913	56.369	60.481	64.201	68.710	71.893
45	50.985	57.505	61.656	65.410	69.957	73.166

参 考 文 献

[1] 侯风波. 高等数学[M]. 北京：高等教育出版社，2000.

[2] 同济大学数学教研室. 高等数学[M]. 7 版. 北京：高等教育出版社，2014.

[3] 周誓达. 微积分[M]. 北京：中国人民大学出版社，2008.

[4] 冯翠莲，赵益坤. 应用经济数学[M]. 北京：高等教育出版社，2008.

[5] 曾庆柏. 大学数学应用基础[M]. 长沙：湖南教育出版社，2004.

[6] 冯宁. 高等数学[M]. 北京：高等教育出版社，2005.

[7] 柳重堪. 高等数学[M]. 北京：中央广播电视大学出版社，1996.

[8] 陆庆乐. 高等数学[M]. 北京：高等教育出版社，1998.

[9] 盛祥耀. 高等数学[M]. 北京：高等教育出版社，1995.

[10] 钱椿林. 线性代数[M]. 北京：高等教育出版社，2000.

[11] 江海峰，吴小华. 线性代数[M]. 合肥：中国科学技术大学出版社，2012.

[12] 常柏林，等. 概率论与数理统计[M]. 北京：高等教育出版社，1999.

[13] 薛山. MATLAB 基础教程[M]. 北京：清华大学出版社，2011.

[14] 乐经良. 数学实验[M]. 北京：高等教育出版社，2000.

[15] 萧树铁. 数学实验[M]. 北京：高等教育出版社，1999.